国家科学技术学术著作出版基金
NFAPST

国家科学技术学术著作出版基金资助出版

现代化学专著系列·典藏版 16

聚 磷 酸 铵

杨荣杰　仪德启　著

科学出版社

北 京

内 容 简 介

本书以聚磷酸铵为研究对象,对国内外聚磷酸铵的发展历史、研究现状和未来的发展趋势进行了系统和深入的阐述。主要分为聚磷酸铵的制备、表征和改性应用三个部分。制备部分以聚磷酸铵的发展历史为主线,分析了分别以磷酸、磷酸盐和五氧化二磷为基础的三大制备体系在不同发展阶段的地位、优缺点和未来发展趋势;介绍了聚磷酸铵/黏土纳米复合物制备的最新发展。表征部分以聚磷酸铵的晶型结构、聚合度、水溶性和热分解性质为主,就不同测试方法的特点、研究现状和亟待解决的问题进行了阐述和分析,并结合作者多年的研究经验,提出了改进聚磷酸铵表征方法的途径。改性应用部分主要阐述了聚磷酸铵阻燃体系的发展现状,提出了提高其阻燃聚合物材料综合性能的策略与方法。

本书可供从事聚磷酸铵和聚磷酸盐制备与应用的研究者、技术人员,以及广大的青年科技工作者阅读参考。

图书在版编目(CIP)数据

现代化学专著系列:典藏版/江明,李静海,沈家骢,等编著. —北京:
科学出版社,2017.1

ISBN 978-7-03-051504-9

Ⅰ.①现… Ⅱ.①江… ②李… ③沈… Ⅲ.①化学 Ⅳ.①O6

中国版本图书馆 CIP 数据核字(2017)第 013428 号

责任编辑:周巧龙 / 责任校对:蒋 萍
责任印制:张 伟 / 封面设计:铭轩堂

科 学 出 版 社 出版
北京东黄城根北街 16 号
邮政编码:100717
http://www.sciencep.com

北京厚诚则铭印刷科技有限公司印刷
科学出版社发行 各地新华书店经销

*

2017 年 1 月第 一 版 开本:720×1000 B5
2017 年 1 月第一次印刷 印张:17 1/2
字数:350 000

定价:7980.00 元(全 45 册)

(如有印装质量问题,我社负责调换)

前　言

　　阻燃领域有几个熟悉的阻燃机理,包括溴锑气相自由基消耗、有机磷酸酯凝聚相成炭和气相自由基消耗、氢氧化铝和氢氧化镁分解吸热,以及膨胀阻燃剂膨胀炭层隔热隔氧等。其中的膨胀阻燃剂,最一般地,主要由聚磷酸铵(APP)、季戊四醇和三聚氰胺组成;膨胀阻燃(IFR)机理则最早由意大利都灵理工大学 G. Camino 教授提出。随着阻燃领域的技术进步,IFR 体系已有很大变化,但作为 IFR 核心的聚磷酸铵并没有改变。

　　聚磷酸铵是一种无机聚合物,聚合度有低有高,最低聚合度可以在 5~10,最高聚合度可以在 1000 以上。尽管称为聚合物,但 APP 没有一般有机聚合物的力学性质,它主要是作为微米尺度的固体粒子阻燃剂,应用在防火涂料和阻燃聚合物材料中。APP 作为阻燃剂有优点也有缺点。优点是阻燃效率高、使用方便、应用面广;缺点是即使高聚合度 APP 的水溶解度也较大,较难用于电子电器产品,且难以保持阻燃的持久性。近年来,表面改性 APP 产品也已经出现。但是,如果考虑到阻燃聚合物材料加工中对 APP 改性表面的破坏,这个问题还未完全解决。

　　聚磷酸铵是一种普通的无机化工产品,中国生产聚磷酸铵的企业很多。这可能是因为,生产低聚合度 APP 的门槛不高,而且低聚合度的 APP 也有用处。20 世纪 90 年代,中国化工行业颁布了一个工业聚磷酸铵的标准(HG/T2770—1996),那时候中国还没有高聚合度的 APP,标准是适用的。进入 21 世纪,中国开始有高聚合度 APP 产品,原有的聚磷酸铵标准不再适用。2006 年这个问题被我们提出来,然后化工行业标准化委员会启动了该标准的修订,2008 年新的工业聚磷酸铵行业标准(HG/T2770—2008)颁布。这个新标准在实际应用中,仍然发现有不完善之处,1000 以上的 APP 聚合度的测定影响因素比较多。中国不少生产 APP 的企业都标明其 APP 聚合度≥1000,甚至达到 2000,这个问题是存疑和值得研究的。

　　开展聚磷酸铵研究十几年,从实验室的制备和分析表征,到建成工业化生产线,我们有了不少的积累和体会,觉得有必要将其总结成书,奉献给对聚磷酸铵有兴趣的广大读者,希望能对该领域的科学研究和技术开发工作有所裨益,起到抛砖引玉的作用;也期望对完善和优化聚磷酸铵制备工艺、提高聚磷酸铵质量、完善测试标准与方法,能够起到一定的积极作用。另一方面,书中聚磷酸铵纳米复合物等一些创新性研究成果,对聚磷酸铵未来的发展或许有一定的启发和推动作用。

　　本书出版得到国家科学技术学术著作出版基金资助,在此表示衷心的感谢!

　　限于作者水平,书中难免存在疏漏和不妥之处,敬请广大读者批评指正。

作　者

目　录

第1章 绪 论

随着高分子工业的蓬勃发展和合成材料的广泛应用,各种聚合物及高分子基复合材料以其优异的综合性能正逐步取代传统材料,广泛用于社会生产与生活的各个领域。然而,由于绝大多数高分子的易燃性,增加了火灾隐患,给人们的生命财产安全带来了极大的威胁[1]。因此,添加有效的阻燃剂,使高分子材料具有难燃性、自熄性和消烟性,是目前高分子材料阻燃技术中普遍采用的方法[2]。

1.1 阻燃剂市场的发展趋势

20世纪50年代,阻燃剂大量应用于合成材料工业,60年代开始,国外不断开发阻燃剂的新品种,阻燃剂的消费量急剧上升,每年以6%～8%的速度增长,使阻燃剂成为仅次于增塑剂的塑料助剂产品[3]。其中,发展中国家,特别是中国和其他亚太国家将成为需求的主要推动力[4]。

由于卤系阻燃剂发烟量大,燃烧时释放有毒气体(HCl、HBr等),特别是多溴二苯醚及其阻燃的聚合物在510～630℃下热分解产生有毒的多溴二苯并二噁烷和多溴二苯并呋喃等有害物质,促使阻燃向着无卤、无毒和绿色环保的方向发展。

欧盟发布的《关于在电子电器设备中禁止使用某些有害物质指令》(简称《RoHS指令》),其中要求从2006年7月1日起,在新投放市场的电子电器设备中,禁止使用铅、汞、镉、六价铬、多溴二苯醚(PBDE)和多溴联苯(PBB)等有害物质,加速了阻燃剂消费结构的变革。2009年世界不同地区和国家的具体消费结构如表1-1所示。可以看出,卤系阻燃剂所占的比例依然很大,特别是亚洲地区。但是随着阻燃剂需求的变化和国际市场交流的增多,相信非卤阻燃剂有着巨大的发展潜力。

表 1-1 2009 年世界不同地区和国家的阻燃剂具体消费结构[4]

国家或地区	欧洲	美国	亚洲(不含日本)	日本
溴系/%	28	35	60	40
氯系/%	4	8	8	2
无机系/%	33	24	25	30
有机磷系/%	25	26	7	20
其他/%	10	7	—	8

　　根据 BCC 的市场调查,如表 1-2 所示,世界范围内阻燃剂的消费结构已经发生了变化。在卤系阻燃剂使用受限后,其用量呈现逐年萎缩的情况,在这样一个新旧阻燃剂交替的阶段,传统的无机系阻燃剂氢氧化铝和氢氧化镁虽阻燃效率低,通常在树脂基材中添加 60% 以上才可以达到阻燃级别,但因无毒、抑烟和价廉等优点成为了消耗量最大的阻燃剂。磷系阻燃剂目前占阻燃剂消耗总量的 20% 左右,但磷系阻燃剂除阻燃外,一些品种还兼具增塑、交联和抗氧化等多种功能,并且多数具有低烟、无毒、低卤、无卤等优点,使磷系阻燃剂获得高速的增长,2015 年以后,磷系阻燃剂将逐步超越卤系成为第二大阻燃剂。因此,在今后相当长的一段时期内,磷系和无机氢氧化物系阻燃剂将并驾齐驱,占领 50% 以上的阻燃剂市场,并将出现磷系逐渐超越无机氢氧化物系阻燃剂的局面。

表 1-2　2009～2014 年世界范围内阻燃剂的消耗情况[5]

阻燃剂	消耗量/万 t		年增长率/%
	2009	2014	2009～2014
氢氧化铝	59.2	69.1	3.2
氧化锑	9.0	11.6	5.4
溴系	35.4	46.7	5.7
氯系	11.0	13.7	4.4
氢氧化镁	2.1	2.5	4.3
三聚氰胺	2.3	2.8	4.0
磷系	28.0	40.9	7.9
其他	5.6	7.2	5.1
合计	152.6	194.5	5.0

　　聚磷酸铵作为一种重要的无机磷系阻燃剂,是构成膨胀阻燃体系的重要组成部分。在阻燃逐步从气相阻燃趋向于凝聚相阻燃的情况下,聚磷酸铵将会成为重要的增长点,其研究意义和经济价值也将凸显出来。

1.2　聚磷酸铵的定义

　　聚磷酸铵(ammonium polyphosphate,APP)与通常所说的碳-碳间通过共价键连接的聚合物(polymer)不同,是由磷酸通过分子间缩合,磷原子和氧原子通过共价键连接而成的直链型结构分子。对于具有类似化学组成但形成环状结构的,则被定义为偏磷酸铵(ammonium metaphosphate)或者聚偏磷酸铵(ammonium polymetaphosphate)[6]。虽然聚磷酸铵的聚合度趋向于无穷时,它的化学式与偏磷酸铵一致,但两者有着本质的区别。此外,国内研究者因为在阅读外文文献时的一些错误认识，以及此后相互间的文献引用，普遍认为结晶Ⅱ型聚磷酸铵是一种交联的结构，但通过引文的溯源发现，在意大利著名学者 Camino 教授的文章中，并没有说结晶Ⅱ型聚磷酸铵是交联结构，那只是在燃烧分解过程中形成的交联结构[7]。通过 Camino 教授的口述，也肯定了国内研究者在引用过程中产生的这种错误的认识。最近几年，德国学者先后解晶得到结晶Ⅱ型和结晶Ⅳ型的结构，进一步说明聚磷酸铵是一种直链状的结构[8,9]。因此，可以将聚磷酸铵严格地定义为是由磷酸缩聚形成的直链型的聚磷酸与铵离子形成的盐，也可称作线型聚磷酸铵（ammonium catena-polyphosphate）。其中可能因为制备条件等因素的影响，存在P-O-P 或 P-N-P 等形式的分子链间的交联，这是在聚磷酸铵中的非聚磷酸铵结构成分或部分。

1.3 聚磷酸铵的物理化学性质

聚磷酸铵作为一种重要的阻燃剂，其晶体结构、聚合度、水溶解度、pH 和热稳定性是最为关注的问题，是评价一个聚磷酸铵产品阻燃性能好坏的关键。因此，本节就以上的五个方面来介绍聚磷酸铵的物理和化学性质。

1.3.1 结构

通过第 1.2 节对 APP 所作的定义，对 APP 结构的表述就变得相对简单。APP 的通式为 $(NH_4)_{n+2}P_nO_{3n+1}$，当 n 足够大时，可写为 $(NH_4PO_3)_n$，其结构式如下：

APP 有结晶型和无定形两种固体形态，结晶型 APP 为白色粉末，在常温下较稳定，无气味。目前已知的结晶型 APP 共有六种晶型（Ⅰ、Ⅱ、Ⅲ、Ⅳ、Ⅴ 和 Ⅵ型）[10,11]，其中只有结晶Ⅱ型和Ⅳ型得到了确切的晶体结构。结晶Ⅱ型 APP 的结构是通过粉末 XRD 谱图的精修得到，属正交晶系，空间群为 $P2_12_12_1$，晶胞参数为：$a=1207.9(1)$ pm，$b=648.87(8)$ pm，$c=426.20(4)$ pm。其中，聚磷酸阴离子平行于最短的轴排列，呈螺旋结构，重复周期为 2，而铵根离子则分布在扭曲的磷酸正四面体周围的氧原子附近，H···O 之间的距离为 285~292pm，属于中等强度的氢键[8]。结晶Ⅳ型 APP 是通过单晶 XRD 的数据得到，属单斜晶系，空间群为 $P2_1/c$，晶胞参数为：$a=2270.3(5)$ pm，$b=458.14(9)$ pm，$c=1445.1(3)$ pm，$\beta=$

108.56(3)°,其聚磷酸链在晶胞中的排列要较结晶Ⅱ型伸展[9]。Ⅰ型为一个亚稳定状态,Ⅲ型是一种不稳定的过渡态,Ⅴ型是高温下的产物。

Shen 等[11]研究认为,依温度变化,APP 的各晶型之间存在一定的相互转化关系,如表 1-3 所示。

表 1-3　不同温度下 APP 晶型转化情况

温度/℃	晶型转化		
100～200	Ⅴ	⟶	Ⅰ＋Ⅱ
200～375	Ⅰ	⟶	Ⅱ
250～300	Ⅴ	⟶	Ⅱ
300	Ⅰ	⟶	Ⅲ(中间体)⟶Ⅱ
300～375	Ⅳ	⟶	Ⅱ
330～420	Ⅰ	⟶	Ⅴ
385	Ⅱ	⟶	Ⅴ
450～470	Ⅰ 或 Ⅱ	⟶	Ⅳ＋玻璃态 APP

此外,Waerstad 等[10]依据自己的研究,给出了在氨压为 $1.013×10^5$ Pa 下各晶型之间的转化关系,如表 1-4 所示。

表 1-4　不同温度下 APP 晶型转化情况

温度/℃	晶型转化		
250～270	Ⅰ	⟶	Ⅱ
300～325	Ⅱ	⟶	Ⅴ
340～350	Ⅴ	⟶	Ⅵ

但是这种转化是单向的、不可逆的过程,并且 APP 晶型间的转化是一个较慢的过程,通常需要在通氨条件下几十小时才能够转化完全。如Ⅰ型向Ⅱ型的转化,在 300℃,通氨的条件下,大约需要 60h 才能转化完全。就工业化生产,这样一个漫长的晶型转化过程,将会成倍地增加成本,是不能被接受的。因此,如何用尽可能短的时间完成转晶,制备所需晶型的 APP,成为制备工艺研究的主要方向。

APP 晶体结构的表征一般是通过 XRD 谱图来鉴定,除此之外,结晶Ⅰ型和结晶Ⅱ型 APP 还可以通过红外谱图来进行晶型的鉴定。因为在Ⅰ型和Ⅱ型 APP 的红外光谱图中,均存在 $1250cm^{-1}$ 处 P=O 键的振动吸收峰、$1070cm^{-1}$ 和 $1010cm^{-1}$ 处 P—O 键的振动吸收峰,以及 $800cm^{-1}$ 处 P—O—P 键的振动吸收峰,其中 $800cm^{-1}$ 的吸收峰的强度和晶型无关,但是Ⅰ型 APP 在 $760cm^{-1}$、$682cm^{-1}$ 和 $602cm^{-1}$ 处存在特征吸收峰,并且 $682cm^{-1}$ 的吸收峰较明显,而这三个峰在Ⅱ型 APP 的红外光谱图中消失,因此可以用红外谱图来鉴定,并且可用 $682cm^{-1}$/

$800cm^{-1}$的峰强比来测定Ⅰ型 APP 的含量[12,13]。

在 APP 的各种晶型中Ⅰ型和Ⅱ型应用较多,通常被用作阻燃剂。而Ⅱ型相对于Ⅰ型,具有聚合度大、水溶性小、分解温度高等特点,因此能够用在高性能阻燃产品中。

1.3.2 聚合度

APP 的聚合度与其水溶性,以及热稳定性有着紧密的联系。一般情况下,APP 的聚合度高,其水溶性就相对较小,而热稳定性也相对较高。因此,如何制备高聚合度的 APP,成为一个重要的研究目标。

APP 的聚合度一般在几十到几千,有报道甚至达到了上万。目前,主要的方法有端基滴定法[14,15],或者将 APP 通过离子交换树脂转化成其他形式的聚磷酸盐或聚磷酸,用可溶性聚磷酸盐的测试方法来进行测试,如光散射法[16,17]、黏度法[18]、^{31}P 核磁共振法[19]、凝胶色谱法[20-22]、离子色谱法[23]、超速离心法[24]等。但是 APP 作为一种特殊的聚电解质,特别是高聚合度的 APP,在常温下并无良溶剂,使上述测试方法的测试范围受限,使聚合度的测定成为一个难点。研究者不能正确地测得所制 APP 的聚合度,无法指导改性工艺,成为制约制备高聚合度 APP 的一个重要因素。此外,也导致市场混乱,部分商家所报的聚合度与真实值相差甚远的情况。因此,提出一个能够简单、快速、有效和准确的聚合度测试方法,是从根本上解决上述问题的关键。

著者在 APP 的聚合度测定方面做了大量的工作,对端基滴定法测定 APP 聚合度的影响因素进行了较全面的分析研究。首次把 Pfanstiel 测定聚磷酸钾聚合度的方法和 Strauss 测定聚磷酸钠聚合度的方法用于 APP 聚合度的测定,并用^{31}P核磁共振法的测定结果建立了 APP 的 Mark-Houwink 方程和其增比黏度与聚合度间的关系式[25-27]。将在第 4 章中详细阐述。

1.3.3 溶解度及 pH 的测量

APP 作为一种特殊的聚电解质,在聚合度较低时,能够完全溶于水,称作水溶性 APP,而随着聚合度的增加,则难溶于水,测得的溶解度为表观溶解度,其值受多种因素的影响,如聚合度、温度、晶型、粒度,以及测试方法等。因此,只有在平行的测试条件下测得的溶解度才具有可比性。

至于 APP 溶解度的测定,最早是由 Shen[28]等提出,其具体做法是将 10g 的 APP 在 25℃的温度下溶入 100mL 水中,溶解 10min 后看溶于水的 APP 的量,如果溶于水的量大于 5g/100mL,定义该 APP 为水溶性 APP;如果小于 5g/100mL,就定义该 APP 为水难溶性 APP。此后,Sears 等[14]对以上的定义进行了改进,将溶解的时间规定为 1h。而我国现行的 APP 化工行业标准所采用的方法是将 10g

样品在(25±2)℃下溶于 100mL 水,搅拌 20min,后离心 20min,取 20mL 上层清液,在(160±5)℃下烘至恒重,用差量法测得[29]。研究者在研究过程中仍然采用一些惯用的方法来测定 APP 的溶解度,但基本原理相同。

pH 的测定一般都是取测溶解度所得的清液进行测定,其值一般在 5～7。

而除水之外,APP 不溶于其他的有机或者无机纯溶剂。

1.3.4　热稳定性

APP 作为阻燃剂的一个优良特性是热稳定性好,但不同晶型的 APP,其热稳定性不同。常见的结晶Ⅰ型和结晶Ⅱ型分解温度分别在 250℃和 280℃左右。当 APP 不纯时,其热稳定性一般会降低。APP 的受热分解,在 250～500℃主要产生氨和水,并生成聚磷酸,在 500℃以上,则主要分解放出磷氧类物质。Camino 等[12]通过在氮气气流(60mL/min),以 10℃/min 的升温速率进行热重和微商热重分析发现,Ⅰ型 APP 热降解呈三个步骤(T_{max}分别为 335℃、620℃和 835℃),Ⅱ型 APP 热降解分为两个步骤(T_{max}分别为 370℃和 640℃)。两者在 400～500℃均发生恒速降解,两者最明显的区别在最后一步,Ⅰ型 APP 在 835℃下残余物为 17%,Ⅱ型 APP 在该温度下残余物仅为 3.5%(非常依赖制备条件,残余物质量分数会在百分之几到 20%之间波动)。

1.4　聚磷酸铵的阻燃机理

APP 的阻燃机理兼具凝聚相阻燃和气相阻燃机理[30-33]。

凝聚相阻燃机理为:APP 在阻燃过程中,并不单独起到阻燃作用,需结合炭源和气源,组成膨胀阻燃体系。其中,APP 兼有酸源和气源的性质;炭源一般为季戊四醇(PER)或者多季戊四醇,在部分极性聚合物当中,聚合物也可以充当炭源;通常使用三聚氰胺作为气源,但三聚氰胺会降低聚合物熔体的黏度,因此,为了控制聚合物熔体的黏度,防止熔滴,形成较好的炭层,在一些情况下并不加入三聚氰胺,而直接采用聚合物分解放出的气体充当气源。

Camino 等[33]对 APP/PER 膨胀阻燃体系的热分解机理进行了详细的研究,如下所示:

$$\text{(1-1)}$$

$$\text{(1-2)}$$

$$\text{(1-3)}$$

首先，APP 从 210℃ 起会与 PER 发生醇解反应，并生成中间产物（Ⅰ），如式(1-1)所示。该阶段中间产物（Ⅰ）会进一步发生如式(1-2)和式(1-3)所示的醇解反应，生成 PER 与磷酸的六元环化中间产物（Ⅱ）和（Ⅲ）。

当 APP/PER 体系中混合的摩尔比大于 3 时，会反复地发生式(1-1)、式(1-2)和式(1-3)所示的醇解反应，当—CH_2OH/P 间的化学计量比等于 2 时，则会生成中间产物（Ⅳ）。但是中间产物（Ⅳ）是磷原子与三个官能团连接形成正四面体的结构，这种结构是非常不稳定的，在有水存在的情况下会快速地发生如式(1-4)所示的水解反应，生成酸性较弱的无机酸(A)和酸性较强的有机磷酸(B)。

$$\text{(1-4)}$$

而当—CH_2OH/P 间的化学计量比大于 2 时，—CH_2OH 基团会完全地参与醇解和酯化反应，生成交联结构产物（Ⅴ）。

(Ⅴ)

APP 与 PER 反应形成的熔融炭层经气源分解放出的氨气和水蒸气等气态组分的发泡，形成多孔的泡沫炭层，起到隔氧、隔热、防止与火焰直接接触和防止熔滴的作用，达到阻燃的目的。其中，氨气和水蒸气等不燃气体能够减小空气中的氧浓度，也有阻燃的作用。

气相阻燃机理为：APP 分解后得到的磷酸类产物在高温下又会发生歧化反应，生成 PO· 和 HPO· 等游离基，在气相状态下捕捉活性 H· 游离基和 HO· 游离基，其具体过程如下所示。

$$H_3PO_4 \longrightarrow HPO_2 + PO· + HPO·$$
$$H· + PO· \longrightarrow HPO$$
$$H· + HPO· \longrightarrow H_2 + PO·$$
$$HO· + PO· \longrightarrow HPO· + O·$$

因此，在 APP 的阻燃中，是凝聚相阻燃和气相阻燃共同起作用的结果。但是 APP 气相阻燃作用会消耗磷酸，降低形成炭层的总量，并使形成的炭层分解，降低膨胀炭层的阻隔作用等。所以在一些情况下，APP 不发生气相阻燃，反而会增加 APP 的阻燃效率。

此外，有研究者突破传统膨胀阻燃体系的束缚，采用 APP 与膨胀石墨（EG）来组成膨胀阻燃体系，在炭层的形成机理上兼顾 APP 和 EG 两种不同的膨胀机理，也能形成良好的炭层，有着不俗的表现。

1.5　聚磷酸铵的国内外发展概况

正如"李约翰难题"所描述的那样：中国近代为何科技落后？在聚磷酸铵的发展过程中，也存在着同样的问题。国外早于中国发现聚磷酸铵，在聚磷酸铵的研究、制备及表征方面也要领先于中国。下面就从聚磷酸铵在国外和国内的发展历史来描述这样一个过程。

1.5.1 国外聚磷酸铵的发展史

聚磷酸铵（ammonium polyphosphate，APP），最早被认为是由 Schiff 于 1857 年将 P_2O_5 与 NH_3 反应制得，并将生成物称为 Phosphaminsanre[34]。但是，通过其他的相关资料发现，这种说法可能存在偏颇，在此所称的 Phosphaminsanre，应该更有可能是被称作酰胺基多磷酸盐[35]。1892 年，Tammann 用聚磷酸铜或聚磷酸铅与硫酸铵反应首次制得高相对分子质量的水不溶性 APP，但他错误地命名为十偏磷酸铵[7]。此后也有用三偏磷酸铵或四偏磷酸铵在 200～250℃下热处理等方法制备 APP，但这些方法制得的 APP 都不纯[11]。20 世纪初，APP 并没有得到很快的发展，而与之有相似结构的聚磷酸钠则被认为是最早发现的几种可溶性的聚电解质，并对其进行了大量的理论研究，为此后聚电解质的发展奠定了基础。直到 20 世纪 50～60 年代，随着人们认识到 APP 作为肥料的潜在价值，以及传统的磷酸铵组成的膨胀阻燃体系存在水溶性大，耐候性差，不再能满足日益提高的阻燃要求的问题，才使 APP 的发展迎来了春天，掀起了一股制备 APP 的热潮。

20 世纪的 50～60 年代，主要采用湿法磷酸与氨气制备 APP，制备得到的 APP 被应用于农业领域，这一方面是由于湿法磷酸被认为是一种廉价的磷肥原料[36]；另一方面是用此法制得的低聚合度的 APP 在水中的溶解度要比磷酸铵的大，更易于制备高浓度的磷氮液体肥料[37,38]。此法主要经历了从釜式法到管式法的发展过程，并在其中解决了除杂、除炭、防垢、防腐等方面的问题[39-43]。该法制得的 APP 初期也被用于阻燃领域，来替代磷酸铵使用，但是由于聚合度低，只有几到十几，且其中往往还掺杂未聚合的磷酸盐，水溶性大，依然不能满足耐水性方面的要求，所以很快被阻燃领域所摒弃。但是此法在制备 APP 及聚磷酸铵钾等液体复合肥料方面有着很大的优势，因此，在农业领域依然有很好的应用前景。

20 世纪 60 年代末 70 年代初，随着 APP 在阻燃行业越来越多的应用，原有的磷酸与氨气反应制得 APP 的水溶性大，已经不能满足要求，使研究者开始改进磷酸与氨气反应的工艺条件，或者考虑其他的制备体系。而其中首当其冲的就是磷酸与尿素反应来制备 APP，往往过程中也要用到氨气。由于尿素在其中起到了脱水、缩合和氨源三方面的作用，使制得的 APP 的聚合度有了一定程度的提高，从而也降低了其在水中的溶解度。

这一阶段也是制备 APP 的大部分基础理论形成的时期。1965 年，Frazier 等[44]用聚磷酸和氨反应制得了结晶型长链 APP，并给出了 APP 的粉末 XRD 数据。1969 年，Shen 等[11]系统总结了磷酸铵与尿素制备 APP 的工作，给出了 Ⅰ～Ⅴ型结晶型 APP 的制备方法，以及各晶型间相互转化的方法，公布了它们的粉末 XRD 数据，并给出了磷酸与尿素反应制备 APP 的反应机理：

$$HO-\overset{\overset{O}{\|}}{\underset{\underset{OH}{|}}{P}}-OH \;+\; H_2N-\overset{\overset{O}{\|}}{C}-NH_2 \;\rightleftharpoons\; \left[HO-\overset{\overset{O}{\|}}{\underset{\underset{OH}{|}}{P}}-O\right]^{-}\left[H_3N-\overset{\overset{O}{\|}}{C}-NH_2\right]^{+}$$

$$\left[H_3N-\overset{\overset{O}{\|}}{C}-NH_2\right]^{+} \;+\; HO-\overset{\overset{O}{\|}}{\underset{\underset{OH}{|}}{P}}-OH \;\longrightarrow\; \left[\overset{O=C\cdots O}{\underset{\underset{ONH_4}{|}}{O-P-ONH_4}}\right]^{+}$$

$$\left[HO-\overset{\overset{O}{\|}}{\underset{\underset{OH}{|}}{P}}-O\right]^{-} \;+\; \left[O=C-\overset{\overset{O}{\|}}{\underset{\underset{ONH_4}{|}}{P}}-ONH_4\right]^{+} \;\longrightarrow\; HO-\overset{\overset{O}{\|}}{\underset{\underset{ONH_4}{|}}{P}}-O-\overset{\overset{O}{\|}}{\underset{\underset{ONH_4}{|}}{P}}-OH + CO_2,\cdots\cdots$$

1976 年，Waerstad 等[10]通过五氧化二磷与乙醚反应，后经氨气处理，也制得了不同晶型的 APP，并首次发现结晶Ⅵ型 APP，给出了粉末 XRD 数据，并提出各晶型间相互转化的方法，与 Shen 等所得的结论基本一致。

在这一时期，也提出了 APP 的制备过程中氨化缩聚剂的选取原则[14,45]，以及反应过程中氨分压和水分压的控制对 APP 品质的影响[28]。

与磷酸-尿素体系几乎同一时期发展的还有磷酸铵-尿素体系，此法在反应机理上基本与磷酸-尿素体系相同。但这一体系使 APP 的制备从水溶液过渡为固相反应，使制得 APP 的聚合度有了明显的增长。

20 世纪 70 年代后，用于农业和阻燃两个领域的 APP 在制备方法上逐步分离。农业领域依然使用磷酸与氨气反应来制备 APP。而阻燃领域，由于对耐水性和耐候性要求的不断提高，APP 的制备方法主要经历了磷酸-尿素体系、磷酸铵-尿素体系和五氧化二磷-磷酸铵体系等时期。

其中，五氧化二磷-磷酸铵体系最早是由 Hoechst 公司在 Heymer 等[46]工作的基础上，改良提出。后经 Schrödter 等[47,48]通过铵盐的选取、缩聚剂的选取、摩尔配比的优化、工艺条件的优化和反应设备的改进等诸多方面的研究，成为目前制备结晶Ⅱ型 APP 的主要方法。该方法制得的 APP 具有结晶度高、晶型纯、聚合度高、水溶性小等优点。到 20 世纪 90 年代初，已经形成了规模生产。

日本在 APP 的研究上虽起步较晚，但发展较快。从 20 世纪 90 年代到 2000年左右，针对磷酸铵-尿素体系，就磷酸铵的选取、摩尔配比和温度的控制、晶型的控制、粒度的控制等诸多方面开展了大量的工作，并申请了大量专利[49]。

1.5.2　国内聚磷酸铵的发展史

我国 APP 的研制始于 1978 年,最早由成都化工研究所(现成都化工研究设计院)与公安部消防研究所共同开发[34]。这与国外开始大规模的研究用于阻燃剂的 APP 的制备基本处在一个时期。因此,可以说国内研究者的嗅觉是敏锐的。

1981 年 3 月由成都市科委组织对其进行了鉴定,并获成都市科技成果奖。该成果在该院第二实验基地(现四川都江堰化工防火阻燃公司)建成中试装置。该 APP 生产技术主要是以磷酸二氢铵与尿素在高温下熔融聚合而成[22]。

$$nNH_4H_2PO_4 + (n-1)CO(NH_2)_2 \longrightarrow$$
$$H_{(n-m)+2}(NH_4)_mP_nO_{3n+1} + (n-1)CO_2 + (3n-m-2)NH_3$$

随后,该工艺改进为以磷酸为原料、以尿素为聚合促进剂同时提供氨源,来增大 APP 的聚合度,降低溶解度。其反应过程为

$$nH_3PO_4 + (n-1)CO(NH_2)_2 \longrightarrow (NH_4)_{n+2}P_nO_{3n+1} + (n-4)NH_3 + (n-1)CO_2$$

通过与 1.5.1 节对比可以看出,从磷酸铵体系到磷酸体系,是从固相反应到水溶液相反应的过程,是与国外 APP 的发展背道而驰的。分析可能是由于当时相关资料有限,并且没有经过 20 世纪 50 年代制备用于农业的 APP 的相关经验和认识。单纯的从降低成本和工艺的难度出发,做了如上的改进,较为可惜。

此后上海无机化工研究院[50]、天津合成材料研究所[51]、浙江化工研究院[52]等单位分别进行了研制,并涌现出大量制备 APP 的企业,主要集中在四川、云南,以及长三角等地。但基本依据磷酸体系,制得 APP 的聚合度低、水溶性较大、性能不稳定,只能低价出售。也曾出现日本等国低价购买我国生产的品质较差的 APP,经二次加工,制备高聚合度的 APP,再高价打入中国市场的情况。而导致我国 APP 生产落后的直接原因是长期滞留于磷酸体系。在这一时期,APP 也被认为是唯一一种国内不能模仿,与国际存在明显差距的阻燃剂。这恰恰是在改革开放初期,企业不注重技术创新,从而丧失竞争力导致。

期间,国内研究者虽也接触到五氧化二磷体系的相关信息,但认为五氧化二磷体系存在腐蚀性强、毒性大、安全隐患,且制备成本高等缺点,并未被国内研究者所采用。

直到 2000 年左右,研究者才陆续转而尝试其他的体系。

如浙江化工研究院的楼芳彪等[53],采用硫酸铵、三聚氰胺、碳酸氢铵作为缩聚剂,制备 APP。将等摩尔的 P_2O_5、磷酸氢二铵及适量的缩聚剂在 $100\sim200℃$ 下预热 $5\sim15min$。物料熔融后通入氨气结晶 $1\sim2h$,温度控制在 $200\sim350℃$,最好不超过 $350℃$。接着继续通氨熟化 $2\sim3h$,温度控制在 $200\sim300℃$。最后冷却出料。

2004 年上半年,浙江化工研究院年产 800t 结晶 II 型 APP 中试项目通过鉴定[54],并在国内首次公开提出了结晶 II 型 APP 的质量指标,如表 1-5 所示。

表 1-5　国内结晶 II 型 APP 的质量指标

检测内容	指标
聚合度 n	＞1000
外观	白色粉末
磷含量/%（质量分数）	31～32
氮含量/%（质量分数）	14～15
分解温度/℃	≥275
密度(25℃)/(g/cm³)	1.85～2.00
溶解度(25℃)/(g/100mL H_2O)	≤0.5
pH(10％水溶液)	5.5～7.5
水分/%（质量分数）	≤0.25
细度/μm	约15

　　虽国内许多厂家表明其生产 APP 的聚合度＞1000，但大部分企业生产的 APP 的聚合度并未达到 1000 以上。因此，市面上销售 APP 的聚合度还值得商榷[55]。

　　现在，国内也有少数几家企业能够制备高聚合度、低水溶性的结晶 II 型 APP。如杭州的捷尔思阻燃化工有限公司和山东潍坊的杜德利化学工业有限公司等。

　　著者自 2002 年开始研究 APP 的制备，先后研究了磷酸体系、磷酸铵体系、五氧化二磷扩链低聚合度 APP、五氧化二磷体系，以及基于五氧化二磷体系制备 APP/黏土纳米复合物等多方面的研究[56-64]。现在已经在山东、湖北和四川等地建立生产线。

　　可以说，在这一时期，由于研究者摆脱磷酸体系，采用磷酸盐体系和五氧化二磷体系，使我国 APP 快速发展，与国际间的差距日趋减小，并且在某些方面出现领先的情况。

1.6　聚磷酸铵的改性及应用

　　APP 作为一种无机阻燃剂，虽说长链型 APP 难溶于水，但随着时间的推移，会缓慢降解并溶解，且随着温度的升高，或有其他强碱阳离子存在的情况下，溶解度会大幅度提高。另外，APP 与大多数高分子材料的相容性不好。这两方面的因素使 APP 易于从基材中析出，降低阻燃材料的介电性和耐候性，影响使用安全，降低阻燃效果。因此，一般在 APP 使用前，都要改性处理，常用的处理方法有表面改性和微胶囊两种。

1.6.1 表面改性剂处理

用表面改性剂处理,不仅减少了 APP 表面的极性,使其具有一定的疏水性,从而降低了其在水中的溶解度,而且表面改性剂在 APP 表面上引入某种基团,使其与其他改性剂的相互作用增强,易于进一步改性,如微胶囊化等。

在表面活性剂的选取上,可以选用阴离子型、阳离子型和非离子型表面活性剂。Chakrabarti 等[65-67]提出,阴离子型表面活性剂可为天然的脂肪、油或它们的加氢衍生物的一元羧酸(一般碳链含碳原子 12～32 个,常见的为 12～22 个,最好为 14～18 个)的二价金属(Ca、Mg、Zn)和三价金属(Al)盐,用量最好在 0.05％～3％。而阳离子型表面活性剂主要选取带有四个脂肪烃基团,碳原子总数在 15～48 的季铵盐,用量最好为 0.1％～1％。非离子型表面活性剂则主要选取 C_{12}～C_{32} 的脂肪醇、脂肪醇和氧化烯烃的加合物、无环的 C_{12}～C_{32} 的脂肪酰胺、氧化乙烯和氧化丙烯的混合物等,其亲水亲油平衡值(HLB)控制在 5～10。

在 APP 表面处理中需要使用溶液,任何可以溶解表面活性剂但是不影响 APP 质量的溶剂均可选用,包括氯化脂肪烃类如 CH_3Cl、CH_2Cl_2、$CHCl_3$ 等。另外,也可以选择芳香烃或氯化芳香烃,如甲苯、二甲苯、氯苯等。

除此之外,也用偶联剂对 APP 进行表面改性。它是一种具有两亲结构的有机化合物,它可以使性质差别很大的材料紧密结合起来,从而提高复合材料的综合性能。目前使用量最大的偶联剂包括硅烷偶联剂、钛酸酯偶联剂、铝酸酯偶联剂等。其中硅烷偶联剂是品种最多、用量最大的一种。硅烷、硅氧烷、铝酸酯等本身具有一定的阻燃性,加入到 APP 中,既可以增加其阻燃性,对其吸湿性也有一定的改善,同时也能够改善材料的韧性、耐热性及吸水率。另外,利用硅烷偶联剂还可以将小的有机分子加到 APP 分子链上改善其吸湿性。例如一些低分子的烷烃、烯烃等[68]。

如用聚二甲基硅氧烷衍生物(相对分子质量为 14 000)处理 APP,使这种 APP 与聚乙烯(PE)混料制成薄膜,耐水实验 14 天时,磷的渗出率为 2.7％,而未处理的则为 15.6％[69]。

1.6.2 微胶囊化

采用微胶囊技术(MC)对 APP 进行包覆处理,使 APP 表面涂有包覆材料,从而改善 APP 的水溶性,增加 APP 与聚合物的相容性,减少和消除对聚合物制品阻燃、物理、机械和电性能的不利影响。

可用于 APP 包覆的囊材种类很多,一般选用耐热性较高的蜜胺树脂、聚脲、环氧树脂、异氰酸酯、热塑性树脂等。

如用蜜胺甲醛树脂微胶囊化 APP。将 5.2kg APP(牌号为 Exolit 22)和 500g

牌号为 Kanraamin Impreganting Resin 700 的蜜胺甲醛树脂加入 5.6kg 水和 3L 甲醇配成的混合溶剂中,在 120℃反应 20min,制得 5.5kg 微胶囊化的 APP。与未微胶囊化的 APP 相比,微胶囊化的 APP 水溶性由 25℃的 8.2%和 60℃的 62%分别降至 0.2%和 0.8%[70]。

采用三聚氰胺对 APP 进行改性也是近年来研究比较多的课题,它兼有表面改性和微胶囊的作用[71-74]。较常见的是将一定量的三聚氰胺与 APP 混合加热,使三聚氰胺包覆在 APP 的表面,但是这种方法生产的产品被粉碎后,不能保证 APP 颗粒包覆的均匀性,因此仍然存在吸湿性问题。采用三聚氰胺改性的第二种方法是将磷酸铵和尿素以及一定质量的三聚氰胺加热聚合,但是这种方法生成的物质,其对吸湿性的改善并不稳定,实验结果也不一致,存在很大的随机性。目前常用的一种方法是先将 APP 表面包覆,之后利用一定的交联剂把三聚氰胺与表面已包覆三聚氰胺的 APP 颗粒连接起来,提高它们之间的键合,改善吸湿性。可以选用的交联剂包括含有异氰酸基、羟甲基、甲酰基、环氧基等基团的化合物。交联剂的用量约为三聚氰胺中每个氨基对应 1~2 个交联剂的官能团[72]。

1.6.3　应用

APP 及经改性的 APP,应用非常广泛,在此列举一些应用的实例。

防火涂料:APP 最早是用于防火涂料,因其水溶性小,用来替代磷酸二氢铵和磷酸氢二铵,作为膨胀阻燃体系中的酸源和气源使用[14]。而目前膨胀阻燃体系已成为防火涂料最常用的阻燃体系。这类涂料的涂层很薄,为 0.3~0.5mm,但遇火后很快就膨胀为厚度达 10~25mm 的泡沫层,以此来保护材料。这种泡沫层的导热系数低,可以大大延长耐火时间(一般为 30~40min)。该种涂料已广泛地应用于木材、纤维板、胶合板的阻燃,除此之外还可以用于钢体结构的保护[75]。

阻燃纤维(织物)、木材、纸张:Drevelle 等[13]用 APP 的丙烯酸乳液来对棉/PESFR($\{CO-C_6H_4-COO-(CH_2)_2-O\}_n$)织物进行背涂处理,可以提高织物的热稳定性和阻燃性能。张敏等[76]提出,用 APP、硼化物和季铵盐构成的木材阻燃剂,处理过的木材不仅具有阻燃性,还具有防腐蚀作用。阎之璞[77]提出,用 APP、硫酸铵、四硼酸氢铵构成的阻燃液处理纸张。处理后的纸张不仅具有良好的阻燃效果,还保持了制品的柔韧性。用 APP 的水溶液处理纸张,然后烘干,当 APP 含量达到 43%时,便可达到自熄。

阻燃塑料:Hardy 等[70]用一种季戊四醇双磷酸酯与 APP 共用,来阻燃聚烯烃。Bras 等[78]研究在聚丙烯中添加亚麻纤维,以及由 APP、季戊四醇和三聚氰胺组成的膨胀阻燃体系来对聚丙烯进行阻燃。他们在此前的工作中还研究了用聚酰胺和聚氨酯作为成炭剂,来对聚丙烯进行阻燃[79,80]。Hu 等[81]用一种三嗪的衍生物作为成炭剂,与 APP 构成阻燃体系,来阻燃聚乙烯,达到了很好的阻燃效果。

Iwata 等[82,83]研究了用三聚氰胺包覆的 APP 来阻燃热塑性和热固性树脂。此外，APP 还被用于 PA6、PAN、PMMA 和 ABS 等[84-87]的阻燃。

APP 在橡胶中应用相对较少，但也用于聚氨酯、EPDM、丁苯橡胶以及热塑性弹性体 EVA 等的阻燃[88-91]。

此外，APP 还被用作灭火剂[92-94]和肥料[95]等。

参 考 文 献

[1] 陈兴娟，王金阳. 无机阻燃剂的表面处理技术. 化学工程师，2001，(4)：22-23.

[2] 王存东，王久芬. 新型无机阻燃剂的研究进展. 应用化工，2003，32(4)：16-19.

[3] 贡长生，朱丽君. 磷系阻燃剂的合成和应用. 化工技术经济，2002，(2)：9-15.

[4] 2009—2012 年中国阻燃剂行业投资分析及前景预测报告. 2009.

[5] Weil E D. Survey of flame retardants in commercial use or development. Stamford：BCC Short Course on Flame Retardants，2011.

[6] Callis C F, van Wazer J R, Arvan P G. The inorganic phosphates as polyelectrolytes. Chem Rev, 1954, 54(5)：777-796.

[7] Camino G, Costa L, Trossavelli L. Study of the mechanism of intumescence in fire retardant polymers：Part Ⅴ—mechanism of formation of gaseous products in the thermal degradation of ammonium polyphosphate. Polym Degrad Stabil, 1985,12：203-211.

[8] Brühne B, Jansen M. Kristallstrukturanalyse von ammonium-catena-polyphosphat Ⅱ mit röntgenpulvertechniken. Z Anorg Allg Chem, 2004, 620(5)：931-935.

[9] Sedlmaier S J, Schnick W. Crystal structure of ammonium catena-polyphosphate Ⅳ $[NH_4PO_3]_x$. Z Anorg Allg Chem, 2008, 634：1501-1505.

[10] Waerstad K R, Mcclellan G. Process for producing ammonium polyphosphate. J Agric Food Chem, 1976, 24(2)：412-415.

[11] Shen C Y, Stahlheber N E, Dyroff D R. Preparation and characterization of crystalline long-chain ammonium polyphosphates. J Am Chem Soc, 1969, 91(1)：61-67.

[12] Camino G, Luda M P. Mechanistic study on intumescence//Bras M L, Camino G, Bourbigot S, et al. Fire Retardancy of Polymers：The Use of Intumescence. Cambridge：The Royal Society of Chemistry, 1998：48-73.

[13] Drevelle C, Lefebvrea J, Duquesnea S, et al. Thermal and fire behaviour of ammonium polyphosphate/acrylic coated cotton/PESFR fabric. Polym Degrad Stabil, 2005, 88：130-137.

[14] Sears P G, Vandersall H L. Water-insoluble ammonium polyphosphates as fire-retardant additives：US, 3562197, 1971-02-09.

[15] 陈平初，朱为民，徐丽君. 长链聚磷酸铵聚合度的快速测定方法. 分析化学，1993，21(5)：578-580.

[16] Strauss U P, Smith E H, Wineman P L. Polyphosphates as polyelectrolytes：Light scattering and viscosity of sodium polyphosphates in electrolyte solutions. J Am Chem Soc, 1953, 75：3935-3940.

[17] Nakahara H, Kobayashi E, Hattori S, et al. Solution behavior of polyphosphate compounds：1. Molecular weight and intrinsic viscosity of ammonium polyphosphate. Chem Soc Japan, 1978, (11)：1556-1560.

[18] Wazer J R. Structure and properties of the condensed phosphates-molecular weight of the polyphosphates from viscosity data. J Am Chem Soc, 1950, 72：906-908.

[19] Callis C F, Wazer J R, Shoolery J N, et al. Principles of phosphorus chemistry：Ⅲ. Structure proofs by nuclear magnetic resonance. J Am Chem Soc, 1957, 78：2719-2726.

[20] Chrches G K, Pechkovskii V V, Kazmenkov M I. Relation of the degree of polymerization fluent volume in gel chromatography of polyphosphates. Zh Anal Khim, 1977, 32(1)：33-37.

[21] Pechkovskii V V, Cherches G K, Kazmenkov M I. Gel chromatography of condensed phosphates. Usp Khim, 1975, 44(1)：172-190.

[22] Miyajima T, Yamauchi K, Ohashi S. Characterization of inorganic long-chain polyphosphate by a sephadex G-100 column combined with an autoanalyzer detector. J Liq Chomatogr, 1981, 4 (11)：1891-1901.

[23] Baluyot E S, Hartford C G. Comparison of polyphosphate analysis by ion chromatography and by modified end-group titration. J Chromatogr A, 1996, 739：217-222.

[24] Callis C F, Wazer J R, Arvan Peter G. The inorgaic phosphates as polyelectrolytes. Chem Rev, 1954, 54：777-796.

[25] 王清才, 杨荣杰. 无机聚磷酸盐相对分子质量测定方法. 无机盐工业, 2005, 37(12)：53-56.

[26] 王清才, 杨荣杰. 关于工业聚磷酸铵国家行业标准的讨论. 无机盐工业, 2006, 38(2)：57-59.

[27] 王清才, 杨荣杰, 何吉宇, 等. 粘度法间接测定聚磷酸铵聚合度研究. 无机盐工业, 2007, 39(3)：55-57.

[28] Shen C Y. Ammonium polyphosphate process：US, 3495937, 1970-02-17.

[29] 中华人民共和国国家发展和改革委员会. HG/T 2770—2008, 工业聚磷酸铵. 北京：化学工业出版社, 2008.

[30] 鹿海军, 马晓燕, 颜红侠. 磷系阻燃剂研究新进展. 化工新型材料, 2001, (29)：7-10.

[31] 孙伟. 新型磷系膨胀阻燃剂. 塑料科技, 2002, (6)：13-17.

[32] 张利利, 刘安华. 磷硅阻燃剂协同效应及其应用. 塑料工业, 2005, (33)：203-209.

[33] Camino G, Costa L, Trossarelli L, et al. Study of the mechanism of intumescence in fire retardant polymers：Part Ⅵ—Mechanism of ester formation in ammonium polyphosphate-pentaerythritol mixtures. Polym Degrad Stabil, 1985, 12(3)：213-228.

[34] 刘树春. 聚磷酸铵的生产和应用. 硅酸盐工业, 2001, (3)：9-14.

[35] Greenwood N N, Earnshow A. 元素化学(中册). 李学同, 孙玲, 单辉, 等译. 北京：人民教育出版社, 1996：152.

[36] MacGregor R R, Stanley A J, Moore W P. Production of ammonium polyphosphates：US, 3492087, 1970-01-27.

[37] Gittenait M. Reaction of phosphoric acid, urea, and ammonia：US, 3713802, 1973-01-30.

[38] Young D C, Harbolt B A. Production of ammonium polyphosphates：US, 3949058, 1976-04-06.

[39] Meline R S, Lee R G. Process for the production of ammonium polyphosphate：US, 3733191, 1973-05-15.

[40] Hicks G C, Megar G H. Production of solid ammonium polyphosphate by controlled cooling：US, 4237106, 1980-12-02.

[41] Burkert G M, Nickerson J D. Clarification of ammonium polyphosphate solutions：US, 3630711, 1971-12-28.

[42] Stinson J M, Mann H C. Removal of carbonaceous matter from ammonium polyphosphate liquids：US, 3969483, 1973-06-13.

[43] Harbolt B A, Young D C. Method of producting ammonium polyphosphate：US, 4011300, 1977-03-08.

[44] Frazier A W, Smith J P, Lehr J R. Characterization of some ammonium polyphosphates. J Agric Food Chem, 1965, 13(4)：316-322.

[45] Shen C Y. Ammonium polyphosphates：US, 3397035, 1968-08-13.

[46] Heymer G, Gerhardt W, Harnisch H. Process for the manufacture of ammonium polyphosphates：US, 3653821, 1972-04-04.

[47] Schrödter H. Process for the production of substantially water-insoluble linear ammonium polyphosphates：US, 3978195, 1976-08-31.

[48] Schrödter K, Maurer A. Liner, substantially water-insoluble ammonium polyphosphates and process for making them：US, 4511546, 1985-04-16.

[49] Kimitaka K. Method for manufacturing Ⅱ type ammonium polyphosphate：JP, 2001139315(A), 2001-05-22.

[50] 印其山, 杨汉定, 黄碧萍, 等. 阻燃剂聚磷酸铵的性能和应用. 化学世界, 1985, (3)：85-86.

[51] 丁著明. 新型阻燃剂聚磷酸铵. 化学工程师, 1988, (4)：35-38.

[52] 姚晓雯, 周大成. 长链聚磷酸铵的制备和应用. 浙江化工, 1992, 23(4)：29-31.

[53] 楼芳彪, 陆凤英, 白瑞瑜, 等. 结晶Ⅱ型聚磷酸铵的制备方法及检测方法：CN, 20130109451. 0, 2013-12-16.

[54] 浙化院高效阻燃剂结晶 APP 通过技术鉴定. 阻燃材料与技术, 2004, (3)：22.

[55] 王清才, 杨荣杰. 关于工业聚磷酸铵国家行业标准的讨论. 无机盐工业, 2006, 38(2)：57-59.

[56] 李蕾, 杨荣杰, 王雨钧. 聚磷酸铵 (APP) 的合成与改性研究进展. 消防技术与产品信息, 2003, (6)：43-45.

[57] 章元春, 杨荣杰. 低水溶解度聚磷酸铵的制备与表征. 无机盐工业, 2005, 37(3)：52-54.

[58] 章元春, 杨荣杰. 聚磷酸铵研究进展. 无机盐工业, 2004, 36(4)：16-19.

[59] Yi D Q, Yang R J. Ammonium polyphosphate/montmorillonite nanocompounds in polypropylene. J Appli Polym Sci, 2010, 118(2)：834-840.

[60] Yi D Q, Yang R J. Study of crystal defects and spectroscopy characteristics of ammonium polyphosphate. J Beijing Inst Technol, 2009, 18(2)：238-240.

[61] 仪德启, 杨荣杰. 结晶Ⅱ型聚磷酸铵制备过程中氨的作用研究. 无机盐工业, 2008, 40(3)：35-37.

[62] 仪德启, 杨荣杰. 水在制备结晶Ⅱ型聚磷酸铵中的作用研究. 无机盐工业, 2010, 42(1)：34-36.

[63] 杨荣杰, 仪德启, 李向梅. 一种结晶Ⅱ型聚磷酸铵的制备方法：CN, 2007101776240, 2007-11-09.

[64] 杨荣杰, 仪德启. 一种聚磷酸铵与蒙脱土纳米复合物及其制备方法：CN, 200810222210X, 2008-09-11.

[65] Chakrabarti P M, Sienkowski K J. Quaternary ammonium salt surface-modified ammonium polyphosphate：US, 5071901, 1991-12-10.

[66] Chakrabarti P M, Sienkowski K J. Nonionic surfactant surface-modified ammonium polyphosphate：US, 5162418, 1992-11-10.

[67] Chakrabarti P M, Sienkowski K J. Anionic surfactant surface-modified ammonium polyphosphate：US, 5164437, 1992-11-17.

[68] Dieter B, Helmut M, Karl G, et al. Surface-modified flame retardants containing an organic silicone composition, their use, and process for their preparation：US, 6444315, 1999-07-06.

[69] 丁著明. 高聚合度聚磷酸铵的改性和应用. 塑料助剂, 2004, (2)：31-34.

［70］Hardy W B, Min T B, Hoffman J A. Pentaerythrityl diphosphonate-ammonium polyphosphate combinations as flame retardants for olefin polymers：US, 4174343, 1979-11-13.

［71］Maurer A, Staendeke H. Activated ammonium polyphosphate, a process for making it, and its use：US, 4515632, 1985-05-07.

［72］Fukumura C, Iwata M, Narita N, et al. Process for producing a melamine-coated ammonium polyphosphate：US, 5534291, 1996-06-09.

［73］Fukumura C, Iwata M, Narita N, et al. Melamine-coated ammonium polyphosphate：US, 5599626, 1997-02-04.

［74］Chisso Corp. Coated ammonium polyphosphate and its manufacturing method：JP, 2001294412A, 2003-10-23.

［75］李云东, 古思廉. 聚磷酸铵阻燃剂的应用. 云南化工, 2005, 32(3)：51-54.

［76］张敏, 苏云, 王韶良, 等. 含有机成分的木材阻燃防腐剂：CN, 91108348, 1992-04-22.

［77］阎之璜. 天然纤维制品阻燃剂及其处理方法：CN, 87104726, 1989-01-25.

［78］Bras M L, Duquesne S, Fois M, et al. Intumescent polypropylene/flax blends：A preliminary study. Polym Degrad Stabil, 2005, 88：80-84.

［79］Bras M L, Bourbigot S, Felix E, et al. Characterization of a polyamide-6-based intumescent additive for thermoplastic formulations. Polymer, 2000, 41(14)：5283-5296.

［80］Bras M L, Bugajny M, Lefebvre J. Use of polyurethanes as char-forming agents in polypropylene intumescent formulations. Polym Int, 2000, 49(10)：1216-1221.

［81］Hu X P, Li Y L, Wang Y Z. Synergistic effect of the charring agent on the thermal and flame retardant properties of polyethylene. Macromol Mater Eng, 2003, 289(2)：208-212.

［82］Fukumura T, Iwata M, Narita N, et al. Water insoluble ammonium polyphosphate powder for flame-retardant thermoplastic polymer composition：US,5795930, 1998-08-18.

［83］Iwata M, Inoue K, Takahashi R, et al. Flame-retardant thermosetting resin composition, water-insoluble ammonium polyphosphate particles and method for producing the particles：US, 5945467, 1999-08-31.

［84］Levchik S V, Camino G, Costa L. Mechanism of action of phosphorus-based flame retardants in nylon 6. I. Ammonium polyphosphate. Fire Mater, 1995, 19(1)：1-10.

［85］Zhang J, Horrocks A R, Hall M E. The flammability of polyacrylonitrile and its copolymers IV. The flame retardant mechanism of ammonium polyphosphate. Fire Mater, 1994, 18(5)：307-312.

［86］Laachachi A, Cochez M, Leroy E. Effect of Al_2O_3 and TiO_2 nanoparticles and APP on thermal stability and flame retardance of PMMA. Polyme Adv Technol, 2006, 14(7)：327-334.

［87］夏英, 蹇锡高, 刘俊龙. 聚磷酸铵/季戊四醇复合膨胀型阻燃剂阻燃 ABS 的研究. 中国塑料, 2005, 19(5)：39-42.

［88］Duquesne S, Bras M L, Bourbigot S, et al. Mechanism of fire retardancy of polyurethanes using ammonium polyphosphate. J Appli Polym Sci, 2001, 82(13)：3262-3274.

［89］Pal K, Rastogi J N. Development of halogen-free flame-retardant thermoplastic elastomer polymer blend. J Appli Polym Sci, 2004,94(2)：407-415.

［90］Castrovinci A, Camino G, Drevelle C, et al. Ammonium polyphosphate aluminum trihydroxide antagonism in fire retarded butadiene-styrene block copolymer. European Polym J, 2005, 41：2023-2033.

［91］Zilberman J, Hull T R, Price D, et al. Flame retardancy of some ethylene-vinyl acetate copolymerbased formulations. Fire Mater, 2000, 24(3): 159-164.

[92] 胡炳成, 吕春绪, 刘祖亮, 等. 低聚磷酸铵的合成及其在灭火剂中的应用. 爆破器材, 2001, 30(6): 30-33.

[93] Vandersall H L. Method for the preparation of aqueous fire retarding concentrates: US, 4971728, 1990-11-20.

[94] Vandersall H L. Fire retardant concentrates and methods for preparation thereof: US, 4983326, 1991-01-08.

[95] Stinson J M. Process for the production of ammonium polyphosphate: US, 3540874, 1970-11-17.

第 2 章 磷酸及磷酸盐体系制备聚磷酸铵

聚磷酸铵(APP)作为一种聚电解质、重要的阻燃剂、肥料和多形态的无机聚合物,自 1890 年左右被意外地制得到现在的 100 多年间,其制备一直受到人们的关注,迄今已出现了多种制备方法,如有磷酸-氨气-尿素法、磷酸-五氧化二磷-氨气法、氨水-氨气-三氯氧磷法、焦磷酸铵-五氧化二磷法[1]、磷酸盐-氨气法、磷酸盐-尿素法、磷酸盐-五氧化二磷-氨气法、磷酸盐-五氧化二磷-尿素法,以及五氧化二磷与乙醚反应等。而其中,以磷酸-氨气法、磷酸-尿素法、磷酸盐-尿素法和五氧化二磷-磷酸盐法为主。通过以上几种制备聚磷酸铵方法中所用的含磷化合物的不同,又可概括为磷酸、磷酸盐和五氧化二磷三个体系。其中,磷酸体系和磷酸盐体系在很长的一段时间内对聚磷酸铵的研究与发展起着指导作用,通过无数研究者的努力,也从设备上、工艺上积累了非常丰富的经验。本章主要介绍由磷酸及磷酸盐体系来制备聚磷酸铵,对五氧化二磷体系,将在第 3 章中详细阐述。

2.1 概　述

磷酸体系制备聚磷酸铵是一个湿法过程,主要出现在制备聚磷酸铵的早期。这个反应是在水溶液中进行的,过程相对简单,可操作性强,这是其能够在聚磷酸铵的制备早期占据主导地位的原因。但由于此体系是在水溶液中反应,制得的聚磷酸铵相对分子质量较低、水溶性较大,不能在耐水性涂料和塑料的阻燃中应用。所以,随着阻燃领域对聚磷酸铵要求的提高,磷酸体系也淡出了人们的视野。但是,磷酸体系在农业领域一直得到青睐。

磷酸盐体系制备聚磷酸铵则是在磷酸体系的基础上应运而生的,制得的聚磷酸铵的相对分子质量有较大的提高,根据条件的不同,可以制备各种晶型的聚磷酸铵,水溶性也较磷酸体系有所降低。无疑,这是一个既经济又实用的制备聚磷酸铵的体系,有着很好的发展前景。

2.2 磷酸体系

磷酸的制备大致分为两种。一种是湿法磷酸,另一种是电炉法磷酸。

湿法磷酸(wet process phosphoric acid)是以磷矿石为原料,主要有氟磷灰石、氯磷灰石、羟基磷灰石等。采用强酸制弱酸的方法制得,所用的酸主要有硫酸、盐酸和硝酸等,但其中常用的为硫酸法。根据反应生成的 $CaSO_4$ 水合物的不同,又分为二水物法、半水物法、半水物-二水物法和无水物法[2]。

由氟磷灰石与硫酸制备磷酸的主要反应如下:

$$Ca_{10}(PO_4)_6F_2 \cdot CaCO_3 + 11H_2SO_4 \longrightarrow$$
$$6H_3PO_4 + 11CaSO_4 + 2HF + H_2O + CO_2\uparrow$$

一般制得的磷酸的初始浓度按 P_2O_5 计算是在 30%～35%(质量分数)。借助于特殊的设备才能使 P_2O_5 的浓度高于 55%(质量分数)[3]。此外,制得的湿法磷酸中主要杂质有铁、铝、镁、氟和一些有机杂质等。这主要是由所用磷酸岩盐矿石的成分而定的。

电炉法磷酸(electric furnace phosphoric acid)是将磷矿石、焦炭和沙子在电炉或高温炉内强热,得磷蒸气,再将其氧化成五氧化二磷,最后用水吸收,得到电炉法磷酸,又称热法磷酸。忽略碳酸盐、氟化物和其他非磷酸盐组分,总反应可表示如下:

$$2Ca_3(PO_4)_2 + 6SiO_2 + 10C \longrightarrow P_4 + 6(CaO \cdot SiO_2) + 10CO\uparrow$$
$$P_4 + 5O_2 \longrightarrow P_4O_{10}$$
$$P_4O_{10} + 6H_2O \longrightarrow 4H_3PO_4$$

电炉法磷酸较湿法磷酸有浓度高和杂质少的优点。但是,由于电炉法磷酸的成本较高,研究者更倾向于用价格较便宜的湿法磷酸。并且由电炉法制得的磷酸(又称白酸),虽说使用时不易于产生沉积物,但是对反应器内壁的腐蚀性相当高,因此特别不适用于管式或者炉式反应器[4]。

2.2.1　磷酸与氨气反应

采用湿法磷酸与氨气制备聚磷酸铵起源于 20 世纪的 50～60 年代,最早是被应用于农业领域。这一方面是由于湿法磷酸被认为是一种廉价的磷肥原料[5];另一方面是低相对分子质量的聚磷酸铵在水中的溶解度要比磷酸铵的大,更易于制备高浓度的磷氮液体肥料[6,7]。除此之外,这一体系制备的聚磷酸铵也被用于阻燃领域。但是随着膨胀阻燃体系的发展,对聚磷酸铵的耐水性要求日益提高。随着时代的发展,农业方面要求制得的聚磷酸铵有很好的水溶性,能够形成稳定的溶液,而阻燃方面要求聚磷酸铵的水溶性要小。这使两个应用领域对聚磷酸铵的要求差别越来越大,制备聚磷酸铵工艺的差距也越来越大。从最初的聚磷酸铵液体肥料,到现在聚磷酸铵钾缓释肥料的发展,农业方面一直都青睐于湿法磷酸体系。阻燃领域在用此法制备聚磷酸铵时,受到方法本身的局限性,制得的聚磷酸铵的水溶性依然很大,因此就向其他的制备体系发展,这也成就了其他制备聚磷酸铵的体系在工业上的发展,如磷酸盐体系、五氧化二磷体系等。

起初,用此体系制备聚磷酸铵的步骤较为简单。如英国学者 Bookey 等[3]将事先浓缩好的湿法磷酸从反应器的顶端注入(磷酸的浓度按 P_2O_5 计算在 45%～56%,质量分数),氨气从反应釜的底端通入,进行快速氨化,保持氨化反应的温度在 170～230℃,整个过程是在常压下进行。制得的聚磷酸铵从反应釜的底端排出,形成连续生产。

此体系制得的产物实际上主要还是磷酸铵盐,大约在 60%,除此之外,有相当分量的焦磷酸铵,质量分数在 15%～30%,而真正的聚磷酸铵的量不足 10%,聚合度不高,估计在几到十几之间,并且产生大量的不溶性杂质。可以看出,此体系在制备聚磷酸铵中存在着许多不足,其中最主要的原因就是单独的湿法磷酸的浓缩步骤所得到的磷酸的浓度并不是足够高,这直接给制得的产品带来了很大的影响。

实际上,湿法磷酸与氨气法在制备聚磷酸铵的过程中,大致的思路就是将湿法磷酸浓缩,使其成为过磷酸或者聚磷酸,然后对产生的过磷酸或聚磷酸进行氨化。起初,这两个过程的确是独立的。首先对湿法磷酸进行浓缩,然后对浓缩的磷酸进行氨化来制备聚磷酸铵,但是对于湿法磷酸浓缩这一单独的步骤,需要消耗大量的热量和特殊的设备,这部分投入对于聚磷酸铵的制备无疑是沉重的负担。研究者们做了大量的工作,来消除这一单独的步骤,因此在发展后期,都是将两个独立的过程合二为一,在浓缩的同时进行氨化,而且氨化的过程也由一个变成了多个,以达到更好的浓缩和氨化的目的。Tennessee 流域管理局的研究者在这方面进行了大量的研究。如 Getsinger[8] 等,通过两个反应器中的两级氨化来实现磷酸的浓缩与氨化,将单独浓缩湿法磷酸的步骤彻底地消除了。其具体的操作过程如图 2-1 所示。

在此,主要有两个氨化反应器 4 和 6,工业级的湿法磷酸通过管线 1、阀 2 和泵 3 先被注入反应器 4,再通过泵 10 注入反应器 6。干燥的氨气则是通过管线 11 和阀 12,从反应器 6 的底端进入,未反应的氨气以及水蒸气通过管线 7 从反应器 4 的底端进入。因此,反应器 4 的主要作用是用工业级的湿法磷酸来吸收过量的或者未反应的氨气,成为部分氨化的湿法磷酸,与此同时,湿法磷酸得到了进一步的浓缩。而部分氨化的湿法磷酸用泵 10 经管线 9 注入反应器 6 后,在搅拌的作用下,与干燥的氨气发生逆向的气液相互作用来进行氨化和浓缩。并且在反应器 4 中,还将湿法磷酸进行了预热。而经由反应器 6 制得的聚磷酸铵熔体被送入热的储料池 16,可以进一步制备聚磷酸铵的水溶液或者通过冷却、结晶、粉碎来制备聚磷酸铵的固体产品。

其中反应器 4 和 6 中的温度、物料停留时间、压力以及搅拌速度等如表 2-1 所示。

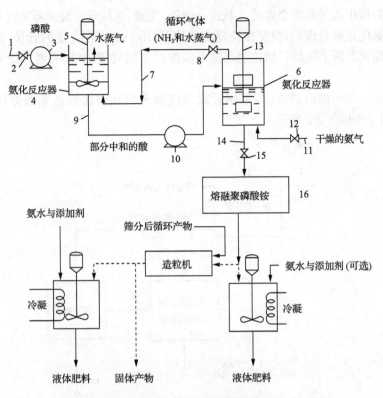

图 2-1　湿法磷酸两级氨化制备聚磷酸铵肥料流程图

表 2-1　湿法磷酸两级氨化制备聚磷酸铵肥料工艺参数

反应参数	反应器 4	反应器 6
温度/℃	100～200	150～315
优化温度/℃	120～180	200～260
停留时间/min	1～180	1～180
优化停留时间/min	2～60	2～30
压力/kPa	3～300	3～7000
优化压力/kPa	3～300	300
搅拌速度/(r/min)	100～300	100～3000
优化搅拌速度/(r/min)	100～1000	1000～2500

可以看出,此法对于氨的吸收较充分,对于磷酸的脱水浓缩也较彻底,无疑是一个比较合理的浓缩氨化过程。依此类推,如果氨化浓缩是多阶段进行,对于磷酸的浓缩和氨化来说都是有利的,但是也并不是阶段越多越好,随着磷酸浓度的不断增加,使体系的黏度也不断上升,给生产的连续性带来很大的不便。因此,寻找一

个很好的折中点是非常必要的。就这一问题,无疑,采用管式反应器来进行连续的浓缩和氨化是最合理的,只要在控制的条件下,用一个比较合适的管长,就可以解决以上提到的两个问题。而这也是随着磷酸体系的发展,被研究者广泛采取的一种方式。

Meline 等[9]的改进方法,采用管式反应器来氨化湿法磷酸制备聚磷酸铵肥料,如图 2-2 和图 2-3 所示。

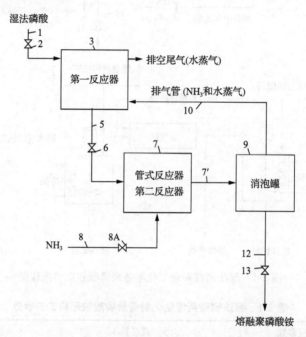

图 2-2 管式反应器氨化湿法磷酸制备固体聚磷酸铵流程图

图 2-2 和图 2-3 分别为制备聚磷酸铵固体和聚磷酸铵溶液的两个工艺过程,与此前的专利相比,其最大的特点在于将第二阶段的釜式反应器换成了管式反应器。

在制备固体聚磷酸铵时,湿法磷酸经管线 1 和阀 2 进入反应器 3,吸收剩余的氨气后,经管线 5 和阀 6 进入管式反应器 7,在 7 中进行中和氨化处理,后经管线 7′进入消泡罐 9,消泡后的聚磷酸铵熔体通过管线 12 和阀 13 排出。而氨气经管线 8 和阀 8A 从第二阶段的管式反应器进入,与部分氨化的磷酸反应,多余的氨气和水蒸气经消泡后,通过管线 10 进入反应器 3,未反应的氨气在此被吸收,水蒸气从反应器 3 的顶端排出。

在制备聚磷酸铵溶液时,两个阶段的反应器都有单独供氨步骤,第一反应器中的氨气流量相对较少,被全部吸收,排出的是水蒸气,第二阶段管式反应器中的氨

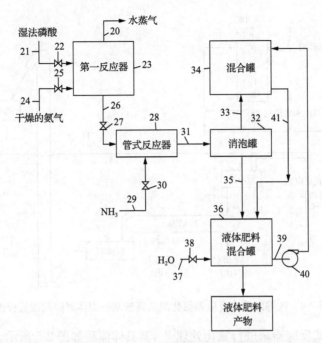

图 2-3　管式反应器氨化湿法磷酸制备液体聚磷酸铵流程图

气过量,未反应的氨气经过消泡处理后再通到制备聚磷酸铵溶液的反应器中,形成氨水,有利于聚磷酸铵的溶解。

　　制备过程中所用的湿法磷酸的浓度按 P_2O_5 计为 54%,预热温度为 90℃,氨气温度为 170℃。在第一阶段反应器中温度维持在 140℃,第二阶段反应器温度维持在 250℃。制得的产物中聚磷酸铵的含量大约在 50%。

　　此后,Hicks 等[10]对管式反应器制备固体聚磷酸铵的装置进行了改进,如图 2-4 所示。

　　从图 2-4 可以看出,前半段基本与之前的方法类似,湿法磷酸经管线 1 进入反应器 2,吸收经管线 3 来自管式反应器 7 的氨气,水蒸气从反应器 2 的顶端排出。来自管线 5 的部分氨化的磷酸与经管线 6 通入的干燥氨气一同进入管式反应器 7,管式反应器 7 中的温度设定在 260~315℃。而反应后得到的聚磷酸铵熔体通过管线 8 进入预冷器 9,预冷器 9 中的温度维持在 150~180℃。后经管线 12 进入冷却器 13,冷却器 13 的温度设定在 10~80℃。冷却后的聚磷酸铵固体经粉碎器 15 粉碎,粒径筛分器 16 筛选后得到固体粉末状的聚磷酸铵产品。而较大的聚磷酸铵颗粒则经管线 11 循环进入预冷器 9,进行再次处理。制得的产品中聚磷酸铵的含量在 27%~54%。

　　在 1970 年,美国 W. R. Grace & Co. 在 Tennessee 流域管理局工作的基础

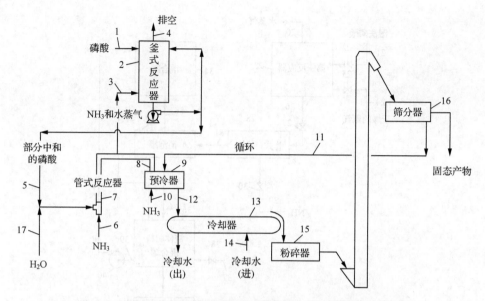

图 2-4　改进的管式反应器氨化湿法磷酸制备固体聚磷酸铵流程图

上,采用了管式反应器来进行氨化处理[11],其具体流程如图 2-5 所示。

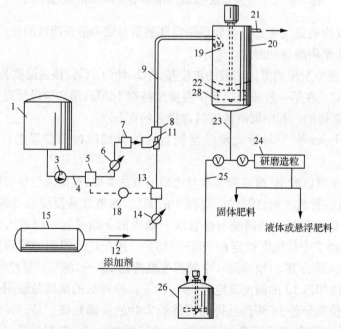

图 2-5　管式反应器氨化湿法磷酸制备聚磷酸铵肥料流程图

储料罐 1 中的湿法磷酸通过泵 3,经管线 4,流量监测与控制器 5,加热器 6 和温度控制器 7 后进入管式反应器 9 的进口 8。在进口 8 中,有用于通氨气的喷口 11,深入到磷酸流路中。

储气罐 15 中的氨气经过管线 12,由泵 14 和流量控制器 13 控制,经由喷口 11 通入管式反应器 9 中。在此,18 是一个与酸流量控制器 5 和氨气流量控制器 13 相连的装置,用来控制磷酸与氨气的流量比。

管式反应器 9 是绝热的,以减少热量的损失。管式反应器的末端是喷口 19,它从脱水-熔融收集反应器 20 的顶端将氨化的磷酸喷入。反应器 20 的作用就是闪蒸自由水和进行分子脱水,使气体与熔体分离。其中,反应器 20 中的氨化磷酸被搅拌器 22 不断地搅拌和混合,而产生的水蒸气和未反应的氨气则经由反应器 20 顶端的排气管 21 排出。经过干燥的熔体从位于反应器 20 底端的管线 23 排出。

此后的处理过程与之前的方法大致相同,要么制成溶液或悬浮液的液体肥料,要么通过粉碎制备固体肥料,或再将制成的固体粉末溶解制备液体肥料。

制得的产品中聚磷酸铵的量在 20%～56%(质量分数)。可以看出,在这一时期,制得的产品实际上都是聚磷酸铵与磷酸铵的混合物。这是由制备方法和用途两方面因素决定的。

从以上的几个实例可以看出,湿法磷酸氨化制备聚磷酸铵经历了一个由釜式反应器到管式反应器的发展过程,以便于进行连续生产。但是,这一个体系在制备聚磷酸铵的过程中,无论是分段的釜式反应器还是管式反应器,都存在着两个亟待解决的问题,即不溶性杂质的存在和对设备的腐蚀问题。以上的专利中并没有讲述。下面就这两个问题进行阐述。

由磷矿石制得的湿法磷酸中的杂质主要有铁、铝、镁、钙、氟等离子,当与聚磷酸作用生成聚磷酸盐时,常会形成不溶物或者是胶状物。而一般制得的液体肥料从制成到喷洒使用,之间最长要经过 6 周的时间[4],在这个过程中,制备的高浓度的液体肥料要求能够稳定地储存,如果不进行除杂,那么由湿法磷酸引进的金属离子,如铁、铝、镁、钙等与聚磷酸形成沉淀,破坏聚磷酸铵溶液的稳定性。

对此,可以采用离子交换或者液-液萃取将其中的部分杂质去除。如使用螯合剂六偏磷酸钠来进行除杂,但是效果并不理想。除此之外,主要通过控制工艺来进行除杂。

Allied Chemical 公司的 MacGregor 等[5],利用与此前 Tennessee 流域管理局 Getsinger[8]基本类似的过程来制备聚磷酸铵肥料,但其对制得的聚磷酸的后处理方法有所不同,如图 2-6 所示。

可以看出,在制备部分两者是相同的,都是将预热好的干燥的氨气从第二个反应器的底部通入,对磷酸进行氨化。而未反应完的或者过量的氨气和水蒸气则被通入第一个反应器中,与预热的磷酸进行反应。但是,不同之处在于,这篇专利对

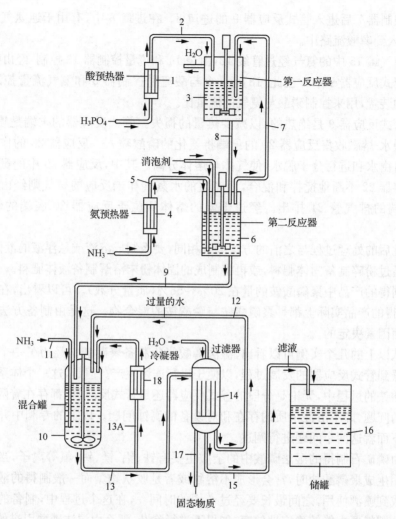

图 2-6　Allied Chemical 公司湿法磷酸氨化制备聚磷酸铵肥料及除杂工艺流程图

于制得的聚磷酸铵熔体直接用氨水溶解,成为溶液,再通过控制温度和循环过滤步骤,将制得的聚磷酸铵中的不溶物进行过滤,提高制得的磷酸水溶液的稳定性。

磷矿石中除了含有铁、镁、铝、钙、氟等离子以外,还经常含有天然的有机物,如碳氢化合物、不饱和脂肪酸、降解的卟啉和动物油脂等。如果不经过煅烧,直接制得的湿法磷酸中通常含有这些有机杂质。由于对磷酸盐矿石的煅烧能耗大,所以一般制得的湿法磷酸都是由不经过煅烧的磷酸盐矿石直接制得。而这些有机物在聚磷酸的制备过程中则成为含碳的炭质,因此用以上方法制得的聚磷酸水溶液基本上都是黑色的溶液。为制得澄清的聚磷酸铵水溶液(一是为了美观,二是为了制得的聚磷酸铵水溶液的稳定性),基本的做法是向制得的聚磷酸铵水溶液中加入脂肪族的有机胺类絮凝剂,然后采用浮选法,将漂浮在上层的炭质除去,得到澄清的聚磷酸铵水溶液[12]。具体步骤如图 2-7 所示[13,14]。

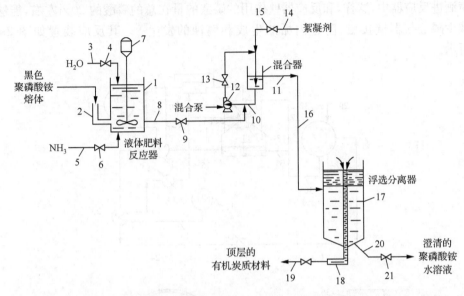

图 2-7　湿法磷酸制备聚磷酸铵肥料过程中的除碳过程示意图

制得的黑色聚磷酸铵熔体用氨水溶解,制成液体肥料,然后进入混合器与絮凝剂混合,再通入到浮选分离器 17 中,絮凝的有机炭质漂浮在顶端,通过管线 18 排出,而下层澄清的聚磷酸铵水溶液则从管线 20 排出。

随着磷酸制备工艺的改进,目前出售的湿法磷酸已经进行了除杂。如采用这一体系,并不需要过多地考虑除杂的问题。

但是该反应体系依然存在内垢和腐蚀的问题,这主要是源于在制备过程中,反应温度过高,形成环状磷酸盐或者偏磷酸盐,沉积在反应器壁上,形成内垢,并腐蚀反应器。其中,管式反应器与传统的罐式反应器相比,内垢和腐蚀更为严重。管式反应器由于管径细,反应过程中的温度高,而在高温下极易产生环状偏磷酸盐,与磷酸中的金属离子反应生成盐,沉积在管内壁上,并且随着反应温度的升高,产生的量也相当大,这一方面产生内垢,使反应器堵塞,无法连续生产,清理的费用也相当高,另一方面也促成了磷酸对于反应器的进一步腐蚀。这成为制约管式法制备聚磷酸铵的一个重要因素。出于这种考虑,大多数的做法就是适当地控制温度,不让反应的温度过高,减少生成偏磷酸盐的量,减少内垢和腐蚀。如此前 Allied Chemical 公司 MacGregor 等的工作中提到,在反应过程中,反应的温度应不低于 205℃,以保证聚磷酸铵的形成,且不应超过 300℃,以防止形成偏磷酸盐杂质,其为形成内垢的主要来源,并认为最佳的反应温度应在 245～265℃,以防止形成内垢和腐蚀反应设备。

也有人因为发现这些问题,而放弃管式反应器,利用大内径的反应器,让磷酸喷洒进反应器中,这样,和反应器壁作用的磷酸的量在总的磷酸的 20% 左右,能够减少磷酸与器壁接触,防止内垢的生成和腐蚀的发生[4]。其反应装置如图 2-8 所示。

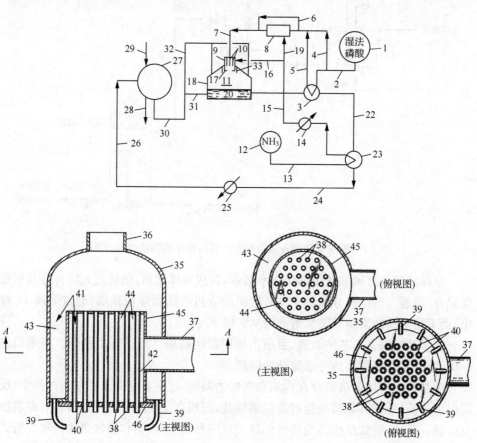

图 2-8　大内径反应器结构(下)及用于湿法磷酸制备聚磷酸铵肥料流程图(上)

德国学者 Hahn 等[15]用多级下降式膜反应器来制备聚磷酸铵,其反应装置如图 2-9 所示。

所用的湿法磷酸按 P_2O_5 计,浓度在 28%~32%,从多级反应器的顶端喷入,而氨气预热后从多级反应器的底端进入(温度在 150~200℃),形成逆流体系。磷酸与氨气发生中和反应放出的热量可进一步浓缩磷酸,反应器各段的温度自上而下,依次升高。反应器的各段由温度不同的导热油来控制。从底端通入的氨气也可以带有其他载气,如氮气、空气等。反应后的气体从多级反应器的顶端排出,这

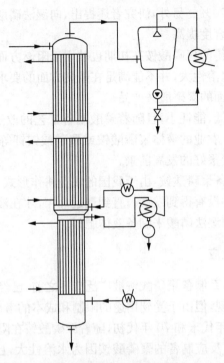

图 2-9   多级下降式膜反应器

部分气体中含有氨气、水蒸气,以及磷酸中的氟离子与氨气生成的氟化铵和其他一些氟化物。尾气中的这些氟化物通过喷洒苏打水溶液来进行分离,而氨气则通过酸吸收,经过处理的尾气就可以排空了。在这个过程中,要求通入过量的氨,一方面是为了充分地中和高浓度的磷酸,另一方面是与磷酸中的挥发性杂质反应,将杂志除去。在此,主要是针对氟离子。

在这篇专利中,实验是在两段下降式薄膜玻璃反应器中进行的(反应器的内径为 4cm,每一段的有效长度为 0.8m),3 次实验具体的数据如表 2-2 所示。

表 2-2   下降式膜反应器工艺参数及产品性质

实验	温度/℃		投料/(kg/h)		NH_3/P_2O_5 摩尔比	产物/%		
	Ⅰ段顶部	Ⅱ段底部	湿法磷酸	氨		氨态氮	总 P_2O_5	聚磷酸铵
1	190~200	235~240	4.08	0.76	5.4	14.3	54.5	38.9
2	190~200	240~250	1.9	0.26	3.95	14	57	75
3	190~200	240~250	2.72	0.37	3.95	14	57	70

研究者通过实验发现,单位时间内的投料量加大,则Ⅱ段温度上升,从 220℃上升到 230℃,而产物的 pH 基本保持不变,反应时间缩短,则产物中聚磷酸铵的

量降低,从 75％降至 70％。另外,研究者还提出,向湿法磷酸中添加适量的尿素可使所得聚磷酸铵的聚合度提高。

虽说磷酸体系制得的聚磷酸铵在初期也被用于阻燃方面,但是,由于制得的聚磷酸铵的聚合度低,水溶性大,并不能满足在阻燃方面的要求。因此转而用其他体系来制备用于阻燃方面的聚磷酸铵产品。

但是此体系成本低、能耗小,且随着磷酸制备工艺的改进,可以忽略其中的除杂工艺,对于制备用于农业的液体聚磷酸铵或聚磷酸铵钾等肥料非常适用。相信在农业领域,依然有着很好的发展前景。

对于磷酸体系制备聚磷酸铵,由于我国的农业耕作形式,没有大面积使用液体肥料的情况,在当时并没有得到发展。直到最近几年,才在液体肥料方面有了一定的投入和发展,并采用湿法磷酸来制备液体肥料。

2.2.2　磷酸与尿素反应

实际上,在磷酸体系制备聚磷酸铵被广泛应用之前,已经有很多用于聚磷酸铵的制备方法被人们发现,但由于受到用途的限制和成本的考虑,并没有得到足够的重视[16]。20 世纪 60 年代末和 70 年代初,随着聚磷酸铵在阻燃行业越来越多的应用,原有的磷酸与氨气反应制备的聚磷酸铵因为水溶性大,已经不能满足要求,促使研究者开始改进磷酸与氨气反应的工艺条件,或者考虑其他的制备体系。而其中首当其冲的就是磷酸与尿素反应来制备聚磷酸铵,该过程往往也要用到氨气,这也算是在磷酸与氨气反应制备聚磷酸铵方法的基础上,做的一种改进。尿素在其中起到了脱水缩合的作用,使制得的聚磷酸铵的聚合度有了一定程度的提高,从而降低了其在水中的溶解度。在制备的后期,加入了氨化的阶段,有研究者称之为“熟化”。这一方面是为了进一步氨化,另一方面也是为了降低水溶性,很多研究者都发现,在制备后期增加一定时间的氨化过程,对于制备的聚磷酸铵水溶性的降低是很有好处的。

美国 Monsanto 公司大致就是从这一体系开始来研制聚磷酸铵的。该公司做了大量富有成效的工作,并系统地研究了各种晶型的聚磷酸铵的制备和转化关系,给出了各种晶型的 XRD 谱图,并提出了磷酸与尿素反应的反应机理,为今后聚磷酸铵的制备提供了坚实的理论基础。

实际上,磷酸-尿素法很难与磷酸脲-尿素法分开。在磷酸与尿素反应的过程中,都有一个磷酸与尿素的预混过程,温度大概维持在 40～90℃,其实这是一个将尿素溶于磷酸的过程。在这个过程中,有相当程度的磷酸会与尿素反应而生成磷酸脲。这一步在下面的反应机理中也体现了出来。与此类似地,还包括磷酸铵的酸式盐与尿素的反应。因此,这几个体系是分不开的,但是也存在区别,主要是受磷酸浓度的影响,会使反应体系之间的差异增大。

磷酸与尿素间的反应[17]：

$$nH_3PO_4 + (n-1)CO(NH_2)_2 \longrightarrow (NH_4)_{n+2}P_nO_{3n+1} + (n-4)NH_3\uparrow + (n-1)CO_2\uparrow$$

$$CO(NH_2)_2 + H_2O \longrightarrow 2NH_3\uparrow + CO_2\uparrow$$

反应机理[18]：

$$\text{HO}-\overset{\displaystyle O}{\underset{\displaystyle OH}{P}}-\text{OH} + \text{H}_2\text{N}-\overset{\displaystyle O}{C}-\text{NH}_2 \rightleftharpoons \left[\text{HO}-\overset{\displaystyle O}{\underset{\displaystyle OH}{P}}-\text{O}\right]^{-} \left[\text{H}_3\text{N}-\overset{\displaystyle O}{C}-\text{NH}_2\right]^{+}$$

$$\left[\text{H}_3\text{N}-\overset{\displaystyle O}{C}-\text{NH}_2\right]^{+} + \text{HO}-\overset{\displaystyle O}{\underset{\displaystyle OH}{P}}-\text{OH} \longrightarrow \left[\begin{array}{c} \text{O}=\text{C}\cdots\text{O} \\ \text{O}-\text{P}-\text{ONH}_4 \\ \text{ONH}_4 \end{array}\right]^{+}$$

$$\left[\text{HO}-\overset{\displaystyle O}{\underset{\displaystyle OH}{P}}-\text{O}\right]^{-} + \left[\begin{array}{c} \text{O}=\text{C}-\text{O}-\overset{\displaystyle O}{P}-\text{ONH}_4 \\ \text{ONH}_4 \end{array}\right]^{+} \longrightarrow \text{HO}-\overset{\displaystyle O}{\underset{\displaystyle ONH_4}{P}}-\text{O}-\overset{\displaystyle O}{\underset{\displaystyle ONH_4}{P}}-\text{OH} + \text{CO}_2, \cdots\cdots$$

该机理认为，在一定温度下，磷酸与尿素反应生成磷酸脲 $\left[\text{HO}-\overset{\displaystyle O}{\underset{\displaystyle OH}{P}}-\text{O}\right]^{-}$

$\left[\text{H}_3\text{N}-\overset{\displaystyle O}{C}-\text{NH}_2\right]^{+}$，后磷酸脲加热解离出 $\left[\text{H}_3\text{N}-\overset{\displaystyle O}{C}-\text{NH}_2\right]^{+}$，再与磷酸反应，生

成 $\left[\begin{array}{c} \text{O}=\text{C}\cdots\text{O} \\ \text{O}-\text{P}-\text{ONH}_4 \\ \text{ONH}_4 \end{array}\right]^{+}$ 中间体，并与磷酸二氢根离子作用，脱除 CO_2，生成部分

氨化的焦磷酸。再经如上的一系列类似的反应生成聚磷酸铵。

其中，生成焦磷酸铵的反应在 150℃ 左右进行，而当反应温度在 170~220℃ 时，主要进行的是焦磷酸与尿素作用生成聚磷酸铵的反应。

在整个过程中,还有一些其他的副反应发生,这些副反应主要是来自尿素与水,以及尿素之间。具体反应如下:

$$(NH_2)_2CO + H_2O \xrightarrow{\triangle} CO_2\uparrow + 2NH_3\uparrow$$

$$2(NH_2)_2CO \xrightarrow{\triangle} \ \underset{\underset{H_2N}{}}{} H_2N-\overset{\overset{O}{\parallel}}{C}-NH-\overset{\overset{O}{\parallel}}{C}-NH_2 + NH_3\uparrow$$

其中,尿素与水的反应对于制备聚磷酸铵是有利的,可以起到脱水、浓缩磷酸的作用,这也是为什么以此法制得的聚磷酸铵的聚合度要比磷酸-氨气体系的高。

两分子尿素生成的缩二脲继续反应,脱氨生成三缩脲,然后环化,生成三聚氰胺氰尿酸盐。这种尿素间的反应是该体系产生主要副产物的原因,而防止副产物生成的主要方法是控制尿素的用量在一个合适的比值,当尿素过量,且升温过快,温度过高时容易产生这些副产物,应极力地避免。

在这一时期,Monsanto 公司发表了多篇专利和磷酸与尿素法相关,其中既涉及用流化床来生产的工艺步骤,又有用炉式反应器来制备聚磷酸铵的过程[1,19-21]。

所谓流化床,也称沸腾床,其方法是将特定的气体吹入容器底部,使位于流化床内的粉末物料翻动达到“流化状态”,气体通过多孔性透气板,成为均匀分布的细散气流使粉末上下翻动。这种流动粉体的性质很像液体。放入其中的物体如同沉入液体中,立即为流态化的粉末所包围。这种流态化粉末与液体的特性仍然存在着很大的不同。譬如当一段管子被水平地放入液体中,其内壁就会立即被润湿,但在流化状态的粉末中,管腔内的粉末就变得静止不动了。这是因为粉粒的运动主要是上下方向的,水平方向移动很少。除此之外,为了保证流化床的均匀性,对气流和物料的要求苛刻。粉末粒度不均匀,其中特别是细小的颗粒容易产生内聚而形成孔渠。气流从孔渠中流过的现象称为“沟流”或“气沟”。沟流现象会使床层趋于不均匀,压强降波动比较大。

Shen[1] 将 1000 份的磷酸(P$_2$O$_5$ 含量 85%)与 1020 份干燥的尿素在 45℃ 下混合 2h,当生成磷酸脲以后,将其与等量的水不溶的 Ⅲ 型聚磷酸铵混合,并升温到 350℃ 反应 2h,最终得到 Ⅲ 型聚磷酸铵 840 份。

用类似的过程,将 1000 份的磷酸(P$_2$O$_5$ 含量 85%)与 1020 份干燥的尿素在 80℃ 混合,形成浆状的均匀熔体,然后将熔体加热到 125℃ 并缓慢地添加到带有 Ⅱ 型聚磷酸铵的流化床上面,流化床的温度保持在 150~200℃。半小时后,将产物转移到一个 250℃ 的煅烧炉中,并在足够氨气气氛存在的情况下反应 1h,得到大约 840 份的结晶 Ⅱ 型聚磷酸铵。

在此,具体做法是用 700 份 80 目的结晶 Ⅱ 型聚磷酸铵作为床体填料,用氨气和二氧化碳的混合气作为载流气。床温通过位于床外壁的加热电阻丝控制,使床内的温度维持在 220~250℃。将混合好的尿素与磷酸的混合物熔体喷洒到流化床上(比例为 1050 份尿素和 1000 份 85%磷酸),供料速度为 120 份/h。在此条件下,混合物立即分解,放出氨气和二氧化碳,并在作为填料的聚磷酸铵晶体上形成想要的结晶聚磷酸铵产品。悬浮在气体中的聚磷酸铵颗粒,经旋风分离后返回流化床内。除微粒后的气体,经压缩、除尘(袋状过滤),最后用磷酸吸收,生成磷酸铵,剩余的气体返回流化床循环利用。从流化床上得到的水不溶性聚磷酸铵为结晶Ⅱ型。取料速度为 50 份/h。

在专利 US3495937 中[19],有所改进之处在于控制反应气氛中的氨分压。该专利认为氨分压应该至少维持在 $\lg P_{NH_3} = 7.37 - \dfrac{2860}{T}$。在此,$P_{NH_3}$ 为氨分压;T 为反应热力学温度;水的分压不要超过 $P_{H_2O} = 40/P_{NH_3}$,在此 P_{H_2O} 为水分压。

具体实例如下,将 P_2O_5 含量为 76%的磷酸流与熔融的尿素在一个反应罐中混合,控制尿素与磷酸的摩尔比在 $0.75 \sim 0.8:1$,将混合好的溶液保持在 $80 \sim 100℃$,通入带有聚磷酸铵颗粒的移动床上面,床温保持在 250℃。整个反应过程中的气氛不能被加热气体或空气污染,气氛中不能含有水蒸气,并且保证其中氨气的分压在 300mmHg(1mmHg≈133.3Pa),这部分氨气是由反应放出的氨气来维持。加热是通过一个间接加热的煅烧炉完成的,这使反应的物料在接触到移动床上面的聚磷酸铵后可以迅速升温到 250℃。将反应所得的聚磷酸铵卸出,然后再进行下次制备。反应所得的聚磷酸铵的水溶解度为 $1g/100mL\ H_2O$。

除尿素以外,Sears 等[20,21]对于可以使用的氨化缩合剂做了详细的描述。要求这种含氮化合物中至少要有一个氨基型的氮,能够在 $170 \sim 260℃$ 与磷酸发生缩合反应。分子中最好含有一个或者多个氨基基团。氨分子上面的一个或者多个氢原子被单价的酸式自由基所取代,最好是伯胺,其中可以含有 C、S、N、O 和 H 等元素,但是与此同时分子中不要存在 C—C 键,并且最好分子中不要含有环状结构。如果是环状结构,其中最好含有 3 个或更多的氨基基团。除此之外,这种化合物的相对分子质量要较小,应该小于 200,并含下列基团中的 $1 \sim 2$ 个:氨基甲酰基、氨基甲酸基、氨磺酰基、磺胺米隆基或酰脲基。例如,尿素、氨基甲酸铵、缩二脲、硫酰胺、氨基磺酸、氨基磺酸铵、脒基脲、甲基脲、氨基脲、1,3-二氨基脲、联二脲和与尿素类似的化合物等。但是经过历史的淘汰,尿素无疑还是最佳的选择。

其中,对尿素与磷酸的摩尔比有了更进一步的描述,认为尿素与磷酸的摩尔比应该在 $1 \sim 5:1$,最好是在 $1 \sim 3:1$。对于反应的温度也有了更明确的说明,认为其反应温度最低不要低于 180℃,低于该温度时不会形成聚磷酸铵,而反应的温度不应该高于 260℃,高于此温度时形成的长链聚磷酸会断链分解。为使原料完全地反应,当反应的温度在 $210 \sim 240℃$ 时,需反应 $30 \sim 90min$;当反应温度为 255℃ 时,需反应 $5 \sim 30min$;当反应温度为 180℃ 时,通常需要反应 $3 \sim 4h$。

具体实施例如下:将 P_2O_5 含量为 76%的磷酸加入反应釜中,搅拌,并逐渐地加入尿素反应,具体数据如表 2-3 所示。此时,所得的主要为短链的聚磷酸铵,一般平均聚合度不超过 10,并且易吸湿,水溶性大。

表 2-3 预反应阶段不同工艺参数下制得聚磷酸铵平均链长(聚合度)

序号	N/P 的摩尔比	氨态氮与磷酸的摩尔比	平均链长(聚合度)	温度/℃
(1)	1.0	0.78	3.0	150
(2)	1.25	0.93	4.8	150
(3)	1.46	0.81	4.8	140
(4)	1.75	0.87	3.7	140
(5)	2.0	0.97	3.9	130
(6)	2.5	0.96	3.9	130

将表 2-3 中所得的产物,在特定的温度下反应 1h,得到聚磷酸铵产品,其具体数据如表 2-4 所示。

表 2-4 不同热处理温度下制得聚磷酸铵的结构与性质

序号	温度/℃	氨态氮与磷酸的摩尔比	平均链长(聚合度)	溶解度/(g/100mL H_2O)
(1)	200	0.78	48	8.9
(2)	235	0.75	70	2.6
(3)	235	0.82	70	2.6
(4)	225	0.92	110	6.0
(5)	210	0.87	45	2.4
(6)	200	0.87	166	3.7

由表 2-3 和表 2-4 中的数据可以看出,增加尿素的量或提高反应的温度,可以提高聚磷酸铵的聚合度,而所得聚磷酸铵的溶解度既与聚合度相关,也与制得的聚磷酸铵中氨态氮的量有关。

以上的几位研究者,都给出了一个聚磷酸铵的化学式,为

$$H_{(n-m)+2}(NH_4)_m P_n O_{3n+1}$$

在此 m/n 的值在 $0.7 \sim 1.1$,m 的最大值为 $n+2$。一般,依据此法制得的聚磷酸铵的聚合度在几十到几百。

这几篇专利中除了采用尿素与磷酸反应来制备聚磷酸铵外,还越来越多地采用了一些衍生体系,如磷酸脲与尿素反应、磷酸铵与尿素反应等。

从 Monsanto 公司以上的几篇专利可以看出,在磷酸与尿素反应的过程中,一般分为两个阶段:第一阶段温度一般维持在 40~150℃,主要为预混,其实在这一阶段主要生成磷酸脲,以及一些低聚合的磷酸盐的脲盐。第二阶段一般维持在 180~350℃,具体的反应时间与实施的温度有着很大的关联,温度越高,反应时间

越短,期间可以用特定晶型的聚磷酸铵作为晶种来控制所得聚磷酸铵的晶型。

　　Corver 等[16]用磷酸与尿素为原料,在输送带式反应器上来进行连续生产。其设备如图 2-10 所示。图 2-10(a)是反应器的整体外观图,图 2-10(b)是对图 2-10(a)中反应和加热区域的一个局部半剖图。

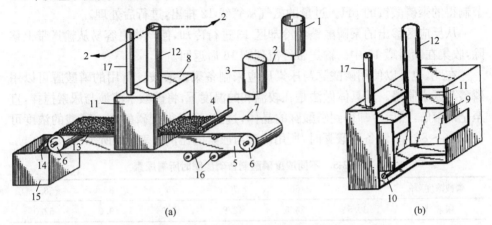

图 2-10　Corver 等生产聚磷酸铵的连续设备
(a) 反应器的整体外观图;(b) 反应区和加热区域半剖图

　　在此,所用的磷酸要求浓度至少在 75%,而最好是在 85%～95%。其中,尿素与磷酸的摩尔比在 1.0～3.0。随着磷酸浓度的升高,所需尿素的量也相应降低。如磷酸浓度为 85%时,尿素/磷酸的摩尔比选择 1.85/1.0;当磷酸浓度为 90%时,尿素/磷酸的摩尔比选择 1.55/1.0;当磷酸浓度为 95%时,尿素/磷酸的摩尔比选择 1.21/1.0;当磷酸浓度为 100%时,尿素/磷酸的摩尔比选择 1.0/1.0。

　　所用磷酸的浓度越低,则制得聚磷酸铵中含碳杂质的量会越多,而这些杂质对于聚磷酸铵作为阻燃剂时的阻燃效率会产生很大的影响,并且磷酸的浓度低,要求反应的时间也要相对的长。

　　具体的操作流程如下:将磷酸和尿素在混合罐 1 中进行混合,混合的温度维持在 75～90℃。熔体通过管线 2 进入喂料罐 3,3 与多孔的喷管 4 相连,使熔体均匀地平铺在输送带 5 上面。而输送带 5 通过加热器 7 预热到 150～200℃,可以采用多种加热方式,如气焰加热、辐射加热等。输送带由驱动轮 6 带动。熔体物料在与预热的输送带 5 接触后立即发泡,为使发泡的物料能够均匀地平铺在输送带上面,可以采用刮粉刀或振动刷。发泡的物料在驱动轮 6 的带动下,逐渐进入反应器 8 内的反应区 9。在此,发泡的物料被加热到 180～360℃。反应器 8 包含两个区域:反应区 9 和加热区 11,并由加热区 11 加热反应区 9。

　　在此,必须指出的是,发泡的物料在反应区 9 内必须上下同时加热,以免引起产物的不均匀。

　　发泡的物料在反应器 8 内停留的时间与输送带上面的发泡物料的厚度有关。发泡物料的厚度以 2.54～15.24cm 为宜,而停留的时间在 15s～3h 之间,视料层的厚度而定,料层越厚,停留的时间越长。

　　在发泡物料缓慢地通过反应区 9 时,氨气溢出,使反应区保持氨气气氛,并调节制得的聚磷酸铵的 pH。过量的氨气从管线 12 排出,进行后处理。

　　从反应区移出的聚磷酸铵经冷却区 13 进行冷却,使产物更容易从输送带上移除,收集在储料罐 15 中。输送带经清理刷 16 后返回。

　　在此,也可以使用磷酸脲与尿素反应来制备聚磷酸铵。所用的磷酸脲可以用磷酸与尿素制得。其具体做法是在较温和的温度下,将磷酸水溶液与尿素搅拌,直至全部溶解,然后冷却得到磷酸脲的晶体,过滤、干燥得到磷酸脲。磷酸的浓度可在 50%～85%。制备磷酸脲时,所用磷酸与尿素的比例如表 2-5 所示。

表 2-5　不同浓度磷酸制备磷酸脲时所需尿素

磷酸浓度/%	50	60	70	75	80	85
尿素/%	30.5	36.5	42.8	46.0	49.0	52.0

　　在反应区 9 内的温度,因所用物料的不同而不同,因所用磷酸浓度的不同而不同。用磷酸脲时,温度选定在 325℃;用磷酸时,随着磷酸浓度的升高,所需的温度也要相应的升高。

　　可以看出,这一时期制备聚磷酸铵的研究中,基本上是磷酸与尿素、磷酸脲与尿素、磷酸的铵盐与尿素的几种方法并存、共同发展的一个状况。因为这几个体系从反应机理上来说大致相同,基本是上以磷酸与尿素为原料的制备方法,在反应过程中都会生成磷酸脲或磷酸铵。因为磷酸中水的存在,对于聚磷酸铵的制备有很大的阻碍,在反应的前期,水的存在使聚磷酸铵的聚合度不能提高,从而使水溶性依然很大,虽说较磷酸-氨气体系来说,有了长足的进步,但依然不足,这决定了磷酸与尿素反应制备聚磷酸铵的方法成为一个生命周期很短的过渡过程。

　　我国对于聚磷酸铵的制备也是从这一阶段,以聚磷酸铵作为一种阻燃剂使用开始的。聚磷酸铵的制备最先于 1978 年由成都化工研究所(现成都化工研究设计院)与公安部消防科研所共同开发研制,1981 年 3 月由成都市科委组织进行了鉴定,并获成都市科技成果奖。该成果在成都化工研究所第二实验基地(现四川都江堰化工防火阻燃公司)建成中试装置。该技术主要是以磷酸二氢铵与尿素在高温下熔融聚合而成[22]。反应式如下:

$$nNH_4H_2PO_4 + (n-1)CO(NH_2)_2 \longrightarrow$$
$$H_{(n-m)+2}(NH_4)_m P_n O_{3n+1} + (n-1)CO_2 + (3n-m-2)NH_3$$

　　随后,该工艺改进为以磷酸为原料、以尿素为聚合促进剂同时提供氨源,来增大聚磷酸铵的聚合度,降低溶解度。其反应过程为

$$nH_3PO_4 + (n-1)CO(NH_2)_2 \longrightarrow (NH_4)_{n+2}P_nO_{3n+1} + (n-4)NH_3 + (n-1)CO_2$$

除此之外,上海无机化工研究院、天津合成材料研究所、浙江化工研究院等多家单位也进行了研究。自 20 世纪 80 年代以来,这些单位对采用磷酸与尿素为原料制备聚磷酸铵进行了大量的研究。但大多数只得到了聚合度较低的产品,并在这一体系上停留了过长的时间,这也是为什么在相当长的一段时间之内,我国生产的聚磷酸铵的聚合度普遍较低、水溶性较大、性能不稳定。

大多数国内的研究者在用磷酸-尿素法制备聚磷酸铵时,其工艺都比较简单,即先将磷酸与尿素在一定的温度下混合搅拌,然后将熔体放入特定温度的烘箱中反应,制得聚磷酸铵。其工艺流程大致如图 2-11 所示[23]。

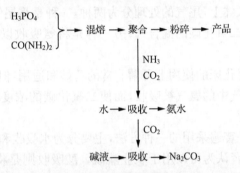

图 2-11　磷酸-尿素法制备聚磷酸铵的工艺流程

研究者认为磷酸(85%)与尿素最适宜的摩尔比应在 1∶1.2~2.0,最适宜的反应温度应为 200~250℃。若反应温度高于 300℃,则产品发生局部分解反应,生成磷酸、氨气和水,使产品颜色变黄、发黏,pH 明显下降。反应时间 30~60min。在该工艺条件下产率为 49.0%~49.3%。通过分析得到的聚磷酸铵产品,含 P_2O_5 67%~60%,含氮 13.2%~13.4%,平均聚合度 21~25[23,24]。

此外,也有研究者考虑到磷酸与尿素在反应初期,首先是生成磷酸脲,然后再进行反应,因此直接利用磷酸脲和尿素反应来制备聚磷酸铵[25]。通过系统的研究认为磷酸脲与尿素的摩尔比应控制在 1∶1.2~1.4,升温的速率控制在 2~3℃/min,最高温度在 220~340℃。其中,在高温段通入的气氛中,NH_3 分压应在 0.6~1.0atm(1atm=101.325kPa),CO_2 的分压在 0.2~0.4atm。而认为水汽的存在会降低制得聚磷酸铵的品质,为不利因素。

具体实施例:在敞口烧杯中,加入磷酸脲与尿素(摩尔比 1∶1.2),插入温度计,用电炉直接加热。当温度达到 80℃左右时,反应物开始熔融,到 100℃时,反应物已完全熔融,并有气泡产生,是一澄清透明溶液。再加热,气泡开始大量产生,泡沫层形成并扩张。达 140℃时,泡沫层达到最高,估计为物料层的 6~8 倍。此时,在烧杯的底部开始有白色固体物产生。160℃泡沫层减退,固体物大量产生,于

180℃时物料基本上固化,泡沫层消失。在此期间,从发泡到固化,一直有氨味,但产氨量于 140℃为最大。继续加热至 220℃,白色固化物基本无物理上的变化,只是一直有氨味存在。在最高温度 220℃下加热 45min 后,白色固化物又开始熔融,有气泡产生,并有黏稠熔融体产生。至白色固化物完全熔融后,在自然状态下冷却至室温,存在少量的无色黏稠流动物。其中制得的白色固化物平均聚合度为 14。

这种方法从反应的机理来说,与磷酸-尿素法一致,但是由于采用磷酸脲替代磷酸,杜绝了反应中水的存在,同时,也杜绝了磷酸中的其他杂质,有其自身特点。

对于这一体系,由于大量尿素的使用,使体系的产气量很大,如何处理好尾气的问题,是这一体系能否被充分利用和对环境无害的关键。一般废气包括氨气、二氧化碳和水蒸气。大体上,尾气的处理分为两种,一种是将尾气中的水蒸气吸收以后,循环利用氨气和二氧化碳的混合气;另一种是将氨吸收以后,排空二氧化碳与水蒸气。

第一种方法在流化床的使用上可谓非常的巧妙和适用,但是必须指出,随着循环次数的增加,混合气中的氨气被吸收,而使二氧化碳的浓度越来越高,使混合气中氨气的分压下降。

第二种方法也是普遍采用的一种方法,主要分为水吸收和酸吸收两种,用水吸收生成氨水,有研究者认为可以用于农业灌溉。酸吸收则是将氨气用磷酸的水溶液来吸收,然后再用部分氨化的磷酸或磷酸盐的水溶液来充当原料。

可见,使用磷酸来处理尾气无疑是最经济、最合理的方法,这也是为什么许多研究者在研究磷酸与尿素反应的同时,也研究磷酸盐与尿素反应。但是,应当提出,在此并不是纯粹意义上的磷酸盐与尿素的反应,而是磷酸盐的水溶液与尿素反应的过程。相比于直接用磷酸盐与尿素反应,由于反应原料中水的存在,使反应制得的聚磷酸铵的聚合度难以提高。虽说从制备的成本来说更合算,但是从所得聚磷酸铵的质量来说,还存在着很大的问题。

其实,通过磷酸与氨气、磷酸与尿素这两个体系制备聚磷酸铵的发展,使大家清楚地认识到,体系中的水起着很大的负面作用。很长的工艺过程、很多的投入,实际上都是用在了对磷酸的浓缩处理上。因此这一时期,制备聚磷酸铵的水平很大程度上取决于磷酸浓缩的技术。

在这种局面的影响下,研究者不得不去考虑用无水的体系来制备聚磷酸铵。于是,磷酸盐-尿素法逐渐从以上的两种方法中分离出来,使聚磷酸铵的制备彻底地摆脱了水的困扰。

我国在磷酸-尿素法制备聚磷酸铵上停留时间过长,一方面是因为对聚磷酸铵的需求较低所决定的;另一方面,也是因为没有参与之前磷酸与氨气体系的制备,相应地,在聚磷酸铵的制备上积累的经验较少。直到 2000 年左右,广大的研究者才陆续地转而尝试其他的方法。

　　但是,磷酸-尿素法在制备聚磷酸铵的发展中也有着重大的意义,其意义就在于对尿素的使用,在此后的各种制备聚磷酸铵的方法中,尿素被普遍地采用作为氨化缩合剂。

　　由以上的分析可以看出,磷酸-尿素法至关重要的步骤是所用磷酸的浓度,一般来说,随着磷酸浓度的升高,制得的聚磷酸铵的质量也相应的提高。除此之外,尿素的用量也非常关键,优化的尿素与磷酸之间的配比为 1~3∶1,尿素的用量随着磷酸浓度的增加而减少。

　　而反应主要分为两个阶段,一个是尿素溶解阶段,这一阶段的温度一般控制在 40~150℃,更为合理的温度在 90~100℃,这一步的意义在于让磷酸与尿素形成磷酸脲的熔体。因为尿素在此扮演的角色是氨化缩合,如果尿素没有很好地反应而过快地加热,未反应的尿素会直接分解,这对于反应来说是非常不利的,无助于聚磷酸铵聚合度的提高。第二阶段是进一步反应生成聚磷酸铵的阶段,这一步的温度应该维持在 180~350℃。随着温度的升高,反应时间就越短,从 180℃时的 3h 左右到 260℃时的 10min 左右。虽说有研究者认为在反应的温度高于 260℃时,聚磷酸铵会分解和降解,但是通过对聚磷酸铵的热重分析可以看出,在 260℃左右分解主要放出的是氨气,并形成磷酸,在这一温度下,提高酸性,对于聚磷酸铵聚合度的提高是非常有利的。而在这一反应阶段,控制反应的均匀性对于制得聚磷酸铵的质量有着至关重要的作用,一方面使相对分子质量的分布范围变窄,另一方面也使聚磷酸铵的水溶性降低。

2.2.3　过磷酸、聚磷酸法

　　过磷酸主要是通过电炉法磷酸或湿法磷酸的浓缩处理来制得,是一种含有正磷酸、焦磷酸以及具有 $H_{n+2}P_nO_{3n+1}$ 化学式的聚磷酸的混合物。其中各个组分的分布依据过磷酸的浓度变化而变化。例如,在 P_2O_5 含量在 69.81%~84.95% 之间的过磷酸中,各组分的分布如表 2-6 所示[26]。

　　无论是磷酸与氨气反应,还是与尿素反应,都需要对湿法磷酸进行浓缩,而浓缩的目的就是为了让磷酸在浓缩的过程中形成过磷酸或者聚磷酸,然后进行氨化,来制备聚磷酸铵。因此,采用过磷酸或聚磷酸体系,实际上是从磷酸法中派生出来的一种方法。直接使用过磷酸或者聚磷酸,从生产成本上是不划算的,随着磷酸浓缩工业的发展,由于过磷酸和聚磷酸的成本降低,才使这种方法有了发展。

　　过磷酸、聚磷酸法大致与磷酸与氨气和磷酸与尿素的反应相同,主要优点是不需要在磷酸的浓缩上面投入很大的精力,有的研究者的做法甚至是直接向过磷酸或聚磷酸的水溶液中通氨氨化来制备聚磷酸铵。关于过磷酸、聚磷酸法,在此不做过多的分析与说明,具体做法可参照以上的两节。这种方法依然存在着和磷酸体系一样的缺点。但是,依据这种方法,研究者制备了一些相对较纯的聚磷酸铵晶体,并做了 XRD 分析,对于聚磷酸铵后期的发展有很大的指导意义。

表 2-6　过磷酸中各类型磷酸的含量

磷酸类型	质量分数/%
正磷酸	2.32~97.85
焦磷酸	2.15~49.3
三聚磷酸	0.00~24.98
四聚磷酸	0.00~16.99
五聚磷酸	0.00~12.64
六聚磷酸	0.00~9.75
七聚磷酸	0.00~8.63
八聚磷酸	0.00~7.85
九聚磷酸	0.00~6.03
高聚磷酸	0.00~29.41

　　我国在这方面也有专利报道,做法相对较为简单,就是对聚磷酸的水溶液直接进行氨化。如云南化工研究院的古思廉等以聚磷酸为原料,然后加入缩合剂,聚磷酸与缩合剂的质量比为 1:1,将两者混匀后,加入连续式合成反应器中,在 $100\sim 500℃$、氨压 $0.01\sim 0.35MPa$,持续反应 $5\sim 210min$,得到高聚合度的聚磷酸铵,认为聚合度大于 250。使用的缩合剂为尿素、碳酸氢铵、三聚氰胺、双氰胺和硫酸铵中的一种或多种的混合物。

　　具体实例如下:以 1 质量份的聚磷酸为原料,聚磷酸的纯度(以 H_3PO_4 计)为 100%,加入 1 质量份尿素作为缩合剂,将二者混合均匀后加入连续式合成反应器中,在 500℃,0.35MPa 下,反应 210min 以上,可获得 1 质量份聚磷酸铵,聚合度大于 250。

2.3　磷酸铵体系

　　聚磷酸钠可以在特定的温度下通过加热磷酸钠直接制得,但是,用同样的方法并不能制得聚磷酸铵,这是由于聚磷酸铵在高温下会发生分解,生成聚磷酸并放出氨气。

　　1963 年,有研究者发现[27],加热尿素和聚磷酸可以制得聚磷酸铵,在此,尿素分解出的氨气用来中和酸。虽然此法制得了聚磷酸铵,同时也产生了大量的副产物,主要是氰尿酸。

　　也有人用磷酸盐直接在通氨情况下制备聚磷酸铵,并制得结晶Ⅳ型聚磷酸铵单晶[28,29]。具体做法是将磷酸二氢铵在 530℃下加热，并维持氨气的分压在 90Pa 情况下制得。

实际上，这一方法与之前的磷酸-尿素法是密不可分的，将其单独作为一节，是因为它也区别于磷酸-尿素法，有了相当程度上的技术提高。虽说磷酸盐-尿素法制得的聚磷酸铵目前存在一些问题，但研究者认为这种方法依然有着良好的发展前景。

通过分析磷酸盐与尿素反应制备聚磷酸铵的反应机理可以看出，第一步生成磷酸脲，对于整个反应来说是个关键性的步骤。而当磷酸盐与尿素两种固体相互作用时，生成磷酸脲就相对困难了。因此，在 130℃以下的温度范围内，使磷酸盐与尿素预混一段时间，生成磷酸脲，对于聚合度的提高，是非常有利的。如果在反应的前期，加热过快，那么在磷酸盐还未与尿素充分反应的情况下，尿素就直接分解或发生副反应生成三聚氰胺，对于整个聚合过程是非常不利的。

因此，在这一阶段，在尿素未分解的情况下，适当地延长反应的时间，让磷酸与尿素充分反应是非常关键的。而后期处理的温度，依据对聚磷酸铵的要求各不相同。

在 2.2 节中就已经提到，在磷酸与尿素反应来制备聚磷酸铵的过程中，已经掺杂着很多用磷酸盐与尿素反应来制备聚磷酸铵的实例。这也说明，在这一时期，研究者已经认识到磷酸盐比磷酸优越，可以解决长久以来因为水的存在使聚磷酸铵聚合度难以提高的一个根本问题。

并且，由于这种方法所用的原料简单，被研究者认为是极具潜力的一种方法，日本研究者在这方面投入了大量的精力，现在住友公司的聚磷酸铵主要是依据这种方法制得，并且申请的相关专利特别多，覆盖面非常广，这也使我国在以磷酸铵-尿素法制备聚磷酸铵的研究与应用上处于不利的地位。

目前，用三种形式的磷酸铵与尿素反应都可以得到聚磷酸铵，但是通过以往的研究可以看出，在磷酸铵-尿素法中，用磷酸二氢铵为最佳。初步分析原因，磷酸二氢铵与其他两种磷酸铵盐相比，其保持了相对较强的酸性，这在聚磷酸铵的反应中是非常重要的，这是聚合反应能够顺利进行的关键。在这一体系中，如果在制备初期，提高反应体系中的酸性，制得聚磷酸铵的聚合度会有很大程度的提高。

虽说较之前的方法有了长足的进步，但是这种方法得到的相对分子质量很大程度上还是受到限制，如果控制不好，基本得到的是 Ⅰ 型与 Ⅱ 型聚磷酸铵的混合物，并且其中以 Ⅰ 型为主相。

为了得到较纯的晶体类型，通常的做法是投加特定晶型的晶种或在反应的后期向体系提供无定形态的聚磷酸铵。这得益于 1968 年 Shen 等研究所得的结论，认为无定形态聚磷酸铵的存在，可以使 Ⅰ 型向 Ⅱ 型的转化加速。而增加无定形态的聚磷酸铵可以通过失去部分的氨或者通入一定量的水蒸气来实现。在具体操作过程中,方法层出不穷,如在转晶阶段直接向反应釜内加入聚磷酸铵的熔体,或者喷洒尿素水溶液。

大量尿素的使用,使得反应产生大量的废气,特别是在反应进行到大约 140℃时,会瞬间产生大量的气体,如何在连续的生产过程中解决这一问题,也是相当关键的。这一阶段如果产生的气体不能迅速排出,往往会很大程度上影响所制得的聚磷酸铵的质量,一方面是会抑制聚磷酸铵的聚合,另一方面会使产生的聚磷酸铵发泡,成为泡沫状的固体,使机器运转的负荷增大。

磷酸铵-尿素法也具有明显的缺点,因为一般都要求磷酸铵与尿素的摩尔比在 1：1 左右,使此法制备聚磷酸铵的产率并不高,理论产率为 55%,而实际中只能达到 40%～50%。并且在反应过程中容易产生三聚氰胺。如果排气管道没有进行特定的保温处理,极易在管道中结晶、堵塞,使生产无法进行。

Knollmucller[27]用磷酸盐和尿素来制备无水聚磷酸铵,认为处理温度在 130～200℃,最好的处理温度是 145～160℃,而磷酸铵和尿素的比例应该控制在 1～1.2：1。当尿素过多时产生大量的氰尿酸,当磷酸铵过量时产生很多的低聚物。并认为减压对生成长链聚磷酸铵有加速作用。

具体做法如下:将 46.0g 磷酸二氢铵与 24.0g 尿素研磨混合,置于 2L 的烧瓶中。然后用油浴锅给烧瓶加热。油浴锅通过电加热控温,控温精度为 ±2℃。烧瓶与抽气泵相连,烧瓶与抽气泵之间连有 U 形管。U 形管中添加有 $CaCl_2$,并带有压力表。用抽气泵维持瓶中的压力为 25mmHg,然后加热。当温度升到尿素熔化的温度时,发现体系中有气体产生,随着温度的升高,产气量增加,直至升温到 150℃。反应大约 1h 以后,呈现为沸腾的液体,溢出的二氧化碳和氨气从系统排出。继续加热,反应物变黏稠,产生的气体难以溢出。在 150℃下反应 4h 后,反应物不再产气,并固化。然后抽真空,在 150℃下反应 2h,总共的反应时间约为 6h。然后将产物冷却至室温,得到易碎的固体。因为得到的产物带有轻微的吸水性,所以将产物在保护袋中粉碎,得到纯度为 97% 的聚磷酸铵。

所得产物的总含氮量 15.25%,氨态氮含量 14.30%,脲态氮含量 0.42%,其他类型的氮含量 0.53%,总磷含量 29.42%,磷氮的摩尔比为 1：1.07(理论值为 1：1.00)。通过纸层析法测得聚磷酸铵的平均聚合度大于 10。

Makoto[30]等用磷酸铵-尿素体系来制备结晶 Ⅱ 型聚磷酸铵,其特点是投放结晶 Ⅱ 型的聚磷酸铵作为晶种,以及在反应过程中通入湿氨。其中的磷酸铵可以是磷酸二氢铵、磷酸氢二铵、磷酸三铵、氨基磷酸铵、磷酸脲,或者是带有如下化学式的磷酸铵化合物:$xA_2O \cdot yP_2O_5$,其中,A 是 H 或者 NH_4 基团,$R = x/y, 2 \geqslant R > 0$。所用的缩合剂可以是尿素、碳酸铵、缩二脲、脒基脲、甲基脲、氨基脲、1,3-二氨基脲和联二脲等。磷酸铵与缩合剂之间的摩尔比在 0.2～2,而反应物料与投放晶种之间的摩尔比在 0.5～50。通入的湿氨中,氨气的体积分数在 0.05%～10%,水的体积分数在 1％～30％。反应的温度维持在 250～320℃。

其具体实施例如下：将 6.6g(0.05mol) 的磷酸氢二铵与 9g(0.15mol) 的尿素，以及 1.56g 的结晶Ⅱ型聚磷酸铵作为晶种，混匀后放入船式瓷盘中。然后将瓷盘放入半密封的玻璃管中，在管式炉中加热，温度为 299℃。与此同时，将含氨气 3.5％、水蒸气 10.5％的混合气以 50L/h(标准状况下) 的速度通入玻璃管中，通气 1h，压力为常压。然后将温度降至 150℃，向玻璃管通氨 30min，氨气流量为 50L/h (标准状况下)。制得的产品经 XRD 分析为 100％的结晶Ⅱ型聚磷酸铵。

将上述实例中的湿氨换为干燥的氨气，其他条件不变，制得的产品主要为结晶Ⅰ型聚磷酸铵。

采用磷酸二氢铵代替磷酸氢二铵，其他条件不变，同样得到 100％的结晶Ⅱ型聚磷酸铵。

可以看出，无论是采用磷酸氢二铵还是磷酸二氢铵，在采用通湿氨的情况下制得高纯度的结晶Ⅱ型聚磷酸铵。而直接通干燥的氨气时，则制得结晶Ⅰ型聚磷酸铵为主的产品。

实例中采用的磷酸铵与尿素的摩尔比均为 1∶3。这与此前的专利认为磷酸铵与尿素的比应维持在 (1～1.2)∶1 不符，主要是因为在这篇专利中，采用的反应温度较高，在接触的瞬间，尿素就会直接分解，能与磷酸铵有效作用的量减少，所以所需的尿素量增多。因此直接采用高温段进行反应，对于磷酸铵-尿素法，并不是十分有利。

由通湿氨制得的结晶Ⅱ型聚磷酸铵的粒径较小，可以制得平均粒径在 5μm 以下的结晶Ⅱ型聚磷酸铵。如专利 JP7315817[31] 中采用等摩尔的磷酸二氢铵与尿素反应，其反应的具体参数如表 2-7 所示。

表 2-7 不同工艺条件下制得聚磷酸铵的性能

	反应温度/℃	通入气氛				干燥空气		聚磷酸铵各晶型含量/%		平均粒径/μm
		NH$_3$/%	H$_2$O(蒸汽)/%	流量/(L/h)	时间/min	流量/(L/h)	时间/min	Ⅰ型	Ⅱ型	
实施例 1	290	0.9	7.5	40	3	40	3	0.2	99.8	2.0
实施例 2	270	0.9	7.5	40	3	40	15		100	2.4
实施例 3	280	0.9	7.5	40	3	40	30		100	1.6
实施例 4	290	0.2	4.2	50	3	50	20		100	1.8
比较例 1	290	0.9	7.5	40	6	40	14	1.4	98.8	8.6
比较例 2	290	0.9	7.5	40	9	40	21	5.9	94.1	9.4

注：NH$_3$ 和 H$_2$O(蒸汽)均为体积分数。

可以看出,通入湿氨,制得结晶Ⅱ型聚磷酸铵的纯度高、平均粒径小,而当通入湿氨的时间延长时,制得结晶Ⅱ型聚磷酸铵的纯度降低、粒径增大。

国内研究者也针对这一体系进行了大量的研究。陈嘉甫等[32]通过扩大实验,提出了用环盘式聚合器,由磷酸铵和尿素缩合成长链聚磷酸铵的方法。

宋文玉等[33]提出由磷酸二氢铵和尿素在液体石蜡溶剂中缩合制得聚磷酸铵的方法。此法别出心裁,让磷酸二氢铵与尿素悬浮在液体石蜡中进行聚合,从制备的工艺方法上确有创新之处。但是液体石蜡的引入,使后处理步骤繁琐,且使聚磷酸铵中往往残留有石蜡成分,对产品的品质有影响,并不适于工业化。

马庆文等[34]用磷酸二氢铵与尿素按摩尔比为 1∶1.2 的条件,研究了升温速率、高温段维持温度、氨气分压、氨化时间对于聚磷酸铵的聚合度①的影响。得到以下的结论:

(1) 反应温度在 100℃ 以下,磷酸二氢铵与尿素基本无反应,最多也只是简单的熔融,故在此升温阶段,可以不通入气体。

(2) 反应温度在 130～220℃,化学反应主要为聚合反应,尿素水解反应以及低聚合度聚磷酸铵的分解,在此反应阶段可以按照最佳气氛比通入混合气体。

(3) 反应温度在 235℃ 以上,所发生的化学反应主要是低聚合度聚磷酸铵产品向高聚合度转化,故增加氨气分压可能导致抑制主反应的进行。因此可以适当增加氮气的分压、降低氨气的分压,并认为当氨气的分压为 0.6atm 时,制得聚磷酸铵的聚合度最高。

(4) 在高温固化阶段适当增加混合气体流速,有利于高聚合度聚磷酸铵的生成。

得到最优的工艺条件大致如下:升温速率在 2～3℃/min,最高温度应该维持在 280～325℃,氨气的分压在 0.6atm,固化时间在 105～165min,保持混合气的流速在 6L/min 时制得的聚磷酸铵聚合度最大。但是依据以上的工艺条件,制得的聚磷酸铵主要为结晶Ⅰ型聚磷酸铵,聚合度大约在 300。

同时研究者认为,由于尿素在 200℃ 以上时已经完全分解,之后的温度段,主要进行的是聚磷酸链之间的热缩聚。因此采用了一种高温下的缩聚剂,使聚磷酸铵的聚合度有了显著的提高。并通过正交实验分析,认为最佳的工艺条件为:磷酸二氢铵、尿素和高温缩聚剂的摩尔比为 1∶1.1∶0.04、固化温度为 295℃、固化时间为 100min、氨气分压为 0.3atm、氮气分压为 0.7atm。聚合度达到 800 左右。

如先前所述,认为单独采用磷酸铵不能制备聚磷酸铵,而实际上,也有研究者成功地利用磷酸铵在通氨的情况下,制备了聚磷酸铵。

McCullough 等[28]直接将磷酸铵在 250～400℃ 下、氨气流中热缩合反应 1～

---

① 采用[31]P 核磁共振法。

16h,制得聚磷酸铵。其实施例如下:20g 的磷酸二氢铵,加热到 250℃,在缓慢的氨气流热处理 8h,得到 13.4g 结晶聚磷酸铵产品,经过 XRD 分析,为结晶Ⅰ型、Ⅱ型和Ⅴ型的混合物。

1.5g 磷酸氢二铵,加热到 275℃,在氨气流下,反应 4h,得到长链型的聚磷酸铵 1.2g,经分析其中 70% 为结晶Ⅱ型聚磷酸铵,30% 为结晶Ⅰ型聚磷酸铵。研究者认为制得的聚磷酸铵具有如下的通式:$(NH_4)_m H_{(n+m)+2} P_n O_{3n+1}$,其中聚合度 n 大于 50,m/n 的值在 0.85～10.4。

Stefan 等[29]将磷酸二氢铵粉末放入铝舟中,然后置于一个电加热的硅玻璃管中,在通氨的情况下缓慢加热到 530℃,氨气的分压为 950Pa,得到结晶Ⅳ型聚磷酸铵的单晶。在此,使用的温度与之前 Shen 等提出的制备结晶Ⅳ型聚磷酸铵时的温度有所不同。

综上所述,可以看出,该磷酸铵-尿素法不适于一开始就在较高的温度下反应,起始温度过高,尿素直接分解,或生成副产物,特别是易于生成三聚氰胺,这样不利于尿素与磷酸铵之间的相互作用。因此,针对这一体系,应该有一个逐步升温的过程,或者是一个分段反应的过程。

就磷酸铵-尿素法中磷酸铵的选取,大多都采用磷酸二氢铵,也有人认为磷酸氢二铵的反应活性较高[35]。但是在实际的实验过程中发现,采用磷酸二氢铵时更易于制备聚磷酸铵产品。而从反应机理出发,可以看出,在磷酸铵-尿素法中选用的磷酸铵带有一定的酸性是有助于反应生成聚磷酸铵的,当选用的磷酸铵酸性较低时,不易于与尿素反应,生成中间产物磷酸脲,而促使尿素直接分解。因此,从选用磷酸铵的酸性考虑,其反应活性顺序应为:磷酸二氢铵＞磷酸氢二铵＞磷酸三铵。

对于缩聚剂的选取,在选用尿素的同时,也可以选取一些不同温度段分解的、有类似于尿素结构的缩聚剂,其分解温度应该在 200～300℃。

但是,即使如此,制备纯的Ⅰ型或Ⅱ型聚磷酸铵也是较为困难的,一般得到的都是两者的混合物。根据 Shen 等的工作认为,一般需要十几甚至几十小时的氨化,才能彻底地转化成为Ⅱ型结晶。对于工业生产来说,这无疑是一个巨大的问题。因此,在实际的应用中,如何在较短的时间内制备较纯晶型的聚磷酸铵成为技术诀窍。而随着所制得的结晶型聚磷酸铵纯度的提高,废气的处理和聚磷酸铵水溶性的问题,也逐步地凸显出来。

参 考 文 献

[1] Shen C Y. Ammonium polyphosphates:US, 3397035, 1968-08-13.

[2] Slacck A V. 磷酸. 广东化工学院无机物工学教研组译. 北京:中国石化出版社,1976.

[3] Bookey J B, Pearce B B. Ammonium polyphosphate preparation:US, 3375063, 1968-03-26.

[4] Harbolt B A, Young D C. Method of producing ammonium polyphosphate：US, 4011300, 1977-03-08.

[5] MacGregor R R, Stanley A J, Moore W P. Production of ammonium polyphosphates：US, 3492087, 1970-06-27.

[6] Gittenait M. Reaction of phosphoric acid, urea, and ammonia：US, 3713802, 1973-06-30.

[7] Young D C, Harbolt B A. Production of ammonium polyphosphates：US, 3949058, 1976-04-06.

[8] Getsinger J G. Production of ammonium polyphosphates from wet process phosphoric acid：US, 3382059, 1968-05-07.

[9] Meline R S, Lee R G. Process for the production of ammonium polyphosphate：US, 3733191, 1973-05-15.

[10] Hicks G C, Megar G H. Production of solid ammonium polyphosphate by controlled cooling：US, 4237106, 1980-12-02.

[11] Legal C C. Process for manufacturing ammonium polyphosphate：US, 3503706, 1970-03-31.

[12] Burkert G M, Nickerson J D. Clarification of ammonium polyphosphate solutions：US, 3630711, 1970-06-30.

[13] Stinson J M, Mann H C, Johnson D H. Removal of carbonaceous matter from ammonium polyphosphate liquids：US, 3969483, 1976-07-13.

[14] Mann H C, McGill K E. Clarification of black ammonium polyphosphate liquids-recycling of by product "TOPS"：US, 4427432, 1984-06-24.

[15] Hahn H, Heumann H, Liebing H, et al. Process for the manufacture of ammonium polyphosphate：US, 4104362, 1978-08-01.

[16] Corver H A, Robertson A J. Manufacture of water-insoluble ammonium polyphosphate：US, 3976752, 1976-08-24.

[17] 肖振华, 杨馨洁, 张文虎. 化工百科全书. 北京：化学工业出版社, 1998：1057.

[18] Shen C Y, Stahlheber N E, Dyroff D R. Preparation and characterization of crystalline long-chain ammonium polyphosphates. J Am Chem Soc, 1969, 91(1)：61-67.

[19] Shen C Y. Ammonium polyphosphate process：US, 3495937, 1970-02-17.

[20] Sears P G, Vandersall H L. Water-insoluble ammonium polyphosphates as fire-retardant additives：US, 3562197, 1971-02-09.

[21] Sears P G, Vandersall H L. Ammonium polyphosphate materials and processes for preparing the same：US, 3723074, 1973-03-27.

[22] 刘树春. 聚磷酸铵的生产和应用. 磷酸盐工业, 2001, (3)：9-14.

[23] 张文昭, 陈晓元, 瞿谷仁, 等. 聚磷酸铵的合成研究及其应用. 江苏化工, 1994, (22)：6-9.

[24] 冯指南. 水难溶性具磷酸铵的制备. 阻燃材料与技术, 1992, (2)：4-5, 9.

[25] 张健. 聚磷酸铵合成工艺研究. 成都：四川大学硕士学位论文, 2005.

[26] Farr T D, Walters H K. Ammonium polyphosphate produced at atmospheric pressure：US, 3572990, 1971-03-30.

[27] Knollmucller K O. Anhydrous ammonium polyphosphate process：US, 3333921, 1967-08-01.

[28] McCullough J F, Sheridan R C. Ammonium polyphosphates：US, 3912802, 1975-10-14.

[29] Stefan J S, Wolfgang S. Crystal structure of ammonium catena-polyphosphate Ⅳ $[NH_4PO_3]_x$. Z Anorg Allg Chem, 2008, 634：1501-1505.

[30] Makoto W. Process for producing ammonium polyphosphate of crystalline form Ⅱ：US, 5718875(A),

1998-02-17.

[31] Makoto W. Production of Ⅱ type polyphosphoric acid ammonium fine particle：JP，7315817，1995-12-05.

[32] 陈嘉甫，郑惠侬. 难溶性阻燃剂聚磷酸铵的制备. 无机盐工业，1981，(5)：22-25.

[33] 宋文玉，张金贵，石俊瑞，等. 长链聚磷酸铵的制备. 化学世界，1985，26(9)：324-326.

[34] 马庆文，罗康碧. 高聚合度聚磷酸铵(APP)的制备. 昆明：昆明理工大学硕士学位论文，2007.

[35] Kimitaka K. Method for manufacturing Ⅱ type ammonium polyphosphate：JP，2001139315(A)，2001-05-22.

第3章　五氧化二磷体系制备聚磷酸铵

制备聚磷酸铵的工艺发展是一个逐步的过程,是随着对聚磷酸铵的要求不断提高而发展进步的。五氧化二磷体系的提出,就是在要求聚磷酸铵有高的聚合度、低的水溶性的情况下产生的。但是这一体系的提出并不是偶然。因为早在聚磷酸铵发展之前,就有广大的研究者对于制备其他类型的聚磷酸盐进行了大量的研究,而其制备方法除了直接用其磷酸盐高温加热的方法外,为了提高相对分子质量,基本上都采用氧化物与五氧化二磷共热制备,并且研究者也提出了很多半经验的公式,来换算五氧化二磷的用量与聚合度之间的关系。因此,在制备聚磷酸铵的过程中,虽说磷酸铵与尿素体系较之前的体系有了长足的发展,使聚磷酸铵的聚合度达到了几十到几百的范围之内。而不得不说的是即使聚合度达到这种程度,其水溶性依然很大。当然,聚磷酸铵的水溶性并不单纯与聚合度相关,还与其他因素有关,这将在其他的章节中详细论述。

在这种情况下,广大的研究者势必想到通过其他聚磷酸盐的制备过程中增加聚合度的方法,由五氧化二磷制备聚磷酸铵的体系诞生了。

但自此方法出现之日起,可谓是褒贬不一。一方面,广大的研究者认为采用五氧化二磷体系,会使制备聚磷酸铵的成本增大,使制备过程中的危险性增大,对生产设备的要求提高。另一方面,其优点在于这一体系的产率高,通常理论产率在95%以上,生产的周期快,在较短的时间内就可以制得产品,并且制得聚磷酸铵的聚合度较磷酸盐体系有很大的提高。

实际上,由于五氧化二磷体系的产率高、生产周期快,与磷酸盐体系相比,并不像之前研究者所说的那样,成本会高很多,基本与磷酸盐-尿素体系持平。

就目前的情况,以五氧化二磷体系制备聚磷酸铵的过程大致可以分为:五氧化二磷-磷酸铵-氨气体系、五氧化二磷-磷酸铵-尿素体系以及五氧化二磷改进磷酸铵-尿素体系等。

此前有很多研究者认为,聚磷酸铵最早被发现是始于 1857 年,由 Schiff 将五氧化二磷与氨气反应制得,并将生成物称为 Phosphaminsanre[1]。但是,通过其他的相关资料发现,这种说法可能存在偏颇,在此所称的 Phosphaminsanre,应该更有可能是被称作酰胺基多磷酸盐,其结构有环状的,也有线状的。主要是五氧化二磷与干燥的氨气或带有少量水蒸气的氨气反应制得。其化学式可表示如下[2]:

$$\text{HO}-\overset{\overset{\displaystyle O}{\|}}{\underset{\underset{\displaystyle ONH_4}{\|}}{P}}-O-\left[\overset{\overset{\displaystyle O}{\|}}{\underset{\underset{\displaystyle ONH_4}{}}{P}}-\overset{\overset{\displaystyle H}{}}{N}-\overset{\overset{\displaystyle O}{\|}}{\underset{\underset{\displaystyle ONH_4}{}}{P}}-O-\overset{\overset{\displaystyle O}{\|}}{\underset{\underset{\displaystyle ONH_4}{}}{P}}-NH_2\right]_n$$

$$\begin{array}{ccccc}
& O & & O & \\
& \| & H & \| & \\
H_4NO-P- & & N & -P-ONH_4 \\
& | & & | & \\
& O & & O & \\
& | & & | & \\
H_4NO-P- & & N & -P-ONH_4 \\
& \| & H & \| & \\
& O & & O &
\end{array}$$

3.1　五氧化二磷-磷酸铵-氨气体系

五氧化二磷-磷酸铵-氨气体系最早是由 Hoechst 公司在 Heymer 等[3]工作的基础上改良提出的。

起初,Schrödter[4]等提出,将等摩尔的磷酸氢二铵和五氧化二磷在具有混合、捏合和粉碎功能的捏合机中反应,并在氨气存在的条件下制备水不溶、链型聚磷酸铵。所用设备如图 3-1 所示。

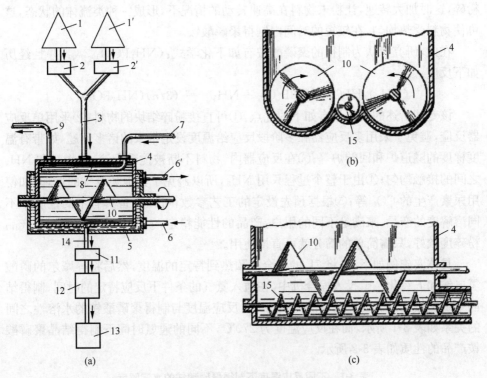

图 3-1　Schrödter 等用于制备聚磷酸铵的捏合机

(a)、(b)和(c)为捏合机的不同剖面图

　　如图 3-1(a)所示,磷酸铵和五氧化二磷自储槽 1 和 1′,经 2 和 2′称量后,通过管 3 进入反应器 4。导热油经进口 6 和出口 6′进行循环加热。而氨气从管 7 进入,后经管 9 排出。反应后制得的聚磷酸铵经管 14 进入冷却器 11,后进入筛分室 12,最后较细的聚磷酸铵在 13 处进行收集打包。

　　其中,反应器 4 是带有加热夹层的密闭反应器,夹层中的加热介质经进口 6 和出口 6′循环流动。由图 3-1(b)和图 3-1(c)可以看出,10 为两个水平平行放置的带有 Z 形浆的旋转轴。这样设计是为了让物料水平移动到反应器的中心位置,并且让积存在转轴上的物料被推向反应器壁,可以减少对于转轴的机械应力。

　　螺杆 15 位于两个水平平行放置的转轴之间,该轴正向转动可以进一步粉碎物料,而逆向转动可以用来卸料。

　　此处,水平放置的两个轴也可以是倾斜或垂直放置。

　　大致的做法是将等摩尔的磷酸铵和五氧化二磷在通氨的条件下加热至 180~350℃,物料混合物的物相基本经历固体块状化物、带有固体块的浆或浆状物。在这一阶段,需要较大力的螺旋轴才能搅动,所以要求有较低的转速。此后,物料被粉碎,这时加大转速,让粉末物料在高速转动的情况下,形成一种类流体的状态,这可使物料受热均匀,在较短的时间内制得聚磷酸铵。

　　在此,研究者认为制得的聚磷酸铵有如下化学式:$(NH_4PO_3)_{10\sim1000}$,并且经历如下反应:

$$(NH_4)_2HPO_4 + 1/2P_4O_{10} + NH_3 \Longrightarrow (3/n)(NH_4PO_3)_n$$

　　该专利所述的工艺具有如下的优点:①可直接粉碎结块的物料;②采用单反应器反应,避免了采用多反应器和多阶段反应给温度设定带来的诸多问题,如带有温度梯度的隧道炉和回转炉等;③在反应器内,物料不断被搅动翻滚,使物料和 NH_3 之间的接触均匀;④由于整个过程只用 NH_3,所以避免了其他类废气的处理,如使用尿素产生的 CO_2 等;⑤根据预先设定的工艺参数,可以制备具有不同性质和不同溶解度的产品,来满足不同的用户,产品的性能稳定;⑥反应结束后得到的产品粉碎度较好,只需简单的筛分就可直接使用。

　　具体实施例如下:先将 7L 的捏合机预热到特定的温度,然后将等摩尔的磷酸氢二铵和五氧化二磷投入捏合机中,在通入氨气的条件下反应特定的时间,制得结晶聚磷酸铵产品。固定反应的时间为 2h,反应温度与制得聚磷酸铵的水溶性之间的关系如表 3-1 所示,而在反应温度为 270℃,不同的通氨时间下制得结晶聚磷酸铵产品的性质如表 3-2 所示。

表 3-1　不同反应温度下制得聚磷酸铵的水溶解度

反应温度/℃	200	210	230	250	270
溶解度/%	20	13	9	6	2~3

表 3-2　不同通氨时间下制得聚磷酸铵的性能

反应时间/h	产物 NH_3:P 摩尔比	氨态氮含量[b]/%	溶解度[a]/%	pH	粒径为 63μm 的含量[b]/%
1	1.02:1	98	1.34	5.1	94.2
2	1.01:1	99.3	1.12	5.3	94.5
3	1.01:1	98	0.67	5.3	98

a. 1% 水悬浮液在 25℃ 下测定。在此,溶解度表示的是按照溶解的聚磷酸铵占总的聚磷酸铵的百分数。

b. 指质量分数。

可以看出,随着反应温度的升高,制得聚磷酸铵的水溶性降低;随着通氨时间的延长,制得聚磷酸铵的水溶性降低。

此后,Schrödter 等[5]将磷酸铵与五氧化二磷的反应分为两个阶段,第一个阶段是在 50～150℃ 预热反应,第二阶段是在 170～350℃ 反应。

依据选用磷酸盐的种类不同,提出反应基本按如下的两个方程进行:

$$(NH_4)_2HPO_4 + P_2O_5 + NH_3 \rule[0.5ex]{2em}{0.4pt} (3/n)(NH_4PO_3)_n$$
$$(NH_4)H_2PO_4 + P_2O_5 + 2NH_3 \rule[0.5ex]{2em}{0.4pt} (3/n)(NH_4PO_3)_n$$

但是在之后的应用中发现,这一体系中恰巧和磷酸盐体系不同,用磷酸二氢铵反而不好,这可能主要是由于磷酸二氢铵与五氧化二磷反应易形成环-三偏磷酸铵造成[6],使聚合难以进行。

基本的做法是先将磷酸铵与五氧化二磷按照摩尔比在 1:0.9～1.1 的料比关系投入捏合机中,加热到 50～150℃,在通氨的条件下反应一段时间,这段反应中通氨的量要求较大。然后升温到 170～350℃ 继续通氨反应。在整个反应过程中通氨的氨压维持在 $1×10^2～2×10^2$Pa。

其具体做法如下:将 350kg 五氧化二磷和 335kg 磷酸氢二铵投入容积为 $1m^3$ 的捏合机中,该捏合机带有搅拌、捏合和粉碎的功能。然后将物料加热到 100℃,在氨分压为 1～2mbar(1mbar=0.1kPa)的情况下反应 15min,在这段时间中共计有 $19m^3$ 的 NH_3 被吸收,然后在通氨的情况下混合 45min,再在氨压为 1～3mbar 的情况下继续反应 2h,这段时间共计有 $25m^3$ 的 NH_3 被通入。

之后升温至 230℃,在通氨的情况下反应 2h,这一阶段共计有 $18m^3$ 的 NH_3 被消耗。然后得到结晶聚磷酸铵。整个过程中共计消耗 $62m^3$ 的 NH_3(在标准状态下测定),超过化学计量 8.77%(摩尔分数)。制得聚磷酸铵的性质如表 3-3 所示。

表 3-3　制得聚磷酸铵的性能

1% 悬浮水溶液的 pH	10% 悬浮水溶液的溶解度(25℃)		在 25℃ 下 10% 悬浮水溶液的黏度/(mPa·s)	在 25℃ 下 30% 聚己二酸二乙二醇酯的悬浮液的黏度/(Pa·s)
	占 APP 的分数/%	g/100gH₂O		
6.1	5	0.5	37	39

发明者认为该发明消耗的氨气量较之前的专利少,最多只超过理论值的 10%。

对于使用者的要求来说,聚磷酸铵除了水溶性低,还往往要求其悬浮液的黏度小,特别是应用在涂料当中时。所以研究者针对这一点,在之前研究的基础上,开展了如下的研究。

Staffel 等[7]依据磷酸铵和五氧化二磷体系,制备低悬浮液黏度的聚磷酸铵。该专利区别于之前的观点是,热处理的温度要高,要求反应物应该在 200～300℃氨化处理 50～200min,而更为优化的温度在 250～280℃。

如参照专利 US3978195 制备的聚磷酸铵,其悬浮液的黏度为 800mPa·s。具体的做法是将 2640g 磷酸氢二铵和 2840g P_2O_5 投入捏合机,加热到 150℃,并在通氨的情况下反应 1h,消耗 400L 的氨气,该阶段转轴的速度为 30r/min,再通氨处理 1h,消耗氨气 100L,转速为 150r/min。从其产物的 XRD 来看,制得的是结晶Ⅰ型聚磷酸铵。

通过改进的具体实例如下:将 1160g 的磷酸氢二铵和 1220g 的 P_2O_5 投入双轴捏合机,调整转速为 150r/min,加热到 150℃,通入氨气,反应迅速进行。然后将温度升高到 280℃,反应物变成易碎的状态,20min 后变成粉末状态。之后在250～280℃热处理 100min。得到的聚磷酸铵的悬浮液黏度为 50mPa·s,且产物为结晶Ⅱ型聚磷酸铵。

由以上的几个实例可以看出,用该法得到的聚磷酸铵有显著的优点,产率高,制得聚磷酸铵的水溶性小,聚合度高。但是依然存在问题。一个是在反应的过程中废气的处理;另一个是如何合理地利用设备来进行聚磷酸铵的氨化热处理。Hoechst 公司在此后的研究中着重针对这两个方面进行了研究。

依据此法制备聚磷酸铵时,因为没有使用尿素等缩聚剂,所以不产生 CO_2,废气主要是过量的或未反应的氨气,以及由于反应产生的一些水蒸气。因此,这一体系对于废气的处理主要在于过量的或未反应氨气的处理。Staffel 等[8]采用聚磷酸来吸收多余的氨,其设备如图 3-2 所示。

设备主要包括捏合机 1,P_2O_5 称量装置 2 和磷酸氢二铵称量装置 3,进料管 4和 5,氨气进管 8,卸料管 9 和导热油控温 10,反应后的氨气从管 20 排出。

聚磷酸通过 13 进入双臂搅拌罐 11,罐温通过处在夹层中的导热油控制。搅拌罐顶端接有氨气吸收柱 18,搅拌罐底端接有三通阀,部分氨化的聚磷酸经管 15、泵 14 和管 19 从氨吸收柱 18 的顶端注入。而未反应或者过量的氨气经管 20 从氨吸收柱 18 的底端通入,经聚磷酸吸收后进入搅拌罐 11,再由三通阀 16,经管 17 进入捏合机 1,而其余的气体则从管 21 排出。或将管 20 延伸到搅拌罐 11 当中,让从顶端喷洒的聚磷酸直接吸收,可以消除设计中的氨吸收柱 18。经这种方法吸收后,基本没有什么尾气可以排出。

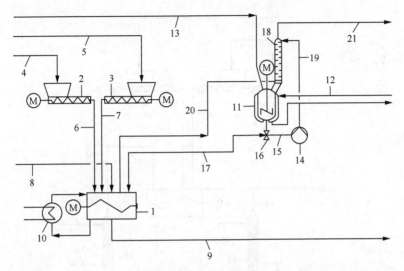

图 3-2　Staffel 等制备聚磷酸铵过程中用聚磷酸吸收过量氨气的流程图

其具体的实例如下:将 2.84kg 的 P_2O_5 和 2.64kg 的磷酸氢二铵通入捏合机,在 200℃下熔融。将熔体加热到 280℃,同时通氨,通氨半小时后,将 1.4kg 部分氨化的聚磷酸(P_2O_5 浓度 84%)在 170℃下通入捏合机反应,反应共计 4h,得到聚磷酸铵。其性质如下:pH 为 6.8,酸值 0.2mg KOH/g,水悬浮液黏度 32mPa·s,水溶物含量 7.2%,平均链长大于 1000,经 XRD 分析为结晶Ⅱ型聚磷酸铵。

此方法虽说有效地处理了多余的氨气,但是由于部分氨化的聚磷酸使反应体系中引入水,使水溶性较之前专利中制得的聚磷酸铵的水溶性大。这也使 Hoechst 公司认识到水在反应过程中产生的缺点,所以此后的改良中,没有继续延续这种方法,而是反复地强调对于尾气中水的脱除。

Staffel 等[9]对于氨气的处理如图 3-3 所示。

主体反应部分与上篇专利中类似,包括捏合机 1,P_2O_5 称量装置 2 和磷酸氢二铵称量装置 3,进料管 4 和 5,氨气进管 8,卸料管 9。而不同的是,未反应或过量的氨气经管 10 通入冷却器 13 除去水分,后经泵 14 通入热交换器 15,加热后的氨气经管 18 与氨气进管 8 相连。

此处,管 11 和 12 分别是冷却器 13 的冷却介质进出管。对于热交换器 15,热蒸气从管 16 进入,冷凝后从管 17 排出。冷却器的温度保持在 −20~20℃。其具体的实例如表 3-4 所示。

可以看出,这篇专利中对于废气的处理非常合理,对环境和生产都带来好处。

在此,同时列举了许多其他的手段来去除气体中的水。如采用分子筛、苛性钠以及类似的物质。

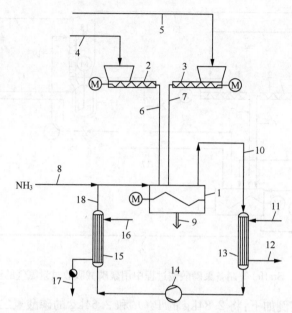

图 3-3　Staffel 等制备聚磷酸铵过程中氨气的循环处理装置示意图

表 3-4　不同氨气循环处理工艺参数下制得聚磷酸铵的性能

编号	冷凝器温度/℃	进气流量/(L/h)	进气温度/℃	反应时间/h	pH	酸值/(mg KOH/g)	水溶解度/%
1	12	150	25	1	7.3	0.0	6.4
2	12	1100	204	1	6.9	0.1	6.5
3	12	150	50	1	7.3	0.0	5.8
4	12	370	25	1	7.2	0.0	5.5
5	−10	150	15	1	6.8	0.2	6.7
6	0	150	20	1	7.0	0.0	6.1
7	12	150	25	0.5	7.0	0.0	6.0

注：反应温度为280℃。

　　至此，在 Hoechst 制备聚磷酸铵的过程中形成一个观点，就是要在整个反应过程中杜绝水的存在。

　　而对于制得聚磷酸铵水溶性方面的改进，主要是体现在制备后期，当聚磷酸铵形成粉末后，进行氨化热处理的阶段。

　　以往的研究发现，在反应后期，通氨热处理一段时间，可以显著降低制得聚磷酸铵的水溶性，而物料在捏合机中反应结块，后经粉碎成为粉末状物料，继续留在高成本、高能耗的捏合机中进行氨化热处理是完全没有必要的，采用较为便宜的设备就可以完成。

Staffel 等[10]将氨化热处理步骤单独分离出来,采用较为便宜的反应器来完成这一步骤。

如图 3-4 所示,主体部分仍然是带有两个水平平行转轴的捏合机。1 和 1′分别为磷酸氢二铵和 P_2O_5 的储槽,2 和 2′为称量装置,物料经称量后经管 3 进入捏合机。10 为带有 Z 形桨的转轴,7 为进气管,9 为出气管,6 和 6′分别为导热油的进口和出口。然后待反应物料在捏合机中反应,经过两个电流高峰后(图 3-5),将粉末状的物料卸出,经储料罐 12,进入回转炉 15 进行进一步氨化。

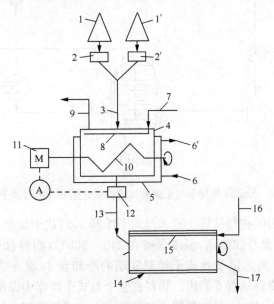

图 3-4　Staffel 等制备聚磷酸铵及氨化热处理示意图

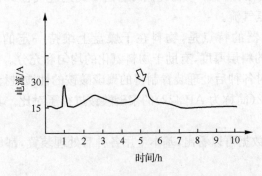

图 3-5　Staffel 等制备聚磷酸铵过程中的电流变化

研究者提出,对制得的聚磷酸铵粉末进行后处理的设备还可以是:①回转炉;

②盘式干燥器；③流化床反应器；④捏合机；⑤储料仓必须在反应器与混合设备之间；⑥储料仓必须是热储；⑦储料仓有粉碎凝块的功能；⑧反应器中的物料必须在过了第二次耗能高峰(图 3-5)后出料，直至出空。

Staffel 等[11]所用的盘式干燥器如图 3-6 所示。

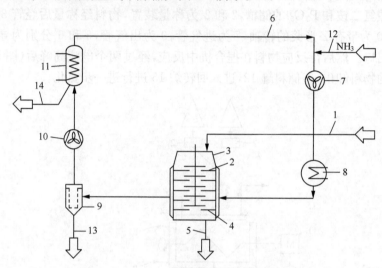

图 3-6　Staffel 等用于对聚磷酸铵进行氨化热处理的盘式干燥器

捏合机粉碎后的物料从管 1 进入盘式干燥器 3，到达干燥盘 2 上，在盘式干燥器中，上端的几个盘是加热盘，温度保持在 240～300℃，物料自上而下，经过上端的几个热盘以后，到达位于盘式干燥器底端的冷却盘 4，盘 4 的温度维持在 5～45℃。冷却后的物料从管 5 卸出。物料在整个盘式干燥器中保留 35～70min。

而氨气从管 12 进入，经加热器 8 加热后进入盘式干燥器，过量的氨气排出，经过滤器 9 过滤后进入冷却器 11，再经循环管道 6 到达进气管 12。整个管路中由鼓风扇 7 和 10 驱动氨气流。

这个盘式干燥器的特点是，物料在干燥盘上维持一定的料层厚度，在 5～20mm。保持特定的料层厚度，有助于物料氨化的均匀和充分。

另外，研究者对各种后处理装置制得的聚磷酸铵的性质进行了比较，并且与牌号为 Exolit AP 422(简称为 AP 422)的聚磷酸铵进行了对比。其具体数据如表 3-5 所示。

从表 3-5 中的数据可以看出，基本上用各种后处理装置，都可以达到比较好的效果。

至此，对于五氧化二磷-磷酸铵-氨气体系，就形成了一个比较完整的体系，从反应的原料、原料的配比、反应的温度、氨化的时间到废气的处理以及氨化热处理阶段的控制等多个方面进行了改进。

表 3-5　不同氨化热处理方法制得聚磷酸铵的性能比较

编号	反应温度/℃	停留时间/h	pH	酸值/(mg KOH/g)	水溶解度/%	黏度/(mPa·s)
Exolit AP 422			5.5±1.0	<1	<10	<100
			回转炉			
1	270	1	5.0	0.36	2.1	28
2	280	2	6.1	0.22	3.1	82
3	280	4	6.3	0.40	4.2	20
			盘式干燥器			
4	280	1	6.4	0.95	4.2	22
5	280	2	6.2	0.42	3.0	22
			流化床			
6	280	0.5	6.5	0.1	4.0	29
			捏合式混合机(LÖDIGE)			
7	240	3	6.0	0.4	1.9	30
8	250	2	5.8	0.5	1.9	28
9	275	4	6.0	0.4	1.9	32
			捏合式混合机(KRAUS-MAFFEI)			
10	280	1.6	5.9	0.39	3.4	43
11	280	1.1	4.9	0.67	2.7	36

　　我国也在这个体系进行了研究,如黄祖狄等[12]提出由磷酸铵和 P_2O_5 在氨气存在下制取聚磷酸铵,并设计了特定的反应器结构,如图 3-7 所示。

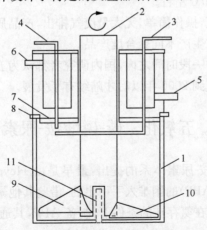

图 3-7　制备聚磷酸铵的反应器结构示意图

1. 反应器;2. 转轴;3. 通氨管;4. 过量氨排出管;5. 冷却水入口;6. 冷却水出口;7. 隔热层;8. 密封圈;
9. 压片;10. 刮片;11. 热电偶插孔

　　磷酸氢二铵和 P_2O_5 按一定配比加入反应器内,进行混合研磨,然后升温,通入氨气并保持一定分压。在 240~340℃反应 1~3h,得白色粉末。经冷却、过筛得成品。成品一次通过 80 目筛者>70%,粗筛物返回循环。总收率可达 100%。

　　反应温度及反应时间对产品质量的影响结果如表 3-6 和表 3-7 所示。

表 3-6　反应温度对产品质量的影响①

反应温度/℃	260	280	300	320	340
平均聚合度	76	87	99	100	102
水溶解度/%②	16.1	11.4	11.2	13.5	14.1

① 反应时间为 2h。

② 1g 样品溶于 100mL H_2O 中,在 25℃下搅拌 2h,过滤,滤液用磷钼蓝比色,测定吸光度,得 1g 样品在 100mL H_2O 中溶解部分占总聚磷酸铵量的百分数。

表 3-7　反应时间对产品质量的影响①

反应时间/h	0.5	1.0	1.5	2.0	2.5
平均聚合度	76	86	99	100	102
水溶解度/%②	15.5	13.6	11.2	11.2	10.4

① 反应温度 300℃。

② 1g 样品溶于 100mL H_2O 中,在 25℃下搅拌 2h,过滤,滤液用磷钼蓝比色,测定吸光度,得 1g 样品在 100mL H_2O 中溶解部分占总聚磷酸铵量的百分数。

　　产品聚合度测定采用快速的端基滴定法。用 PHS-2 型酸度计测定产品的 pH 在 6.0~6.5。用国产 CDR-1 型热重分析仪测得产品的热分解温度均在 250℃以上,失重峰值温度在 350℃左右。

　　该工艺过程路线短,操作简单,无大量废气排出,产品质量稳定,并且同一生产设备可根据用户的要求生产不同聚合度产品。

　　但是此后相当长的一段时间之内,国内研究者都认为五氧化二磷体系成本高,危险性大,而被搁置,直到 2000 年以后才陆续有了发展。

3.2　五氧化二磷-磷酸铵-尿素体系

　　五氧化二磷-磷酸铵-尿素体系的提出,最早是由 Heymer 等[3] 从磷酸铵与尿素生产长链聚磷酸铵(APP)的困难入手引出的,借鉴其他聚磷酸盐的制备方法,用正磷酸铵、P_2O_5 和尿素在氨存在的条件下,制备 APP,其通式为 $(NH_4PO_3)_n$,平均聚合度 n 为 10~400。

　　研究者认为三者的配比为 1mol 正磷酸铵:(0.5~1mol P_2O_5 + x mol 尿素),其中,$x=0~0.5$,最好是在 0.05~0.25。

　　物料在通氨的情况下，在 $200\sim340℃$ 反应 $10\sim60min$。当其中 x 小于 0.25 时，应该在低于 $190℃$ 下和氨气气氛下预反应 $5\sim10min$。

　　热处理时，当温度在 $20\sim300℃$ 时，氨的分压至少为 0.6bar(1bar＝100kPa)；当反应的温度高于 $300℃$ 时，氨分压至少为 0.9bar。当 $x<0.25$ 时，预处理阶段的氨压至少为 0.4bar。

　　所用的设备如图 3-8 所示。

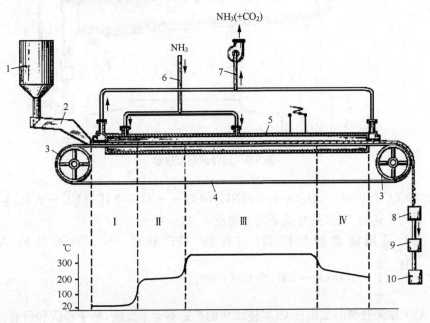

图 3-8　Heymer 等所用的隧道炉式设备

　　来自料仓 1 的粉末状混合物料经输送带 2，进入到隧道炉 5 中传动轮 3 带动的钢制输送带 4 上。炉中分为四个分离的温度区，由电加热控温，其中Ⅰ和Ⅱ区的温度选择恒定在图中所示的温度。而Ⅲ区的温度与制得 APP 的聚合度相关，通过控制温度来得到特定聚合度的 APP。Ⅳ区不加热，让 APP 逐渐冷却，直至出料。卸出的 APP 经 8 粉碎，然后经 9 筛分，在 10 处打包制得 APP 产品。

　　在整个隧道炉中维持氨气气氛，让物料在氨气气氛下反应。氨气由管 6 进入，后经位于隧道炉两段的管 7，将反应生成的 CO_2，以及未反应或过量的氨气排出。

　　除此之外，反应装置也可用回转炉型的，如图 3-9 所示。

　　其基本原理与之前的隧道炉类似，来自储仓的粉末混合物料和从 9 处返回的部分反应后的物料经输送带 2 进入回转炉 11，回转炉中设置四个不同的温度区，分别用来进行预热、预反应、聚合度控制和冷却四个阶段。氨气经管 6 从炉中的Ⅰ区和Ⅲ区进入，尾气从炉的两端经管 7 排出。在炉中的大致反应如下：

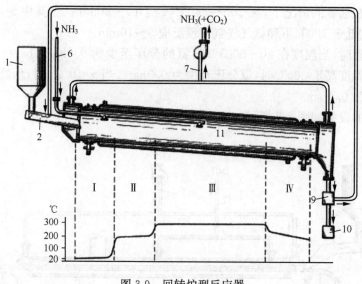

图 3-9 回转炉型反应器

$$3.75P_2O_5 + 8(NH_4)_2HPO_4 + 0.5(NH_2)_2CO \xrightarrow{6NH_3} 23/n(NH_4PO_3)_n + 0.5CO_2 \uparrow$$

采用上述的工艺,具有以下几个优点:

(1) 采用隧道炉反应器,制得的 APP 较纯,不含有短链的 APP、

$$-\overset{\parallel}{\underset{|}{P}}-\overset{H}{\underset{|}{N}}-\overset{\parallel}{\underset{|}{P}}-、O=\overset{}{\underset{|}{P}}-NH_2 \text{ 或交联产物。}$$

(2) 尿素分解时放出的 CO_2 使结块的产物不至于太硬,易于粉碎和研磨。

(3) 由于尿素的用量少,使体系反应产生的气体量减少。当尿素与磷酸铵的摩尔比为 0.25 : 1 时,放出的气体仅为磷酸脲溢出气体量的 5%。并且,在反应的整个过程中,不必刻意在中间环节将产生的气体排出。

(4) Ⅲ区的温度决定制得 APP 的平均聚合度,其具体情况如表 3-8 所示。在此,选用特定的温度,可以控制制得 APP 的水溶性,满足不同需求。

表 3-8　不同Ⅲ区温度下制得 APP 的聚合度

Ⅲ区温度/℃	n
200~260	10~50
260~290	50~100
290~320	100~200
320~330	200~300
330~340	300~400

(5) 反应时间短,最快 10min 就可以完成,提高了设备利用率。

(6) 当使用回转炉式反应器时,部分产品返回,与粉末混合物料一起反应,防止在炉内壁结壳。循环物料与粉末混合物料的投料比为 1:1。

具体实施例如下:将 P_2O_5、$(NH_4)_2HPO_4$、尿素分别按照 10.64kg/h、10.56kg/h 和 0.3kg/h 的速度研磨,混合均匀后送入宽 150mm 的钢制传送带上,料层的厚度为 16mm。传送带以 20cm/min 的速度通过长为 6.5m 的隧道炉。炉内有不同的温度区。在距隧道炉入口 0.5m 以 $1.5m^3/h$ 的速度通 NH_3(标准状态),同时,在炉中心位置处,以 $1m^3/h$ 的速度通 NH_3。炉两端很好地密封。在Ⅳ区,形成硬质、多孔的白色 APP,厚度 22mm。从炉尾端得到的 APP 经过粉碎和研磨之后得到成品。

其性质如下:NH_3 和 P 的摩尔比为 0.99,平均聚合度为 400,含 2%水溶性组分(10%悬浮液,20℃下),悬浮液的 pH 为 5.9,其中氨态氮占总氮含量的 99.5%。

如果Ⅲ区温度为 225℃时,制得的 APP 中 NH_3 和 P 的摩尔比为 1,平均聚合度为 22,含 23%水溶性组分(10%悬浮液,20℃下),悬浮液的 pH 为 6.1。其中氨态氮占总氮含量的 96.8%。将悬浮液加热到 70~80℃时,形成高黏度溶液。

如果不采用尿素,得到的 APP 为白色的烧结硬块,需用粉碎机粉碎才能研磨。NH_3 和 P 的摩尔比为 0.97,平均聚合度为 125,含 4.5%水溶性组分(10%悬浮液,20℃下),悬浮液的 pH 为 5.9,其中氨态氮占总氮含量的 98.5%。

3.2.1　反应原理

可以看出,这一体系与之前的五氧化二磷-磷酸铵-氨气体系没有本质的区别,但是,尿素的加入,使这一体系的反应原理与之有所不同。除了五氧化二磷与磷酸铵之间的反应外,还有磷酸铵与尿素之间的反应。

因此,结合五氧化二磷与磷酸铵的反应和磷酸铵与尿素的反应,其反应大致原理为

$$2(NH_4)_2HPO_4 + P_4O_{10} \xrightarrow{N_2O} \text{HO}-\underset{\underset{\text{OH}}{\|}}{\overset{\overset{\text{O}}{\|}}{P}}-\text{O}-\left[\underset{\underset{\text{O}^-}{\|}}{\overset{\overset{\text{O}}{\|}}{P}}-\text{O}\right]_4-\underset{\underset{\text{OH}}{\|}}{\overset{\overset{\text{O}}{\|}}{P}}-\text{OH} \quad NH_4^+$$

在此,产物不仅是六聚体,也有可能是二聚到五聚体。这主要由 P_4O_{10} 水解断链方式的不同而定。而其中尤以生成环-四偏磷酸铵为主,后经开环,成为 APP,这种中间产物在所制的 APP 样品中捕获到了。

当采用磷酸二氢铵时,如 3.1 节所述,应该主要会形成二聚体和环-三偏磷酸铵[6],这对进一步聚合非常不利。

五氧化二磷与磷酸氢二铵之间的反应,都带有除水的作用,在这个环节中的

水,可能是来自磷酸氢二铵的结晶水,也可能是由于磷酸氢二铵之间的热缩聚产生的水。但是,在这一环节中并没有必要刻意去加水,只需要极少量的水就可以促进这一反应的进行,而当水过量时,则主要进行五氧化二磷与水之间的反应,不利于聚磷酸的缩聚。

与此同时,产物可以继续与五氧化二磷、磷酸氢二铵以及尿素反应,但是主要的反应还是生成的聚磷酸、五氧化二磷和磷酸氢二铵之间的反应。而尿素参与反应,一方面使聚磷酸聚合,另一方面,产生的氨气用来部分中和聚磷酸[13]。

之后进行一系列类似的反应,使聚合度提高,直至尿素和五氧化二磷消耗完。

以上的反应主要发生在反应的前期。后期的反应主要是在通氨条件下,使聚磷酸中和成为 APP。在高温下,APP 中的氨又部分脱除,发生聚磷酸链之间的热缩聚。

3.2.2 反应原料及其配比

由以上的反应原理可以看出,其反应主要是在磷酸铵与 P_2O_5 之间进行的。而选取一种合适的磷酸铵,对于制备 APP 是非常重要的,就三种正磷酸铵而言,在这一体系中,主要采用磷酸氢二铵。

一方面是由于磷酸氢二铵与 P_2O_5 之间反应更有利于生成长链的聚磷酸,而磷酸二氢铵与 P_2O_5 之间反应则更容易生成环-三偏磷酸铵。也有研究者通过对比实验证明,当采用三种不同的磷酸铵与 P_2O_5 反应时,聚合度的大小关系如表3-9所示。

可以看出,当采用磷酸氢二铵时,制得的 APP 的聚合度最高,其次是磷酸二氢铵,最低的是磷酸三铵。

另一方面,以上研究者可能忽略的一个问题是:当采用磷酸二氢铵为原料时,为了使生成的聚磷酸中和生成 APP,需要更多的尿素或者氨气。如3.1节中所述,

表 3-9　磷酸铵的种类对聚合度 n 的影响

原料	$n[(NH_4)_x H_{3-x} PO_4] : n(P_2O_5) : n(NH_3)$	n^a
$(NH_4)H_2PO_4$	1.0 : 1.0 : 0.3	40
$(NH_4)_2HPO_4$	1.0 : 1.0 : 0.3	102
$(NH_4)_3PO_4$	1.0 : 1.0 : 0.3	35

a. 聚合度通过端基滴定法测得。

在反应开始的第一个小时,要有大量的氨通入来对生成的聚磷酸中和。而针对这一体系,采用尿素的一个主要作用就是能够在第一阶段反应分解放出氨气,来部分中和聚磷酸,这对于聚合度的增长是非常有利的。因此,如果采用磷酸二氢铵为原料,则需要更多的尿素。按照在第一阶段整个体系提供的氨的量为理论值的80%,那么尿素与磷酸二氢铵之间的摩尔比最合适的值应该在 0.7：1.0。与磷酸氢二铵相比,将产生大量的尾气,从体系的整体成本来说,是不合适的。

从原料的配比上来说,Maurer 等[14]认为 P_2O_5 与磷酸氢二铵的摩尔比应该控制在 1：0.9～1.1,即差不多等摩尔量的关系,这也与以上提出的反应原理中的量比关系相一致。尿素的使用量维持的一个原则是,在第一阶段反应中,使 NH_3 与 P 的摩尔比维持在 0.8：1 左右,即理论值的 80%。因此,依据以上的分析,认为 P_2O_5、磷酸氢二铵和尿素的最佳摩尔比应为 1：1：0.3。傅亚等[15]通过对比实验,也证明了这一点。

除此之外,也可以用一些类似于尿素的缩聚剂来替代尿素,如缩二脲、联二脲、三聚氰胺、蜜白胺、蜜勒胺、硫酸铵、碳酸氢铵等。不同类型的缩聚剂可根据尿素的量来进行换算。

如 Maurer 等[14]采用 P_2O_5、磷酸氢二铵和三聚氰胺来制备结晶 II 型 APP。具体实例如下:将 2650g P_2O_5、2470g 磷酸氢二铵和 315g 三聚氰胺,加入一个 10L 的带有混合、捏合功能的反应器中,预热到 100℃反应 1h,在这段时间内,通入 500L 的 NH_3,然后将温度上升到 250℃,反应 3h,在这段过程中通入 300L 的 NH_3,得到高纯度的结晶 II 型 APP。测得在 25℃下,其 1% 悬浮水溶液的 pH 为 6.2,10% 悬浮水溶液的溶解分数为 12%,在 10% 悬浮水溶液的黏度为 26mPa·s,30% 聚己二酸二乙二醇酯悬浮液的黏度为 47Pa·s。

一般来说,三聚氰胺的加入,可能使制得的 APP 中带有一些三聚氰胺聚磷酸盐(MAPP),但是,这与制备 MAPP 的方法并不相同。在制备 MAPP 时,会加入一定量的尿素来防止三聚氰胺的分解[16]。

再如浙江化工研究院的楼芳彪等[17],采用硫酸铵、三聚氰胺、碳酸氢铵作为缩聚剂,制备 APP。将等摩尔的 P_2O_5、磷酸氢二铵及适量的缩聚剂在 100～200℃下预热 5～15min。物料熔融后通入氨气结晶 1～2h,温度控制在 200～350℃,最好不超过 350℃。接着继续通氨熟化 2～3h,温度控制在 200～300℃。然后冷却出料。

具体实例如下:将 108kg P_2O_5、100kg 磷酸氢二铵和 1kg 硫酸铵加入已预热至 150℃的 0.5m³ 的反应器中,混合 10min,然后将温度升高至 300℃,熔融后以 10m³/h 的流量通入氨气,通氨 1h。接着将氨气流降至 3m³/h,温度降至 250℃再熟化 3h,得到产品为 100%结晶Ⅱ型 APP,平均聚合度 1313[①],热分解温度大于 275℃(失重率小于 0.5%)。

采用这种方法可以制得高纯度的结晶Ⅱ型 APP,但是硫酸铵的加入,无疑使产品中含有一定量的硫酸盐。

2004 年上半年,浙江化工研究院年产 800t 结晶Ⅱ型 APP 中试项目通过鉴定[18],并在国内首次公开提出了结晶Ⅱ型 APP 的质量指标,如表 3-10 所示。

表 3-10 国内结晶Ⅱ型 APP 的质量指标

检测内容	指标
聚合度 n	>1000
外观	白色粉末
磷含量/%(质量分数)	31～32
氮含量/%(质量分数)	14～15
分解温度/℃	≥275
密度(25℃)/(g/cm³)	1.85～2.00
溶解度(25℃)/(g/100mL H_2O)	≤0.5
pH(10%水溶液)	5.5～7.5
水分/%(质量分数)	≤0.25
细度/μm	约 15

这一质量指标的提出,使国内许多生产 APP 的厂家跟风推出聚合度>1000的 APP 产品,而实际国内对聚合度的测定方法一直存在着问题。因此,市面上销售 APP 的聚合度还值得商榷[19]。从 APP 产品的粒度上来说,应该是参考了 AP 422 的粒度,其平均粒度为 15μm。

这一体系从提出起,就是为了制备低水溶性的结晶Ⅱ型 APP。下面就这一体系在制备结晶Ⅱ型 APP 的工艺条件进行详细讨论,主要包括反应温度、反应阶段、通氨情况等。

从反应原理以及之前的几个实例可以看出,主要分为两个反应阶段,第一阶段是在 50～240℃,主要进行的是磷酸铵与五氧化二磷、磷酸铵与尿素以及中间产物

---

① 用³¹P 核磁共振法测得。

之间的反应。这是一个聚合度迅速上升的反应过程,也是在整个 APP 的制备过程中反应速率最快、最剧烈的阶段。其具体温度视升温速率、反应时间而变,也有人认为这一阶段的温度在 100～200℃。而实际上,这一阶段的温度大致从磷酸铵熔融开始,大约为 130℃。

从反应的相态上来说,这主要是在熔融的浆状物料中进行的反应,待到物料由浆状成为固相,标志着这一阶段的完成,大致在 200～240℃。实际上在采用尿素的情况下,这一阶段并不需要通氨气,并且,相比采用氨气来氨化,用尿素分解过程中放出的氨气来进行氨化,要迅速得多。

此后,固态块状的物料经过捏合、粉碎,成为粉末,在 240～350℃进行反应。这段过程中主要发生的是 APP 的中和,APP 链之间的热缩聚以及 APP 晶型转化的反应。

最后,需要在 200～300℃进行一个氨化热处理的过程,这一阶段的作用主要是在于降低 APP 的水溶性。

总的反应过程中,物料相态的变化主要可分为:固体粉末→浆状→固块→粉末。从对反应设备的要求来说,有两个能耗高峰,一个是由粉末物料转变为浆状物时,另一个是在由浆状逐步转变成为固块,然后固块被粉碎成为粉末的这一阶段。其中尤以从浆状转变为固块的阶段对设备的要求最高,要求设备有捏合和粉碎的功能。具体的温度视使用的反应设备的特点而定。

反应的初始温度不应该过高。当反应的初始温度过高时,特别是高于尿素的分解温度时,在原料与反应器接触的同时,尿素来不及与其他物料反应,就直接受热分解,放出氨气。这样就失去了这一体系中使用尿素的优势。此后还要通入大量的氨气来中和聚磷酸,与之前的体系没什么区别。

因此,这段预混的温度应该在 100～200℃。

通过以上的分析,可以将整个反应大致分为三个温度段,100～200℃的反应(预反应)阶段;200～350℃的氨化、热缩聚、转晶阶段;200～300℃的氨化热处理阶段。

3.2.3　APP 制备过程中氨的作用

就通氨来说,合适的通氨时机,以及合适的通氨量、通氨时间,对于制得 APP 产品的各个性能将产生很大的影响。

以下是著者的研究结果。

采用特制的捏合机,在 10～20℃/min 的升温速率下,进行连续升温反应,来研究反应通氨温度对于制得 APP 性能的影响。

由表 3-11 可以看出,随着起始通氨温度的升高,制得 APP 的水溶性依次增大,在 230℃开始通氨,制得 APP 的水溶性最小,而在 250℃和 280℃开始通氨,制得Ⅱ型 APP 虽纯度较高,但水溶性都有所增大,这说明并不是Ⅱ型 APP 的纯度越高,水溶性就越低。300℃开始通氨,制得 APP 的水溶性增加较明显,大约是250℃时的 2.5 倍。所以在 250℃时开始通氨,可以制得纯度较高且水溶性较低的Ⅱ型 APP。

表 3-11　不同起始通氨温度制得的 APP 在水中的溶解度

起始通氨温度/℃	230	250	280	300
pH	6.37	5.98	6.43	6.29
溶解度(25℃)/(g/100mL H₂O)	1.07	1.54	1.93	4.07

通氨温度对 APP 晶型的影响,可以从图 3-10 APP 产物的红外光谱中得到。

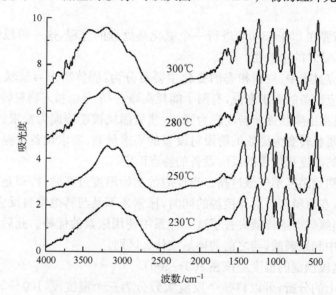

图 3-10　不同起始通氨温度制得 APP 的红外谱图

图 3-10 是起始通氨温度分别为 230℃、250℃、280℃和 300℃时制得Ⅱ型 APP 的红外谱图。从红外谱图中 682cm⁻¹处结晶Ⅰ型 APP 的特征峰可以看出,起始通氨温度为 250℃和 280℃时制得 APP 的红外谱图中 682cm⁻¹吸收峰的相对强度最弱,说明 250~280℃时制得Ⅱ型 APP 纯度最高,通氨温度过低或者过高都不利于Ⅱ型 APP 的制备。在 230℃下开始通氨,由于迅速氨化,使 APP 两端的羟基也氨化,失去了进一步缩聚生成高相对分子质量 APP 的可能性,所以制得的Ⅱ型 APP 中含有较多的Ⅰ型 APP。300℃开始通氨,由于Ⅱ型 APP 的分解温度小于300℃,所以此时,已经有部分的Ⅱ型 APP 分解,生成磷酸铵盐的小分子。在图 3-11 的 XRD 谱图中,通氨温度为 280℃时制得的 APP 在 $2\theta=12.96°$、$16.47°$、$23.7°$ 和 $25.12°$的Ⅰ型 APP 的特征比在 250℃下制得 APP 略明显一些。综合来看,

250℃通氨得到的Ⅱ型 APP 的纯度更高些。

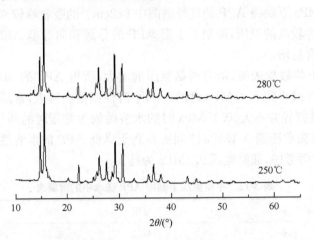

图 3-11　起始通氨温度为 250℃和 280℃制得 APP 的 XRD 谱图

1. 氨压对Ⅱ型 APP 品质的影响[20]

　　基于前面对起始通氨温度的研究，选择起始通氨温度为 250℃，其他条件不变，而改变通氨过程中的氨压，来研究氨压对Ⅱ型 APP 品质的影响。

　　图 3-12 为氨压分别为常压、0.1MPa 和 0.15MPa 时制得 APP 的红外谱图，通过 $682cm^{-1}/800cm^{-1}$ 的吸收峰强度比的分析，可以看出在 0.1MPa 下制得的 APP 中Ⅱ型的纯度最高。对比 $3000cm^{-1}$ 以上吸收峰的位置，明显看出在常压下制得

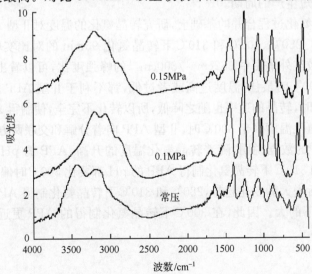

图 3-12　不同氨压下制得 APP 的红外谱图

APP 的吸收峰向高波数方向移动,这说明氨化不完全,导致产物中的羟基含量增高。在 0.15MPa 下制得 APP 的红外谱图中 682cm^{-1} 的吸收峰较 0.1MPa 时明显增加,这是因为较高的氨压,抑制了 I 型 APP 的分解和向 II 型 APP 的转化,所以 I 型 APP 的含量增多。

表 3-12 中的数据表明,随着通氨氨压的增大,所得 APP 的 pH 依次减小,由常压时的 6.13 减小到 0.15MPa 时的 5.4;水溶性则依次增大,常压和 0.1MPa 时 APP 的水溶性差异并不大,0.15MPa 时的水溶性约为常压时的两倍。由此看出,维持通氨氨压在常压到 0.1MPa 之间更有利于降低 APP 的水溶性。但是从晶型和水溶性两方面考虑,通氨氨压 0.1MPa 为佳。

表 3-12　不同氨压下制得 APP 在水中的溶解度

氨压/MPa	常压	0.1	0.15
pH	6.13	5.98	5.4
溶解度(25℃)/(g/100mL H$_2$O)	1.13	1.54	2.54

2. 转晶氨化温度对 II 型 APP 品质的影响

在以往的实验中[15],人们总是将转晶和氨化分开进行,一般转晶的温度要高于氨化的温度。通常在 300℃下转晶 30min 后降温至 280℃进行氨化,而其制得的 APP 中 II 型的纯度基本上和在 300℃下将转晶和氨化两个过程合并制得的 II 型 APP 的纯度相当。如果将转晶和氨化合并,这样可以在不降低制得 II 型 APP 品质的基础上缩短生产的周期。

将转晶和氨化过程合并的基础上,研究转晶氨化的温度对 II 型 APP 品质的影响,分别进行了 280℃、300℃和 310℃下转晶氨化 90min 的对比实验。如图 3-13 所示,通过比较红外谱图中 682cm^{-1}/800cm^{-1} 的峰强度比,可以看出,合并转晶氨化的温度在 300℃时最佳,温度过高或者过低,都不利于 II 型 APP 的制备。转晶氨化温度较低时,转晶的速率也随之降低,所以转化不完全,使制得 APP 中 I 型的量增多;转晶氨化温度高于 300℃时,II 型 APP 向着分解和交联两方面进行。

表 3-13 中的数据说明,随着转晶氨化温度的升高,APP 的 pH 先增大、后减小,在 280℃和 310℃下转晶氨化制得 APP 的 pH 都要比 300℃时偏小。水溶性则出现先减小、后增大的变化趋势,280℃和 310℃下转晶氨化制得 APP 的溶解度都要比在 300℃下的大。因此,在 300℃下转晶氨化制得的 APP 更近于中性,水溶性小。

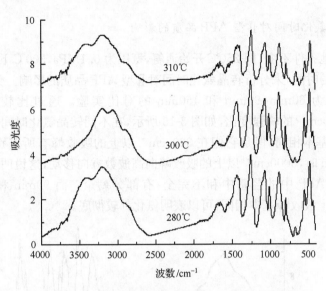

图 3-13　不同转晶氨化温度下制得 APP 的红外谱图

表 3-13　不同转晶氨化温度下制得的 APP 在水中的溶解度

转晶氨化温度/℃	280	300	310
pH	5.04	5.98	4.7
溶解度(25℃)/(g/100mL H₂O)	2.14	1.54	1.97

也有人研究认为,聚合度与反应温度之间的关系如图 3-14 所示[15]。

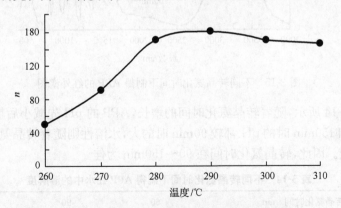

图 3-14　不同反应温度下制得 APP 的聚合度

由图 3-14 看出,在 260～280℃,所得 APP 的聚合度随着反应温度的增高而增大;在 280～300℃基本不发生变化;到 310℃时,聚合度开始略有降低。所以认为最佳温度为 280～300℃。这与之前对于高温段的分析结果相一致。

3. 转晶氨化时间对Ⅱ型 APP 品质的影响

固定其他条件不变,即 250℃开始通氨,氨压为 0.1MPa,300℃下转晶氨化,改变转晶氨化的时间,来分析转晶氨化时间对Ⅱ型 APP 品质的影响。分别进行了转晶氨化时间为 60min、90min 和 150min 的对比实验。通过比较红外谱图中 682cm^{-1}/800cm^{-1} 的峰强度比,如图 3-15 所示,在不同转晶氨化时间下,制得Ⅱ型 APP 的纯度基本相同,但是它们在 3000cm^{-1} 以上的吸收峰有所差别。转晶氨化时间为 60min 时,3000cm^{-1} 以上的吸收峰向高波数方向移动,这说明氨化不完全,使制得Ⅱ型 APP 中的羟基中和不完全、有部分剩余。而 90min 和 150min 时,3000cm^{-1} 以上吸收峰基本相同,可以表明氨化都较彻底。

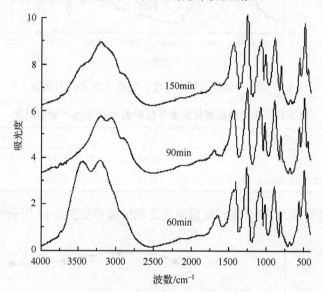

图 3-15　不同转晶氨化时间下制得 APP 的红外谱图

如表 3-14 所示,随着转晶氨化时间的增长,APP 的 pH 先减小后增大,转晶氨化 60min 和 150min 时的 pH 都较 90min 时的大,水溶性则随着转晶氨化时间的增长依次降低。因此,转晶氨化时间在 90~150min 为佳。

表 3-14　不同转晶氨化时间下制得 APP 在水中的溶解度

转晶氨化时间/min	60	90	150
pH	6.29	5.98	6.87
溶解度(25℃)/(g/100mL H$_2$O)	1.91	1.54	1.25

在研究中还发现,尿素使用量的多少,对于制得 APP 的颜色有一定的影响,当尿素使用量较少时,制得 APP 的颜色白度较差;当尿素用量增加时,制得 APP 的

颜色白度得到改善。

在不同的通氨条件下,APP 的 pH 产生差异,如表 3-12 所示,随着通氨氨压的增大,制得 APP 的 pH 依次降低,而在表 3-13 中的数据显示,随着转晶氨化温度的升高,制得 APP 的 pH 出现先增大、后减小的变化趋势。可能与制得 APP 中氨的存在形式有关,在 II 型 APP 的单晶层片之间,氨随着酸碱中和反应程度的不同,以 NH_4^+ 和 NH_3 形式存在的量产生差异。当制得 II 型 APP 的单晶层片之间以 NH_3 形式存在的量增多时,NH_3 溶于水,就会导致 APP 水溶液的 pH 升高,与此同时也对 APP 的溶解度产生一定的影响。

从反应的原理,以及之前的反应阶段考虑,这一体系反应设备的选取上有所不同。不适宜直接将温度升到较高的温度进行反应,而需要在 $100 \sim 200℃$ 进行一个预反应阶段。一方面促进尿素与其他物料以及中间产物之间的反应,另一方面,也充分地利用由尿素分解放出的氨气,来中和生成的聚磷酸。在这一阶段放出的 CO_2 则可直接排除,节省废气处理的费用,避免了在第二阶段通氨以后,对于废气中 CO_2 与 NH_3 混合气分离的步骤。

当尿素反应结束后即可进入第二阶段,一般可以选取的是具有搅拌、捏合和粉碎功能的反应器。实际上这一阶段如 3.1 节中所述,在物料由浆状成为固体后,需要利用特制的捏合机来粉碎块状物料。而当物料被粉碎之后,则不再需要这么高要求的反应器来进行后期的氨化热处理。

待物料成为粉末之后,就可以进入一些要求不太高的反应器来进行后期的氨化热处理,这一阶段的主要作用是转晶和氨化。在这一时期氨化时间对于制得 APP 的水溶性影响是非常大的,而氨化时间对晶型转变的影响则相对较为缓慢,较小 APP 粉末的粒度在一定程度上可以加快转晶的速率,这是由于在这一时期,主要的反应是固气两相的反应,当粒度变小时,作用的面积则相对扩大,使氨化作用明显,也使转晶加速。

从晶型和降低水溶性的角度,氨化反应温度在 $300℃$ 时制得的 APP 中结晶 II 型的量最高,水溶性最低。因此,综合考虑认为最佳的温度在 $300℃$ 左右。当然,这也视氨化热处理的时间而定。反应的温度越低,则所需氨化热处理的时间就越长,同样可以达到较好的效果。

同时,通氨的时机也非常重要,通氨过早,APP 过早地被中和,不利于聚合度的进一步增长;通氨过晚,则又会促使 APP 分解,降低 APP 的聚合度。因此需要寻找一个适宜的通氨时机。

实际上,在 $300℃$ 时,一般需要 $30h$ 左右的转晶过程,才能使结晶 I 型完全转化成为结晶 II 型。对于工业生产,这无疑是不合理的。其后,广大研究者的一个主要工作方向就是在较短的时间内制备高纯度的 APP。

但是在转晶阶段,如果有少量无定形态的 APP 存在,则可以使转晶加速。而无定形态的 APP 可以通过失去少量的氨或者添加少量的水蒸气来得到。

因此在加速转晶方面，主要的做法是失氨、加水，或直接在这一阶段向体系添加一定量的无定形态 APP。通过氨的控制来转晶，已经在"转晶氨化温度对Ⅱ型 APP 品质的影响"中做了详细的描述，但可以看出，通过改变通氨的条件，来制备高纯度的 APP 是较为困难的。对此，下面主要针对水和无定形态 APP 两个方面来研究加速转晶。

3.3　制备结晶Ⅱ型 APP 过程中水的作用[21]

针对制备结晶Ⅱ型 APP 过程中水的作用，存在着两种观点。一种是以 Monsanto 公司为首的学者认为在 APP 的制备过程中，保持一定的水汽含量，对于制备Ⅱ型 APP 是有利的；另一种是以 Hoechst 公司为首的学者认为在 APP 的整个制备过程中应该除水。

由于 Hoechst 公司主要依据的是五氧化二磷-磷酸铵-氨气体系，并且其制得的 AP 422 被视为结晶Ⅱ型 APP 的典型，因此其制备思路对广大的研究者产生了深远的影响，也在一些研究者中形成一个定式，认为制备结晶Ⅱ型 APP 过程中水的存在是非常不利的。

傅亚等[15]的工作中，比较了通氨气、通湿氨和通氮气对 APP 聚合度的影响，如表 3-15 所示。可以看出，通湿氨制得 APP 的聚合度明显较通干燥氨时的低。

表 3-15　反应气氛对于 APP 聚合度 n 的影响

组成	无水 NH₃	NH₃ᵃ	NH₃ᵇ	N₂	空气
n	155	50	20	25	15

a. 含 2%～3% 的水；b. 含 10%～11% 的水。

但是，在转晶阶段，少量水的存在，会对制备的 APP 产生什么影响呢？下面就这一问题，在转晶阶段加入一定量的水，来考察水对 APP 的影响。

3.3.1　氨压为 0.1MPa 时水的作用

固定五氧化二磷、磷酸氢二铵、尿素的摩尔比为 1：1：0.3，在 250℃ 开始通氨，维持氨压为 0.1MPa，转晶氨化温度为 300℃ 的条件下制备结晶 APP。在转晶阶段加入一定量的水，研究其对 APP 结晶情况的影响。

为了易于换算加水量与 APP 之间的摩尔比，从 3.3 节开始，所有的实验都是固定投料的量，即按投入的磷含量计算，制得的 APP 为 970g。

图 3-16 是氨压为 0.1MPa 时，不加水氨化 90min 和 150min，以及分别加水 25mL、35mL 氨化 90min，加水 50mL 氨化 150min 条件下制得 APP 的红外谱图。

对比红外谱图中 $682cm^{-1}/800cm^{-1}$ 的峰强度比,可以看出,在不加水氨化 90min 和 150min 制得的结晶 II 型 APP 的含量基本相同,约为 86%。而加水制得的 APP,随着加水量的增加,制得结晶 II 型 APP 的纯度依次增加,从不加水时制得 APP 中结晶 II 型含量为 86% 迅速增加到 94% 以上。加水 50mL 氨化 150min 制得结晶 II 型 APP 的纯度约为 100%。说明向体系添加一定量的水,可以在较短的时间内制得纯度较高的结晶 II 型 APP。

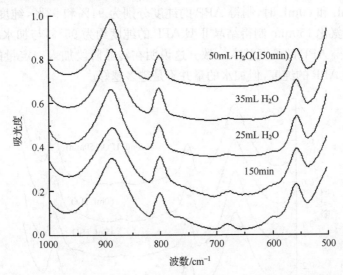

图 3-16　氨压为 0.1MPa 时加水制备结晶 II 型 APP 的红外谱图

但是,由表 3-16 可以看到,对比加水前后制得 APP 的水溶性和 pH,加水后制得 APP 的 II 型结晶纯度虽说较高,水溶性也随之增大。同时,APP 水溶液的 pH 明显降低,呈酸性。而比较不加水氨化 150min 制得 APP 的水溶性要较氨化 90min 时有了明显的改善,溶解度从 1.83 降为 1.25;加水氨化 150min 制得 APP 的水溶性也比水氨化 90min 时有显著的降低,从 2.81~2.93 降为 1.93。这说明延长氨化的时间,可以降低水溶性。

表 3-16　氨压为 0.1MPa 时加水制备结晶 II 型 APP 的实验数据

转晶氨化时间/min	加水量/mL	溶解度/(g/100mL H_2O)	pH	结晶 II 型/%
90	0	1.83	6.28	86
150	0	1.25	6.87	86
90	25	2.93	5.82	94
90	35	2.81	5.59	96
150	50	1.93	5.99	100

3.3.2　氨压为常压时水的作用

图 3-17 是氨压为常压时,分别加水 40mL、45mL 和 60mL 氨化 90min,加水 40mL 氨化 150min 时制得 APP 的红外谱图。通过对比 $682cm^{-1}/800cm^{-1}$ 的峰强度比可以看出,在加水 40mL 氨化 90min 时制得的结晶Ⅱ型 APP 约为 100%,这说明在氨压为常压时,依然可以制得纯的结晶Ⅱ型 APP,而不受氨压的影响。加水量为 45mL 和 60mL 时,制得 APP 的纯度分别为 94% 和 92%,纯度反而降低。加水 40mL 氨化 150min 制得结晶Ⅱ型 APP 的纯度约为 95%,与加水 45mL 氨化 90min 时制得 APP 的纯度基本一致。这说明在转晶阶段加入一定量的水可以提高结晶Ⅱ型 APP 的纯度,但加水的量并不是越多越好。

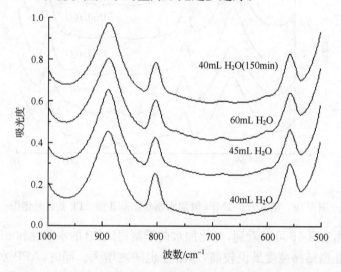

图 3-17　氨压为常压时加水制备结晶Ⅱ型 APP 的红外谱图

图 3-18 是氨压为常压时,分别加水 40mL、45mL 和 60mL 氨化 90min,加水 40mL 氨化 150min 时制得 APP 的 XRD 谱图。从图中可以看出,4 个样品都存在 $2\theta=14.68°$、$15.53°$ 处结晶Ⅱ型 APP 的特征峰。而加水 45mL 和 60mL 时制得的 APP 样品,在 $2\theta=16.47°$ 处存在结晶Ⅰ型 APP 的特征峰,说明加水过量,使 APP 断链,生成相对分子质量较低的 APP,结晶Ⅰ型 APP 的量增加。

表 3-17 中的数据表明,制得 APP 的水溶性随着加水量的增加呈现降低的趋势,而 pH 基本不发生变化。可能是由于加入过量的水,使 APP 断链,但是断链后 APP 的聚合度依然较高,不易溶于水。加水 40mL 氨化 150min 制得 APP 的水溶性较加水 40mL 氨化 90min 时略有降低。这说明在氨压为常压时,通氨时间对水溶性的影响较小。

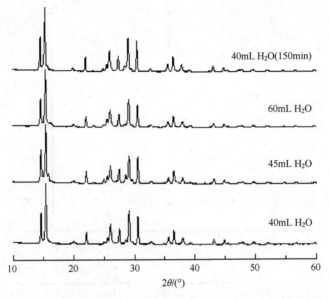

图 3-18　氨压为常压时加水制备结晶Ⅱ型 APP 的 XRD 谱图

表 3-17　氨压为常压时加水制备结晶Ⅱ型 APP 的实验数据

转晶氨化时间/min	加水量/mL	溶解度/(g/100mL H$_2$O)	pH	结晶Ⅱ型/%
90	40	3.22	5.6	100
90	45	2.33	5.62	94
90	60	1.72	5.67	92
150	40	2.64	5.99	95

　　水的作用一方面体现在促使生成少量的无定形 APP；另一方面加水后制得的 APP 的颗粒较小，说明水的加入促使了团聚在一起的 APP 颗粒彼此分离，生成较小颗粒的 APP。粒度的减小，增大了固气两相的接触面，使 APP 与氨气的接触充分，这也应该是促使 APP 由结晶Ⅰ型向结晶Ⅱ型转变的一个原因。

3.3.3　结晶Ⅱ型 APP 的聚合度

　　图 3-19 为氨压为 0.1MPa 时，加水 50mL、氨化 150min 情况下制得的结晶Ⅱ型 APP 的 ^{31}P 核磁共振谱图。化学位移为 0.99ppm、−9.54ppm 和−21.33ppm 处的三个峰分别属于正磷酸、聚磷酸端基磷和中间磷的峰。由此可见，所得 APP 中未反应的正磷酸铵的含量约为 0.1%。通过公式(4-15)可以算出，制得 APP 的平均聚合度约为 854。

　　由以上的实验结果可以看出，利用五氧化二磷体系，在转晶氨化阶段加入一定

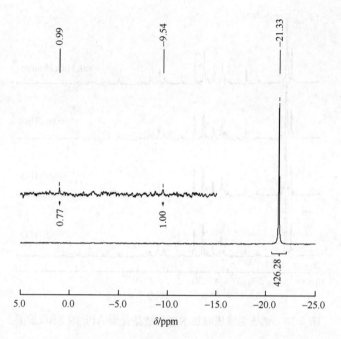

图 3-19　制得结晶 II 型 APP 的 ^{31}P NMR

量的水,可以实现快速转晶的目的。通过计算加水量与反应体系中所用的总 P 量的摩尔比,最佳的 H_2O/P 摩尔比应在 0.1～0.3:1。制得纯的结晶 II 型 APP,聚合度在 850 左右。

由加水法制得的 APP 的聚合度并不低,但是其水溶性依然很大。这主要是因为在 APP 中,聚合度并不是影响其水溶性大小的唯一因素。有些样品虽结晶 II 型的纯度不高,但是其水溶性却较小,而有些样品虽结晶 II 型的纯度较高,但水溶性依然很大。这与制得 APP 颗粒的大小、制备过程中的热过程、氨的存在形态以及是否含有一定的结构水,有着很重要的联系。

但是,基本上,在后期,通氨热处理一段时间,对于降低 APP 的水溶性是非常有利的。

除此之外,也有日本学者采用在反应后期加入一定量的尿素水溶液来制备高纯度的结晶 II 型 APP。

Chikashi 等[22]利用磷酸铵与五氧化二磷反应来制备 APP,并将反应分为三个阶段,第一阶段,将等摩尔的磷酸铵与五氧化二磷在高于 250℃反应时,最好的温度范围在 270～320℃,制得结晶 II 型 APP。而当磷酸铵与五氧化二磷不是等摩尔投料,且在低于 250℃下反应时,制得的为结晶 I 型 APP。第二阶段,向体系喷洒一定量的尿素水溶液来制备超细的结晶 II 型 APP。第三阶段,将第二阶段得到的粉末状 APP 在 250℃,最好是在 270～320℃下搅拌氨化 1～10h,最好是 2～5h。

其基本的反应如下所示。

第一阶段:起始的熔融反应

$$(NH_4)_2HPO_4 + P_2O_5 \longrightarrow \frac{3}{n}\left[(NH_4)_{\frac{2}{3}}H_{\frac{1}{3}}PO_3\right]_n$$

或

$$(NH_4)H_2PO_4 + P_2O_5 \longrightarrow \frac{3}{n}\left[(NH_4)_{\frac{1}{3}}H_{\frac{2}{3}}PO_3\right]_n$$

第二阶段:中期的结晶反应

$$\frac{3}{n}\left[(NH_4)_{\frac{2}{3}}H_{\frac{1}{3}}PO_3\right]_n + \frac{1}{2}CO(NH_2)_2 + \frac{1}{2}H_2O \longrightarrow \frac{3}{n}(NH_4PO_3)_n$$

或

$$\frac{3}{n}\left[(NH_4)_{\frac{1}{3}}H_{\frac{2}{3}}PO_3\right]_n + CO(NH_2)_2 + H_2O \longrightarrow \frac{3}{n}(NH_4PO_3)_n$$

在此,$n<10\,000$[①]。

具体实例如下:将 660g(5mol)磷酸氢二铵和 710g(5mol) P_2O_5 混合放入一个 5L 的捏合机中,升温到 290~300℃,待物料熔融后,温度维持在 286℃,在通氮气的情况下搅拌 5min。然后在 20min 内向体系喷洒尿素含量 76.9% 的 80℃的水溶液 195g,反应物成为粉末状。之后在 250~270℃通氨气热处理 2.5h,制得粉末状的结晶 II 型 APP。其平均粒径为 6.4μm。其中,粒径≤10μm 的颗粒占 82%,5% 水溶液的黏度为 7150mPa·s,平均相对分子质量为 $2.35×10^6$。

Chikashi 等[23]也做了类似研究,其具体实施例如下:将 660g(5mol)磷酸氢二铵和 710g(5mol) P_2O_5 混合放入一个 5L 的捏合机中,升温到 290~300℃,待物料熔融后,温度维持在 286℃,在通氮气的情况下搅拌 20min。然后在 7min 内向体系喷洒尿素含量 76.9% 的 80℃的水溶液 195g,反应物成为粉末状。之后在 250~270℃通氨气热处理 2h,制得粉末状的结晶 II 型 APP。其平均粒径为 6.8μm,其中,粒径≤10μm 的颗粒占 80%。

以上的两篇专利中,均用自制的 APP 与 AP 422 进行了比较。认为其产品要较 AP 422 好。其中 AP 422 的平均粒径在 15.0μm,粒径≤10μm 的颗粒占 20%。但是这两篇专利中都没有提及制得 APP 的水溶性。实际上,根据我们的研究发现,依据此法制得的结晶 II 型 APP 虽说较纯、粒径较小且颜色白度高,但实际上水溶性较大。

因此,在反应的后期,无论是向体系喷洒水或者尿素的水溶液。对于制备结晶 II 型 APP 的确有很明显的效果,但与此同时,加水也使 APP 的水溶性增大。这说明 Monsanto 公司与 Hoechst 公司在水的作用方面的争执,其实主要是针对两个

---

① 聚合度是用高效液相色谱测定,用聚环氧乙烷和聚乙二醇作为标准物质测定。

不同的问题而说的,前者主要是从晶型的角度出发,而后者则更多的是从产品性能,降低APP水溶性的角度出发。

3.4　五氧化二磷改进磷酸铵-尿素体系

通过3.2节和3.3节的分析,可以看出,直接通氨,通过控制通氨的量和氨压,虽说能够很好地降低水溶性,但是对APP的晶型转化的作用较慢。而在转晶阶段加水,虽说能快速地制备结晶Ⅱ型APP,但是又促使APP的水溶性增大。因此,从这两方面综合考虑,可以想到,在这一阶段直接加入无定形态的APP可能是最佳的选择。

日本研究者就这一问题进行了研究,他们主要依据磷酸铵-尿素体系,在后期加入一定量的五氧化二磷与磷酸铵的熔体来改进磷酸铵-尿素体系。这一方面改善了制得APP的性质,另一方面,也降低了五氧化二磷的量。

如Kensho等[24]以磷酸铵与尿素体系为基础,在后期加入一定量的五氧化二磷或者五氧化二磷与磷酸铵的混合物。其具体做法是分为两个阶段,第一阶段,控制磷酸铵与尿素的摩尔比在5:3~30:1,在150~300℃加热反应一段时间。

第二阶段,将一定量的五氧化二磷、五氧化二磷与磷酸铵的混合物或熔体加入到第一阶段的产物当中,在250~320℃反应,来制备结晶Ⅱ型APP。

其中,所用的磷酸铵可以是磷酸二氢铵、磷酸氢二铵或磷酸三铵。整个过程中所用的磷酸铵与五氧化二磷的摩尔比在6:5~30:1;最好的摩尔比在7:4~10:1。

该发明认为,以往用五氧化二磷与磷酸铵体系反应制备APP,所用的磷酸铵与五氧化二磷的摩尔比在1:0.7~1.2,而该发明通过在第二阶段加入五氧化二磷来制备结晶Ⅱ型APP,使所用的五氧化二磷的量减少。

具体实例如下:

将体积5L的反应器预热到160℃,加入575g(5mol)磷酸二氢铵,待熔融后,以0.1L/min的速度通氨气,并同时加入60.1g(1mol)尿素,搅拌10min后,将284g(2mol)五氧化二磷投入到反应物中,同时以1L/min的速度通氨气,在250℃下反应120min,制得结晶Ⅱ型APP,含量为99%,颗粒是长径为13μm的柱状晶体。

将体积5L的反应器预热到200℃,加入660g(5mol)磷酸氢二铵,待熔融后,以0.1L/min的速度通氨气,并同时加入60.1g(1mol)尿素,搅拌60min后,将284g(2mol)五氧化二磷投入到反应物中,同时以0.3L/min的速度通湿氨(含水蒸气29%),在280℃下反应150min,制得结晶Ⅱ型APP,含量为99%,颗粒是长径为12μm的柱状晶体。

将体积 5L 的反应器预热到 250℃，加入 2300g(20mol)磷酸二氢铵，待熔融后，以 0.1L/min 的速度通湿氨(含水蒸气 29%)，并同时加入 120.2g(2mol)尿素，搅拌 40min 后，将 142g(1mol)五氧化二磷与 1320g(10mol)磷酸氢二铵的熔体投入到反应物中，同时以 0.6L/min 的速度通湿氨(含水蒸气 29%)，在 280℃下反应 90min，制得结晶Ⅱ型 APP，含量为 99%，颗粒是长径为 13μm 的柱状晶体。

从以上的三个反应实例可以看出，在反应的过程中，加入一定量的五氧化二磷，一方面有助于提高 APP 的聚合度，另一方面有助于结晶Ⅰ型向结晶Ⅱ型 APP 转化，制备高纯度的结晶Ⅱ型 APP。在专利中，发明者并没有就制得 APP 的水溶性等数据进行描述。

通过之前得到的结论，可以推测，在通干燥的氨气下制得的 APP 的水溶性较小。而通湿氨时，制得 APP 的水溶性较大。专利中也有通入湿氨来制备结晶Ⅱ型 APP，从侧面反映，在第二阶段，向反应体系中加入五氧化二磷，对于 APP 的转晶作用也不是足够明显，因此需要加水来促进转晶。

实际上，在高温下，向反应体系加入一定量的五氧化二磷或者五氧化二磷与磷酸铵的熔体从操作上是较为困难的，并且危险性也较大。但是，从另一方面考虑，可以将这种在反应后期加入无定形态 APP 的做法反过来进行，即在反应初期，向反应物中添加制得的结晶 APP，这种做法与此前添加晶种的方法类似，但是后者的做法更安全、更方便。

由此推测，也可以在其他体系的制备后期，加入一定量的熔体，来促进晶型的转变。也可以将反应后的物料循环，在制备初期与原料再次反应，这样一来，一方面，无定形态的 APP 也可以促进 APP 由结晶Ⅰ型向Ⅱ型的转晶，另一方面已生成的Ⅱ型 APP 可以作为晶种来促进新的晶体的生成，直至生成的 APP 完全转化成为结晶Ⅱ型 APP。在制备过程中，设定一个适合的返料量也是可以达到这种目的。

以上主要是针对制备结晶Ⅱ型 APP 来分析讨论的。而众所周知，根据 Shen 等[25]以及 Waerstad 等[26]的研究，APP 有六种晶型，这六种晶型的 APP 在特定的温度下，存在着一定的转化关系。如何利用五氧化二磷体系来制备其他晶型的 APP，其实主要是取决于温度的选取。

参 考 文 献

[1] 刘树春. 聚磷酸铵的生产和应用. 硅酸盐工业, 2001, (3): 9-14.

[2] Greenwood N N, Earnshow A. 元素化学(中册). 李学同, 孙玲, 单辉, 等译. 北京: 人民教育出版社, 1996: 152.

[3] Heymer G, Gerhardt W, Harnisch H. Process for the manufacture of ammonium polyphosphates: US, 3653821, 1972-04-04.

[4] Schrödter H. Process for the production of substantially water-insoluble linear ammonium polyphos-

phates：US，3978195，1976-08-31.

[5] Schrödter K，Maurer A. Liner，substantially water-insoluble ammonium polyphosphates and process for making them：US，4511546，1985-04-16.

[6] Greenwood N N，Earnshow A. 元素化学(中册). 李学同，孙玲，单辉，等译. 北京：人民教育出版社，1996：198.

[7] Staffel T，Adrian R. Process for producing ammonium polyphosphate which gives a low-viscosity aqueous suspension：US，5043151，1991-08-27.

[8] Staffel T，Adrian R. Process for the preparation of ammonium polyphosphate：US，5139758，1992-08-18.

[9] Staffel T，Gradl R，Becker W，et al. Process for producing ammonium polyphosphate：US，5165904，1992-11-24.

[10] Staffel T，Schimmel G，Buhl H，et al. Plant for producing ammonium polyphosphate：US，5158752，1992-10-27.

[11] Staffel T，Becker W，Neumann H. Process for the preparation of ammonium polyphosphate：US，5277887，1994-01-11.

[12] 黄祖狄，赵光琪，王兰香，等. 长链聚磷酸铵的合成. 化学世界，1986，27(11)：483-484.

[13] 仪德启，杨荣杰. 结晶Ⅱ型聚磷酸铵的制备及晶体结构研究. 北京：北京理工大学博士学位论文，2010.

[14] Maurer A，Stenzel J，Heymer G. Process for making long-chain ammonium polyphosphate：US，4396586，1983-08-02.

[15] 傅亚，陈君和，贾云，等. 高聚合度Ⅱ型聚磷酸铵的合成. 合成化学，2005，13(6)：610-613.

[16] Cichy B，Łuczkowska D，Nowak M，et al. Polyphosphate flame retardants with increased heat resistance. Ind Eng Chem Res，2003，42：2897-2905.

[17] 楼芳彪，陆凤英，白瑞瑜，等. 结晶Ⅱ型聚磷酸铵的制备方法及检测方法：CN，1629070A，2005-06-22.

[18] 浙化院高效阻燃剂结晶APP通过技术鉴定. 阻燃材料与技术，2004，(3)：22.

[19] 张健. 聚磷酸铵合成工艺研究. 成都：四川大学硕士学位论文，2005.

[20] 仪德启，杨荣杰. 结晶Ⅱ型聚磷酸铵制备过程中氨的作用研究. 无机盐工业，2008，40(3)：35-37.

[21] 仪德启，杨荣杰. 水在制备结晶Ⅱ型聚磷酸铵中的作用研究. 无机盐工业，2010，42(1)：34-36.

[22] Chikashi F，Kouji I，Masuo I，et al. Process for producing finely divided particles of Ⅱ type ammonium polyphosphate：US，5213783，1993-05-35.

[23] Chikashi F，Masuo I. Production of fine particle of type Ⅱ ammonium polyphosphate：JP，11240704，1998-02-26.

[24] Kensho N，Masami W. Production of Ⅱ type ammonium polyphosphate：JP，11302006，1999-11-02.

[25] Shen C Y，Stahlheber N E，Dyroff D R. Preparation and characterization of crystalline long-chain ammonium polyphosphates. J Am Chem Soc，1969，91(1)：61-67.

[26] Waerstad K R，Mcclellan G. Process for producing ammonium polyphosphate. J Agric Food Chem，1976，24(2)：412-415.

第 4 章　聚磷酸铵的表征

聚磷酸铵(APP)是一种重要的无机磷系阻燃剂,且随着阻燃剂发展的无卤化进程的不断推进,使以 APP 为代表的膨胀阻燃剂在阻燃领域扮演着越来越重要的角色,被广泛地应用于塑料、橡胶、防火涂料和森林防火等诸多领域。APP 的性质也越来越受关注,其性能优异与否,直接影响着以 APP 为主的膨胀阻燃剂的应用范围。目前,APP 较重要的性质包括水溶解度、酸碱性、热稳定性、磷氮含量、晶体结构和聚合度等。其中,水溶性被认为是评价 APP 在聚合物中应用时吸湿性和析出性能的一个间接因素,受到极大的关注。APP 水溶性的大小不但与测试方法有关,也与 APP 的晶型和聚合度有着或多或少的联系。目前,主流的观点认为Ⅱ型 APP 的水溶性要小于Ⅰ型 APP;高聚合度的 APP 的水溶性要小于低聚合度的 APP;高聚合度的 APP 倾向于形成Ⅱ型 APP,低聚合度的 APP 易形成Ⅰ型 APP。而著者研究发现,这种主流的观点之间又相互交叠,使问题复杂化。本章以 APP 性质间的相互联系为主线,系统阐述 APP 诸多性质的表征方法。

4.1　APP 的水溶解度

APP 是为了替代磷酸铵,降低阻燃剂的水溶性的背景下,在阻燃领域开始应用的。虽说 APP 的水溶性较磷酸铵有了显著的改善,但是仍然具有一定的水溶性。而水溶性是影响材料中阻燃剂析出性能和防火涂料黏度的重要因素,是 APP 最关键的一个性质。其他表征,或多或少都是为水溶性来服务。如普遍认为结晶Ⅱ型 APP 具有较低的水溶性、聚合度高的 APP 具有较低的水溶性等。本节就这一最核心的问题,从测试方法和影响因素来进行分析和论述。

4.1.1　APP 水溶解度的测试方法

对于 APP 水溶性的测定,最早由 Shen 等[1] 提出,其具体做法是将 10g 的 APP 在 25℃下加到 100mL 水中,溶解 10min 后测定其溶于水的 APP 的量,如果溶于水的量大于 5g/100mL,那就定义该 APP 为水溶性 APP;如果小于 5g/100mL,就定义该 APP 为水难溶性 APP。此后,Sears 等[2] 对以上的定义有了改进,将溶解的时间规定为 1h。随着阻燃行业对耐水性要求的逐步提高,现在往往要求 APP 的水溶解度小于 1g/100mL,甚至小于 0.5g/mL。

目前,对于 APP 水溶解度的测试方法基本上是在以上两种方法的基础上派生出来的。主要是在水和 APP 的用量、溶解时间，以及测定水溶性组分的方法上存在差异。

　　一般，APP 的用量在 1～10g。如 Iwata 等[3] 将 1g APP 样品悬浮于 99g 纯水中，分别在 25℃、50℃和 75℃下，搅拌 1h。后经离心和过滤，取部分滤液置于已知质量的器皿中，干燥，称量残留物质，由残留物质的质量来计算 APP 样品中水溶性组分含量。

　　黄祖狄等[4] 将 1g APP 样品悬浮于 100mL 水中，在 25℃下连续搅拌 2h，用干燥滤纸过滤。用磷钼蓝比色法测定滤液吸光度，确定 1g 样品在 100mL 水中溶解的百分数。

　　章元春等[5] 提出将 4g APP 样品悬浮于 100mL 水中，搅拌 1h，搅拌后取上层清液离心 15min，取上层清液倒入已知质量的小烧杯中，称取液体质量（m_1），然后置于 100～150℃烘箱中干燥至恒重，得溶解 APP 的量（m_2），并根据式(4-1)计算水溶解度：

$$S = \frac{m_2}{m_1 - m_2} \times 100 \tag{4-1}$$

式中，S 为 APP 的水溶解度，单位为 g/g。

　　APP 在水中虽有一定的溶解度，但仅能部分溶于水，并不能完全溶解。在 APP 用量较小时测得的水溶解度也较小，带来更强的迷惑性。如用 1g 聚合度较小的水溶性 APP 来测水溶解度时，其测定值必小于 1g/100mL H_2O。出于这种原因，更多的人采用与 Shen 和 Sears 等的方法，以 10g APP 在 100mL 水中的溶解度作为 APP 的水溶解度。

　　如德国学者 Staendeke 等[6] 提出将 10g APP 样品悬浮于 100mL 蒸馏水中，分别在 25℃和 60℃恒温搅拌 20min。然后离心 40min，取上层清液 5.0mL 于已知质量的蒸发皿中，在 120℃下干燥，称量残留质量，得到水溶性组分的质量分数。

　　著者在进行 APP 水溶解度的测定时，也采用了类似的方法：将 10g APP 样品在 25℃下悬浮于 100mL 水中，电磁搅拌 30min，取上层清液离心 15min，然后再取上层清液倒入已知质量的小烧杯中，称取液体质量后，置于 120℃烘箱中干燥至恒重，置于干燥器中冷却至室温，称量得溶解 APP 的量，计算得到 APP 的水溶解度[7,8]。

　　在化工行业标准 HG/T 2770—2008 中，规定溶解度的测定方法为：称取 10g 试样，精确至 0.0002g，置于 200mL 的烧杯中，加 100mL 水，放在(25±5)℃水浴上搅拌 20min。将此溶液转移到离心管中分离，离心机转速为 2000r/min，旋转 20min。取出 20mL 上层清液放在烧杯中，在(160±5)℃电烘箱中烘至质量恒定。由式(4-2)计算出溶解度 ρ[9]：

$$\rho = \frac{m_1 - m_2}{20} \times 100 \tag{4-2}$$

式中，ρ 为 APP 的水溶解度，单位为 g/100mL H_2O；m_1 为水溶物和烧杯的质量，单位为 g；m_2 为烧杯的质量，单位为 g。

取平行测定结果的算术平均值为测定结果。两次平行测定结果的绝对差值不大于 0.1g/100mL。

在 100mL 溶剂中，加 10g 的样品，控制溶液的温度，经过 20min 的搅拌，取出 20mL 清液置于烧杯中，在 160℃ 的烘箱中干燥至质量恒定。

根据对离心后的 APP 水溶液中 APP 含量的不同测定方法，又可分为磷钼蓝比色分析法和重量法。

A：磷钼蓝比色分析法测定溶解度

这是确定有机磷含量常用的分析方法。把 APP 溶于水中，在硝酸存在下加热使其降解成磷酸，与钼酸铵作用生成磷钼黄，在氟化钠掩蔽铁离子的条件下，被氯化亚锡还原成磷钼蓝，用比色分析法测定其吸光度。而 APP 的溶解度与测得的吸光度呈线性关系。这种方法测定的溶解度是指 1g APP 在 25℃ 时，搅拌 2h 后，在 100mL 水中溶解的百分数。

磷钼黄磷酸根离子与钼酸铵在酸性条件的反应产物：
$$H_3PO_4 + 12H_2MoO_4 \longrightarrow H_7[P(Mo_2O_7)_6] + 10H_2O$$

由于上述方法中的 APP 分子不可能在 25℃ 下搅拌 2h 后，全部降解为磷酸根离子，因此这种方法不能准确地反映 APP 的水溶性。要想使聚磷酸全部降解为磷酸根离子，必须在强碱作用下，先回流放出氨气，再用盐酸将溶液调为酸性，使聚磷酸盐转变为聚磷酸，100℃ 下回流 5h。这样使得测试周期较长，而且操作比较复杂。

B：重量法测定溶解度

APP 的溶解度随着其用量不同而改变，这是由于其相对分子质量的多分散性造成的，随着 APP 用量的增加，其可溶性小分子的量会增加，因此在实验过程中需要统一测定条件。将一定质量的 APP 加入 100mL 水中，特定的水温下，在电磁搅拌器上搅拌一定的时间，停止搅拌后取上层清液加入离心试管中，在一定的转速下离心一定的时间，使悬浮在水中的不溶颗粒沉淀，将离心试管中上层清液移取到已知质量的小烧杯中，然后在分析天平上称量液体的质量 W_1，称量后将烧杯放入 100~150℃ 的烘箱中烘干至恒重，取出称量残渣质量为 W_2。根据式(4-3)计算 APP 的溶解度：
$$APP \text{ 溶解度 } S = W_2/(W_1 - W_2) \times 100 \tag{4-3}$$
$$\text{水不溶物 } I = (100 - S)/100 \times 100\% \tag{4-4}$$

这种方法简便易行，并且具有较好的重复性，为大多数研究者所使用。但是因为没有一个统一的标准，使得不同研究者之间的溶解度数据对比存在问题。

此外，还有研究者从溶解度的定义出发（在一定温度下，某固态物质在 100g 溶剂中达到饱和状态时所溶解的质量,称为这种物质在这种溶剂中的溶解度),如我国上海地方标准提出了如下方法测定 APP 的溶解度[10]。在 100mL 容量瓶中加水至刻度,逐渐加入 APP 样品直至有明显的沉淀产生,再辅加一些样品。在室温(25±5)℃下,放置(48±2)h,有明显沉淀析出。用移液管准确地移取 10mL 饱和液置于 50mL 小烧杯中,蒸发至干,并在 110~120℃下烘 30~40min。冷却、称量,得到 100mL 水中 APP 样品饱和量,以 25℃时 g/100mL H_2O 表示。

这种方法是严格按照溶解度的定义来测定 APP 的溶解度,但并没有认识到APP 的特殊性。实际上,APP 并不是一个纯物质,每一个 APP 样品都是具有不同相对分子质量的 APP 的一个混合物,我们仅能测定 APP 的表观溶解度。并且,由于 APP 是一种聚电解质,所以在水中会水解电离成聚磷酸和铵根离子,铵根离子的强度也会影响聚磷酸在水中的溶解程度。而由于铵根与水合氨在水中存在一个动态平衡,因此,即使充分水洗过的 APP,再次溶于水时,由于铵根离子的存在,仍然会有一定的溶解度。此外,这种方法中用容量瓶来配制溶液,这是不被允许的。并且,配制好的溶液放置 48h,势必会造成 APP 的水解,使溶解度逐步增大。因此,这种方法并不适用于 APP 溶解度的测定。

综上所述,可以看出,APP 的溶解度与测定方法有关,采用的测定方法不同,其测定结果也不同。因此,比较不同的 APP 的水溶解度,必须是在采用同种方法的前提下进行,这样才具有可比性。

目前较为被大家认可的 APP 水溶解度的测试方法是在 25℃下,将 10g APP悬浮于 100mL 水中,经搅拌,取上层清液离心,再取离心后的上层清液干燥,通过重量法来确定水溶性组分的含量,继而得到 APP 的水溶解度。

测定 APP 水溶解度时所用的水最好为去离子水。因为 APP 对强碱阳离子较为敏感,在强碱阳离子存在的情况下,APP 的水溶解度会急剧增加。阴离子对APP 的水溶解度影响较小,一般可忽略不计。

搅拌时间和离心时间可根据不同的研究目的有所区别,一般情况下,搅拌的时间以 20~60min 为宜,离心时间在 10~30min。当然,搅拌和离心时间的不同,也会对测定的 APP 的水溶解度产生影响。

在对离心后的清液进行加热蒸干时,所采用的温度应该在 100~150℃。温度过低,水分不易蒸干;温度过高,则会使水溶性的 APP 组分分解,放出氨气。如Camino 等的研究报道,在加热 APP 到 150℃以上时,会缓慢地放出氨气,而实际上,在蒸干过程中,溶于水的 APP 会水解成为磷酸铵盐。磷酸铵盐在高于 150℃时,也会分解放出氨气,不利于准确称量水溶性组分的质量。如磷酸氢二铵的分解温度是 155℃。因此,蒸干的温度不应高于 150℃。

此外,有些 APP 样品在测定水溶解度时,其悬浮水溶液会呈现胶状,使体系黏度急剧增大。在处理这类样品时,要格外小心。建议酌情延长离心的时间,且在取上层清液时,要尽可能小心。

根据溶解度的定义,物质的溶解度是一个无量纲值,即 g/g。但是,由于目前测定的 APP 的水溶解度并不是 APP 的真实溶解度,只是一个表观溶解度,必须明确其单位。常用的单位为:g/100mL H_2O。

4.1.2　影响 APP 水溶解度的因素

1. 聚合度的影响

磷酸是一种中强酸,只有第一个氢易电离,二级和三级电离常数逐级减小到约 10^{-5}。如 25℃时,$pK_1 = 2.15$,$pK_2 = 7.20$,$pK_3 = 12.37$[11]。而随着磷酸以线式聚合,成为聚磷酸,其质子数随着聚合度的增加而增加,成为一种多级酸。与此同时,聚磷酸随着聚合度的增加,其多级酸中的质子就更加难以电离出来,逐步从中强酸向弱酸方向转变。因此,随着聚磷酸聚合度的不断增加,其酸性不断减弱。另外,也说明聚磷酸根离子的碱性在增强,其在水溶液中更易水解。而作为 APP,其中的铵根离子也有很强的水解性,在水中更倾向于以 $NH_3 \cdot H_2O$ 的形式存在。这就说明了,聚磷酸根离子和铵根离子在水中的离子强度积较小,从而使 APP 的水溶解度降低。根据水解强度越强,溶解度越小的特性,可以说明,随着 APP 聚合度的提高,其水溶解度会逐渐降低。

2. 聚合度分布的影响

虽然在大多数情况下,将 APP 归为无机物,但其作为一种具有一定聚合度的聚合物,与其他的聚合物一样,并不是具有单一聚合度的物质,而是一种不同聚合度的 APP 的混合物。不同聚合度的 APP 所占比例的分布情况,即为 APP 的聚合度分布(DPI)。由于低聚合度 APP 和未聚合的磷酸铵(主要杂质)具有较高的水溶性,是构成 APP 水溶解度的主要因素。当 APP 的聚合度分布较宽时,其中低聚合度的 APP 含量较高,使 APP 的水溶性增大。因此,应尽量控制所制的 APP 有较小的聚合度分布指数,以降低其水溶性。

但是,截至目前,并未见有 APP 聚合度分布方面的研究,这是由于 APP 仅能部分溶于水,没有其他适合的溶剂,使 APP 聚合度分布研究难以进行。在本章 4.7 节中将提到将 APP 转化为聚磷酸钠(NaPP)的问题,由于 NaPP 在水中有较好的溶解度,可采用以水为载体的体积排除色谱进行 APP 相对分子质量分布研究,有望能够更加深入地了解聚合度对 APP 水溶性影响的情况。

3. 抗衡离子强度的影响

以上主要从聚合度和聚合度分布两方面来阐述对 APP 水溶解度的影响,相信也使读者产生了一个问题——"随着 APP 聚合度的增大,水溶性降低,那为什么高聚合度的聚磷酸钠(NaPP),在水中仍然有着较好的溶解度?"

为解释这一问题,我们必须认识到,APP 是一种聚电解质,其水溶解度的大小不仅与聚磷酸的酸性强弱有关,也与聚磷酸根的水解强度及抗衡阳离子的强度有着非常大的关系。在水中,APP 有如下的反应:

$$H_4^+N^-O-\overset{\overset{\displaystyle O}{\|}}{\underset{\underset{\displaystyle O^-}{|}}{P}}-O-\overset{\overset{\displaystyle O}{\|}}{\underset{\underset{\displaystyle O^-}{|}}{P}}-O^-NH_4^+ \; \rightleftharpoons \; {}^-O-\overset{\overset{\displaystyle O}{\|}}{\underset{\underset{\displaystyle O^-}{|}}{P}}-O-\overset{\overset{\displaystyle O}{\|}}{\underset{\underset{\displaystyle O^-}{|}}{P}}-O^- + (n+3)NH_4^+$$

通常,APP 以晶体形式存在,聚磷酸根阴离子在晶格中以单一构象排列。溶解的过程是在水的作用下,逐步解离成为聚磷酸根阴离子和抗衡阳离子,而抗衡阳离子的存在使聚磷酸根阴离子的构象发生转变,并逐步溶解进入水中,成为溶液。因此,抗衡阳离子在水中的强度,直接影响着聚磷酸根阴离子溶解的过程,并且是聚磷酸根阴离子能在水中稳定存在的必要条件。

在室温下,氨在水中的平衡常数为 $pK_b=4.74$,即在 1mol/L 的 NH_3 水溶液中仅含有 4.25mmol/L 的 NH_4^+(或 OH^-)[11]。这说明,NH_4^+ 在水中基本会与水分子作用而形成 $NH_3 \cdot H_2O$,并以水合氨的形式存在,只有极少部分以 NH_4^+ 的形式存在。这就导致抗衡阳离子的强度较低,使聚磷酸根阴离子难以转变构象,进入溶液,致使 APP 在水中的溶解度较低,并且随着聚合度的增加,溶解度也逐渐降低。但是,当有较高的抗衡阳离子浓度时,就会加速聚磷酸根阴离子构象发生转变,并进入溶液,使此类聚磷酸盐具有较大的水溶解度。NaPP 就是较典型的例子。Na^+ 是强碱阳离子,在水中完全以离子状态存在,使溶液中有着较高的抗衡阳离子浓度,促使聚磷酸根阴离子溶解进入溶液。当 APP 的溶解过程中有不与聚磷酸反应生成沉淀的强碱阳离子存在时,通常会使 APP 的水溶解度成倍增加。如 Shen 等[12] 报道,在水中 NaCl 的质量浓度为 0.5% 时,APP 的水溶解度会有数十倍的增加。此外,APP 的溶解度在酸或者氨水中也会增加,其主要原因也是由于抗衡阳离子的增加所引起。

因此,对于难溶于水的高聚合度的 APP,要获得完全溶解水溶液,可通过向水溶液中加入一定量的 NaCl 或 KCl 来获得完全溶解的高聚合度的 APP 水溶液。但是,用此法来促使 APP 完全溶于水,并用液体^{31}P NMR 来测定 APP 的聚合度时,所加的盐要尽可能的少,当加入的盐过多时,由于盐效应,会使所得磷谱的特征峰变宽或形成包峰,不易于定量计算,使所得的聚合度误差增大。

4. 温度的影响

APP 在水中的溶解度随着温度的升高而快速增加。一般来说,在沸水情况下,APP 可以全部溶于水。根据 Shen 等[12] 的研究,APP 的水溶解度与温度的关系如图 4-1 所示,其水溶解度与温度的倒数成很好的直线关系。说明这是一个典型的热力学过程。通过范霍夫方程,得到 APP 的溶解热约为 8.8kcal/mol (1kcal=4.186kJ)。并且,这一溶解热与晶型无关。APP 加热溶解后,并不能通过蒸干再次得到结晶型的 APP,而是以无定形态 APP 和磷酸铵形式存在。后者主要是由于 APP 的水解导致。

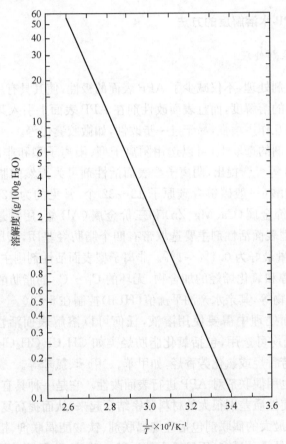

图 4-1　APP 水溶解度与温度的关系曲线

5. 粒径大小的影响

粒径对 APP 水溶解度的影响是一个相对复杂的过程,不但与 APP 的粒径有关,也与 APP 颗粒的表观形貌有关。一般来说,随着 APP 颗粒粒径的减小,使总的表面积增大。而相对较大的表面积意味着能有更多的表层 APP 分子与水作用,继而进入溶液。但同时也因为溶解进入水中的 APP 与水作用,解离成聚磷酸根和铵根离子,形成一种缓冲溶液,并在水与 APP 颗粒的界面上形成一个惰性的表层,阻碍内部的 APP 分子进一步溶解。

APP 的粒径对水溶解度的影响,也体现在粒径对 APP 水解速率的影响上。根据陈嘉甫等[13]的研究发现。随着 APP 粒径的减小,水解速率有明显的上升。如粒径由 3mm 降至 1mm,水解速率增加 2～3 倍。水解的结果是 APP 成为正磷酸盐,由于正磷酸铵在水中溶解度好,致使 APP 的水溶解度增大。

4.1.3　降低 APP 水溶解度的方法

1. 表面改性剂处理

用表面改性剂处理,不仅减少了 APP 表面的极性,使其具有一定的疏水性,也降低了它在水中的溶解度,而且表面改性剂在 APP 表面上引入某种基团,使它与其他改性剂的相互作用增强,易于进一步改性,如微胶囊化等。

在表面活性剂的选取上,可以选用阴离子型、阳离子型和非离子型表面活性剂。Chakrabarti 等[14-16]提出,阴离子型表面活性剂可为天然的脂肪、油或其加氢衍生物的一元羧酸(一般碳链含碳原子 12～32 个,常见的为 12～22 个,最好为 14～18 个)的二价金属(Ca、Mg、Zn)和三价金属(Al)盐,用量最好在 0.05%～3%。而阳离子型表面活性剂主要选取带有四个脂肪烃基团,碳原子总数在 15～48 的季铵盐,用量最好为 0.1%～1%。非离子型表面活性剂则主要选取 C_{12}～C_{32} 的脂肪醇、脂肪醇和氧化烯烃的加合物、无环的 C_{12}～C_{32} 的脂肪酰胺、氧化乙烯和氧化丙烯的混合物等,其亲水亲油平衡值(HLB)控制在 5～10。

在 APP 表面处理中需要使用溶液,任何可以溶解表面活性剂但是不影响 APP 质量的溶剂均可选用,包括氯化脂肪烃类如 CH_3Cl、CH_2Cl_2、$CHCl_3$ 等。另外,也可以选择芳香烃或氯化芳香烃,如甲苯、二甲苯、氯苯等。

除此之外,也用偶联剂对 APP 进行表面改性。它是一种具有两亲结构的有机化合物,它可以使性质差别很大的材料紧密结合起来,从而提高复合材料的综合性能。目前使用量最大的偶联剂包括硅烷偶联剂、钛酸酯偶联剂、铝酸酯偶联剂等。其中硅烷偶联剂是品种最多、用量最大的一种。硅烷、硅氧烷、铝酸酯等本身具有一定的阻燃性,加入到 APP 中,既可以增加其阻燃性,对其吸湿性也有一定的改善,同时也能够改善材料的韧性、耐热性以及吸水率。另外,利用硅烷偶联剂还可以将小的有机分子加到 APP 分子链上改善其吸湿性。例如一些低分子的烷烃、烯烃等[17]。

如用聚二甲基硅氧烷衍生物(相对分子质量 14 000)处理 APP,使这种 APP 与 PE 混料制成薄膜,耐水实验 14 天时,磷的渗出率为 2.7%,而未处理的则为 15.6%[18]。

2. 微胶囊化

采用微胶囊技术（MC）对 APP 进行包覆处理，使 APP 表面涂有包覆材料，从而改善 APP 的水溶性，增加 APP 与聚合物的相容性，减少或消除对聚合物制品阻燃、物理、机械和电性能的不利影响。

可用于 APP 包覆的囊材种类很多，一般选用耐热性较高的蜜胺树脂、聚脲、环氧树脂、异氰酸酯和热塑性树脂等。

如用蜜胺甲醛树脂微胶囊化 APP。将 5.2kg APP（牌号为 Exolit 22）和 500g 牌号为 Kanraamin Impreganting Resin 700 的蜜胺甲醛树脂加入 5.6kg 水和 3L 甲醇配成的混合溶剂中，在 120℃反应 20min，制得 5.5kg 微胶囊化的 APP。与未微胶囊化的 APP 相比，微胶囊化的 APP 水溶性由 25℃的 8.2% 和 60℃的 62% 分别降至 0.2% 和 0.8%[19]。

采用三聚氰胺对 APP 进行改性也是近年来研究比较多的课题，它兼有表面改性和微胶囊的作用[20-23]。较常见的是将一定量的三聚氰胺与 APP 混合加热，使三聚氰胺包覆在 APP 的表面，但是这种方法生产的产品被粉碎后，不能保证 APP 颗粒包覆的均匀性，因此仍然存在吸湿性问题。采用三聚氰胺改性的第二种方法是将磷酸铵和尿素以及一定质量的三聚氰胺加热聚合，但是这种方法生成的物质，其对吸湿性的改善并不稳定，实验结果也不一致，存在很大的随机性。目前常用的一种方法是先将 APP 表面包覆，之后利用一定的交联剂把三聚氰胺与表面已包覆三聚氰胺的 APP 颗粒连接起来，提高它们之间的键合，改善吸湿性。可以选用的交联剂包括含有异氰酸基、羟甲基、甲酰基、环氧基等基团的化合物。交联剂的用量约为三聚氰胺中每个氨基对应 1～2 个交联剂的官能团[21]。

3. 粒径与颗粒表面形貌控制

在粒径对 APP 的水溶解度的影响一节中，已经阐述了粒径通过何种方式影响 APP 的水溶解度。虽说影响因素复杂，但结论较为简单，即随着 APP 粒径的减小，其溶解度增大，反之，则溶解度减小。然而随着 APP 在阻燃行业中应用的范围不断扩大，特别是在一些超薄器件中的应用，往往要求 APP 有着较小的粒径。而我们所关心的溶解度，究其根本，是希望成为一个能够反映添加 APP 的阻燃塑料中 APP 的析出情况。那么是否随着 APP 粒径的减小，使溶解度增大，使 APP 的析出性也增加呢？根据研究发现[24]，APP 在添加进入聚合物以后，其粒径减小，反而有助于降低 APP 的析出性。这主要是由于 APP 从聚合物中析出的过程并不是一个经典的浓度梯度扩散过程，而是伴随着表层的 APP 颗粒溶胀脱离和浓度梯度扩散两个过程。溶胀脱离过程中，随着 APP 粒径的增大，会使表面层厚度增大，在表层中的 APP 颗粒与空气中的水作用，会使 APP 颗粒溶胀，从聚合物中脱离出来。在粒径较大时,溶胀脱离占据主要地位。这也是为什么粒径对于水溶解度的影响和对析出性的影响正好相反的原因。因此,降低 APP 的粒径虽说会使水溶解度增大,但是在添加进入聚合物以后,反而会使析出性降低,也是一个较为方便快捷,且行之有效的方法。

此外,APP 颗粒的表面形貌,因为制备方法的不同,会有较大的差异。APP 作为一种结晶型的聚合物,有着较高的结晶度,但是同时也与其他的聚合物一样,或多或少地存在着非晶区,即无定形态的 APP。一个 APP 颗粒有较为规则平整的表面,说明这种 APP 就有较高的结晶度,则缺陷和无定形态的 APP 少。反之,如果 APP 颗粒的表面粗糙,在显著增大 APP 表面积的同时,使界面处的缺陷增多,且使无定形态 APP 的含量增加。无定形态 APP 在溶解过程中,并不需要破坏晶格能,有着较小的溶解焓,即有着较大的溶解动能,使溶解过程较结晶型的 APP 容易。因此,控制 APP 颗粒的表面形貌尽量平整和规则,也是促进降低水溶性的方法。这主要可通过调节在 APP 制备过程中,分子链增长后,对体系通氨,使无定形态 APP 向结晶型 APP 转化的熟化过程中的剪切与搅拌来实现。在这一过程中,因降低搅拌或者捏合剪切的速度,使 APP 趋向于结晶。在熟化后,过度的机械研磨则会使 APP 的水溶解度增大[25]。

4.2　APP 的 pH 测定

根据国家化工行业标准[9],APP 的 pH 在 4.5～6.5,高聚合度的 APP 的 pH 也不应超过 7,因为一旦产物呈碱性,便有可能释放出氨气,影响使用。测定的方法如下:将一定质量的 APP 溶于适量的蒸馏水中,置于电磁搅拌器上,搅拌 1h,用已经利用两点法校正好的酸度计进行测量,将复合电极插入待测溶液中,仪器显示的稳定读数即为 APP 溶液的 pH。

而德国 Hoechst 公司是通过测定 150g 水中溶 10g APP 形成的悬浮液的 pH 来作为标准的[26]。

4.3　APP 的热稳定性

高聚合度 APP 具有良好的热稳定性。APP 与其他类型的铵盐类似,其热分解主要是由于铵根离子在加热过程中会转化为氨,并溢出体系。APP 被用作阻燃剂,则恰恰是利用了铵盐的这一性质。在铵根离子以氨的形式溢出体系后,促使凝聚相体系成为酸,在有多元醇类的炭源存在的情况下会与之反应形成炭,从而达到阻燃的目的。此外,在选取阻燃剂对高分子材料进行阻燃时,应保证聚合物与阻燃剂有着相近的热稳定性,即热性能匹配。研究 APP 的热稳定性,便是建立在这两个目的的基础上。希望能够详细准确地认识 APP 的热分解过程,并用以解释阻燃机理。

研究 APP 的热稳定性通常有两种方法:热重分析法(TGA)和示差扫描量热法(DSC)。其中,以 TGA 对 APP 的热稳定性研究为主。在此基础上,又衍生出 TGA-FTIR(傅里叶变换红外光谱)和 TGA-EGD(evolved gas analysis,逸出气体分析)等[27]。而通常作为 APP 热稳定性研究的对象是在阻燃领域中较为常用的结晶Ⅰ型和Ⅱ型 APP。意大利学者 Camino 等[28]已经利用 TGA,对Ⅰ型和Ⅱ型 APP 的热稳定性进行了分析与比较。

Camino 等[28]在 N_2 流中,升温速率为 10℃/min 的条件下对两种晶型的 APP 进行分析,其结果如图 4-2 所示。发现Ⅱ型 APP 的热稳定性较好,起始分解温度为 280℃左右。而Ⅰ型 APP 的起始分解温度为 250℃左右。Ⅰ型 APP 的热分解过程分为三个步骤,T_{max} 分别为 335℃、620℃和 835℃。Ⅱ型 APP 的热分解则分为两个步骤,T_{max} 分别为 370℃和 640℃。Ⅰ型 APP 在 835℃下残余物重为 17%,而Ⅱ型 APP 在 835℃下的残余物重仅为 3.5%。

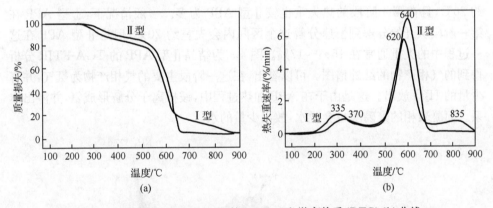

图 4-2 结晶Ⅰ型和Ⅱ型 APP 的 TGA(a)和微商热重(DTG)(b)曲线

Drevelle 等[29]通过对结晶Ⅰ型和Ⅱ型 APP 的 TGA 曲线得到图 4-3。可以看出,两种晶型的 APP 的热分解过程基本类似,只有两个热分解过程。在第一阶段,Ⅰ型失重约 20%,Ⅱ型失重约 17%,而在 800℃时,Ⅰ型的残重为 12.2%,Ⅱ型的残重为 18.2%。这与 Camino 等的报道并不一致。

实际上,无论是结晶Ⅰ型 APP,还是结晶Ⅱ型 APP,其热分解大致可分为两个阶段。一般情况下,APP 热分解的第一阶段比较具有规律性。第二阶段则会因为 APP 的不同而产生明显的差异,即使是同样为结晶Ⅱ型的 APP 产品,其第二热分解阶段也有较为明显的差别。这也是上述两位学者在对 APP 的 TGA 曲线分析上产生差异的主要原因。下面,将对这两个主要的热分解阶段分别进行详细的描述。

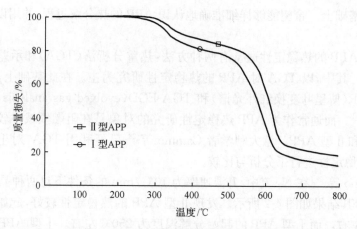

图 4-3　结晶 I 型和 II 型 APP 的 TGA 曲线

在热分解的第一阶段，I 型和 II 型 APP 较为相似，都在第一阶段末尾（400～500℃）存在一个恒速降解过程。I 型 APP 在第一阶段的热分解温度要较 II 型低约 20℃，且在第一阶段的热失重也较 II 型 APP 为多。一般情况下，I 型 APP 在第一阶段从开始分解到恒速分解这个区间内会失重约 20%，但是 II 型 APP 在这一过程中的失重通常在 15%～17%。图 4-4 为结晶 II 型 APP 的 TGA-FTIR 分析得到的气相产物的红外谱图。可以看出，在这一阶段主要的气相产物为氨气，并有少量的 H_2O 放出。这是由于在 APP 加热过程中，铵根离子分解形成氨，并溢出体系。而凝聚相的聚磷酸也会脱水，放出少量的水。

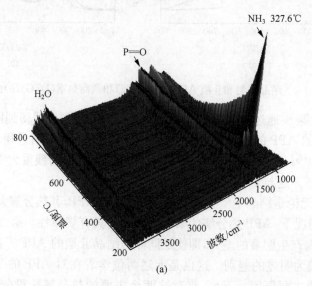

(a)

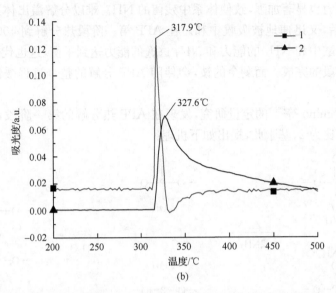

图 4-4　结晶Ⅱ型 APP 热分解气相产物的红外光谱(a)与热分解过程中氨释放的变化(b)
(1) 氨释放曲线的一阶微分曲线；(2) 氨的红外光谱的积分强度

根据理论计算，随着 APP 聚合度的增加，其中铵根的含量会逐步递减，如表 4-1 所示。当聚合度为 1、2 和 3 时，分别代表正磷酸铵、焦磷酸铵和三聚磷酸铵。可以看出，随着聚合度 n 的增加，APP 中氨的含量迅速递减，在聚合度达到 100 以后，APP 中铵根的含量基本接近于极限值 22.2%。若以 NH_3 含量计，极限值则为 21%。

表 4-1　APP 中铵根含量随聚合度 n 的变化情况

n	1	2	3	10	100	$+\infty$
$W_{(NH_4^+)}$/%	36.2	31.3	27.3	28.9	22.5	22.2

从以上的数据可以看出，无论是Ⅰ型 APP 还是Ⅱ型 APP，在热分解的第一阶段，并没有将全部的 NH_4^+ 分解，以 NH_3 的形式放出。Camino 等[30]的研究表明，在第一阶段中以 NH_3 的形式溢出体系的氮含量约占 APP 中总氮含量的 50% 左右。而结晶Ⅰ型在第一阶段失重 20% 也并不意味着是将全部的铵分解放出，只是表明在结晶Ⅰ型 APP 中，有较多的低聚合度的 APP 或未聚合的磷酸铵存在，使铵含量较高。

出现上述的现象，是与聚磷酸和氨的中和能力及铵分解溢出凝聚相体系的能力有关。APP 在加热分解初期，由于聚磷酸被氨完全中和，使体系的酸性较弱，对游离态的 NH_3 的俘获能力较差，致使铵根分解，以 NH_3 的形式溢出。随着凝聚相中溢出 NH_3 的量增加，体系的酸性也将逐渐加强，这时，聚磷酸俘获 NH_3 并中和成为盐的能力也显著加强,致使体系中残留的 NH_4^+ 难以分解溢出体系,或者分解成为 NH_3 后,又迅速地被吸收中和。在 APP 第一阶段热分解到 400～500℃时,熔融的聚磷酸中和 NH_3 的能力和 NH_3 逃逸的能力达到平衡,这也代表着 APP 热分解第一阶段的完成。而剩余的铵,会伴随 APP 分解的整个过程缓慢地放出,如图 4-4 所示。

根据 Camino 等[30] 的定量研究,发现在 APP 热分解的第一阶段,氨与水的总释放的摩尔比为 2,基于此,提出如下机理:

以上的反应机理说明在高温情况下,APP 会发生分子间脱水而形成交联。但是这种分子间的交联仅存在于高温情况下,并不是说在 APP 中存在交联形式的APP 存在。当在室温时,由于这种"三联"形式的 P 极其不稳定,会吸收水分快速水解,成为长链型的 APP[11]。

结晶 I 型和 II 型 APP 热分解第二阶段从 500℃左右开始。在这一阶段,主要分解产物则是磷酸、磷酸片段和磷氧化物为主,并始终伴有少量的 NH_3 产生。这一阶段即使是同种晶型的 APP,因为制备的工艺条件不同,其分解过程也会产生较大的差异。如 Camino 等[28] 测得的数据中,结晶 II 型 APP 在 835℃时的残重仅为 3.5%;Drevelle 等[29] 测得结晶 II 型 APP 在 800℃的残重为 18%;而我们所测的两种结晶 II 型 APP 的热重曲线如图 4-5 所示[24],两种结晶 II 型 APP 的热分解第一阶段几乎完全相同,但是第二阶段有明显的差异。APP-JLS 在第二热分解阶段的热稳定性要高于 AP 422,在加热至 650℃以后,AP 422 的分解趋于缓慢,得到较多的残炭,APP-JLS 在 600～700℃则迅速分解。在 800℃时,AP 422 的残重为 18%,而 APP-JLS 的残重仅为 5% 左右。在相同的工艺条件下制备的结晶 II 型的APP 如图 4-6 所示,具有几乎完全相同的热分解过程。但目前,为何相同晶型的APP 因为制备条件的不同,其第二阶段会产生明显差异的原因并不清楚,初步估计为聚磷酸热分解断链成为不同长短的聚磷酸,而不同聚合度的聚磷酸链具有不同的挥发温度,使失重过程产生差异。

APP 的两个热分解阶段在阻燃应用中有着不同的意义。在第一阶段,APP 分

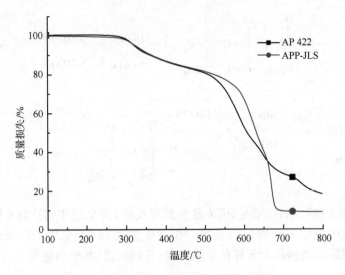

图 4-5 AP 422 和 APP-JLS 的 TGA 曲线

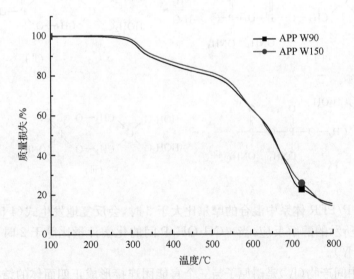

图 4-6 相同条件下制备的结晶 II 型 APP 的 TGA 曲线

解放出氨气,同时在凝聚相形成聚磷酸。这一阶段是体现 APP 在阻燃体系中酸源与气源的主要过程,在这一阶段放出氨的多少等同于形成酸的多少,即聚磷酸与炭源反应的能力。此处,所谓的炭源一般为多元醇类的物质,如季戊四醇(PER)、双季戊四醇和多季戊四醇等。而炭源的存在会影响 APP 的热分解机理,使热分解温度提前,约从 210℃开始反应,并放出氨气。如 Camino 等[31]对 APP/PER 膨胀阻燃体系的热分解机理的研究提出:

$$\text{(4-5)}$$

（I）

APP 在 210℃左右，便与 PER 发生醇解反应，并生成中间产物（I），如式（4-5）所示。该阶段中间产物（I）会进一步发生如式（4-6）和式（4-7）所示的醇解反应，生成 PER 与磷酸的六元环化中间产物（II）和（III）并放出氨气。

$$\text{(4-6)}$$

$$\text{(4-7)}$$

当 APP/PER 体系中混合的摩尔比大于 3 时，会反复地发生式（4-5）、式（4-6）和式（4-7）所示的醇解反应，当—CH_2OH/P 间的化学计量比等于 2 时，则会生成中间产物（IV）。

但是中间产物（IV）是磷原子与三个官能团连接形成正四面体的结构，这种结构是非常不稳定的，在有水存在的情况下会快速发生如式（4-8）所示的水解反应，生成酸性较弱的无机酸（A）和酸性较强的有机磷酸（B）。

$$（4\text{-}8）$$

(B)

而当—CH_2OH/P 间的化学计量比大于 2 时，—CH_2OH 基团会完全参与醇解和酯化反应生成交联结构产物（Ⅴ）。

(Ⅴ)

APP 与 PER 反应形成的熔融炭层经气源分解放出的氨气和水蒸气等气态组分的发泡，形成多孔的泡沫炭层，起到隔氧、隔热、防止与火焰直接接触和防止熔滴的作用，达到阻燃的目的。其中，氨气和水蒸气等不燃气体能够减小空气中的氧浓度，也有阻燃的作用。

在 APP 热分解的第二阶段，聚磷酸分解成为磷酸、磷酸片段和磷氧化物为主，而磷酸类产物在高温下又会发生歧化反应，生成 PO·和 HPO·等游离基，在气相状态下捕捉活性 H·游离基和 HO·游离基：

$$H_3PO_4 \longrightarrow HPO_2 + PO\cdot + HPO\cdot$$

$$H\cdot + PO\cdot \longrightarrow HPO$$

$$H\cdot + HPO\cdot \longrightarrow H_2 + PO\cdot$$

$$HO\cdot + PO\cdot \longrightarrow HPO\cdot + O\cdot$$

以上的反应说明 APP 兼有气相阻燃作用，但是 APP 主要作为酸源存在，与炭源作用形成稳定的炭层。而如上的反应，又会使形成的炭层分解，降低膨胀炭层的阻隔作用等。所以在一些情况下，APP 不发生气相阻燃，反而会增加 APP 的阻燃效率。即应该尽可能地提高 APP 在热分解第二阶段的热稳定性和在高温下的残炭量。

4.4　APP 磷氮含量的测定[9]

APP 磷氮含量的测定方法，可按照 HG/T2770—2008 工业 APP 中磷氮含量的测定方法来进行测定。

4.4.1　五氧化二磷含量的测定

1. 方法提要

在酸性介质中,磷酸根与钼酸钠和喹啉反应生成磷钼酸喹啉沉淀。通过过滤、烘干和称量来计算五氧化二磷的含量。

2. 试剂与仪器

硝酸溶液:1+1(1 体积的浓硝酸与 1 体积的水配成的硝酸溶液);喹钼柠酮溶液;玻璃砂坩埚(滤板孔径为 5~15μm);电烘箱(温度能控制在 180℃±5℃)。

3. 分析测试

称取约 0.5g 试样,精确至 0.0002g,置于 150mL 烧杯中,加水润湿,加入 10mL 硝酸溶液,加热至沸并保持 10min。取下烧杯,待冷却后转移至 250mL 容量瓶中,加入至刻度,摇匀。

空白实验溶液的制备除不加试样外,其他加入的试剂量与实验溶液的制备完全相同,并与试样同时进行同样的试剂处理。

待溶液配好后,用移液管移取 10mL 实验溶液(必要时,进行干过滤)和空白实验溶液分别置于 250mL 烧杯中,加 10mL 硝酸溶液、80mL 水,盖上表面皿,加热至沸。取下烧杯,加入 35mL 喹钼柠酮溶液。搅拌以促进沉淀沉降。静置冷却后,用预先于(180±5)℃下干燥至质量恒定的玻璃砂坩埚,以倾析法过滤,在烧杯中洗涤沉淀 5~6 次,每次用水 20mL。最后将沉淀全部转移至玻璃砂坩埚中,再用水洗涤 3~4 次。将玻璃砂坩埚连同沉淀于(180±5)℃下干燥 45min,取出置于干燥器中冷却,称量,精确至 0.0002g。

4. 结果计算

五氧化二磷含量以五氧化二磷(P_2O_5)的质量分数 w_1 计,数值以％表示,按式(4-9)计算:

$$w_1 = \frac{(m_1 - m_2) \times 0.032\ 07}{m \times \dfrac{10}{250}} \times 100 \tag{4-9}$$

式中,m_1 为实验溶液中生成磷钼酸喹啉沉淀的质量,单位为 g;m_2 为空白实验溶液中生成磷钼酸喹啉沉淀的质量,单位为 g;m 为试料的质量;0.032 07 为磷钼酸喹啉换算为五氧化二磷的系数。

最后,取平行测定结果的算术平均值作为测定结果。两次平行测定结果的绝对差值不大于 0.2％。

但是,不得不说的是,这种磷含量的测试方法是先将聚磷酸转化为磷酸,再用磷酸与钼酸钠和喹啉的沉淀反应来进行磷含量的定量分析。此法在将聚磷酸转化为磷酸的过程中,加入硝酸,并煮沸 10min 来完成,但是,通常在强酸的作用下沸煮 12h 以上,才能完全让聚磷酸转化为磷酸。所以,在化工行业标准HG/T2770—2008 中,对于聚磷酸转化为磷酸的方法还有待进一步改正。

此外,采用磷钼酸喹啉沉淀法并不是磷含量测定的唯一方法,在无机化学中,用于磷含量确定的滴定方法,还可以采用 $Bi(NO_3)_3$ 与磷酸反应,生成 $BiPO_4$ 沉淀,并用二甲酚橙作为指示剂,当溶液由亮黄色变为红紫色时,达到滴定终点。这种方法生成的 $BiPO_4$ 沉淀会吸附 PO_4^{3-},因此,在接近滴定终点时,应用力摇动溶液,使 PO_4^{3-} 尽可能全部释放出来。再如采用乙酸铅$[Pb(Ac)_2]$作为沉淀剂,并用二溴荧光黄作为指示剂也可以用来测定磷含量。具体使用何种沉淀滴定方法,可根据自己所具备的条件来灵活应用。

4.4.2　氮含量的测定

1. 方法提要

试样经硫酸分解,在碱性溶液中蒸馏出氨,用过量硫酸溶液吸收,以甲基红-亚甲基蓝乙醇溶液为指示液,用氢氧化钠标准溶液返滴定过量硫酸,计算出试样含氮质量。

2. 试剂与仪器

氢氧化钠溶液:450g/L;氢氧化钠标准滴定溶液:$c(NaOH)≈0.5mol/L$;硫酸溶液:1＋1 (1 体积的浓硝酸与 1 体积的水配成的硝酸溶液);硫酸溶液:$c(1/2H_2SO_4)≈0.5mol/L$;甲基红-亚甲基蓝混合指示液。

蒸馏仪器如图 4-7 所示,蒸馏瓶(A):1000mL;防溅球管(B);滴液漏斗(C):容量为 50mL;直式冷凝器(D);吸收瓶(E):500mL。

蒸馏定氮仪器:带标准磨口的成套仪器或能保证定量蒸馏和吸收的任何仪器。

3. 分析测试

称取约 1g 试样,精确至 0.0002g。置于 250mL 烧杯中,用少量水润湿,加10mL 硫酸溶液,盖上表面皿,加热至冒三氧化硫白烟,冷却至室温。小心用水稀释,并全部移入 1000mL 圆底烧瓶(加少量防暴沸石)中,加水至约 350mL。用移液管移取 50.0mL 硫酸溶液于吸收瓶中,按图 4-7 进行蒸馏。蒸馏完毕,以甲基红-亚甲基蓝乙醇溶液为指示液,用氢氧化钠标准溶液返滴定吸收瓶中过量的硫酸,直至溶液呈黄绿色,即为终点。同时作空白实验。

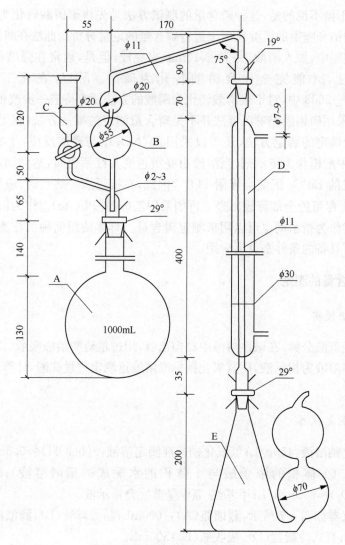

图 4-7 蒸馏装置(数字单位:mm)

4. 结果计算

氮含量以氮(N)的质量分数 w_2 计,数值以%表示,按式(4-10)计算:

$$w_2 = \frac{c(V_0 - V_1)M \times 10^{-3}}{m} \times 100 \qquad (4-10)$$

式中,c 为氢氧化钠标准滴定溶液浓度的准确数值,单位为 mol/L;V_0 为滴定空白实验溶液消耗氢氧化钠标准滴定溶液的体积数值,单位为 mL;V_1 为滴定实验溶液消耗氢氧化钠标准滴定溶液的体积数值,单位为 mL;m 为试料的质量,单位为 g;

M 为氮(N)的摩尔质量数值,单位为 g/mL($M=14.01$)。

最后取平行测定结果的算术平均值为测定结果。两次平行测定结果的绝对差值不大于 0.2%。

4.5　粒径与形貌

粒度是 APP 一个重要的性质,其粒径、粒径分布和颗粒的表观形貌等特征都直接影响着 APP 的水溶解度、黏度、堆积密度,以及应用范围等。因此必须定量加以表征和量度。目前,较为常用的测试粒径的方法有筛分法、激光粒径分析仪法和扫描电镜法等。

4.5.1　筛分法

筛分法一般适用于粒度相对较大的 APP 产品,对于粒度过小的产品,误差会显著增大。HG/T 2770—2008 中规定了此种方法。试验筛应符合 GB/T 6003 R 40/3 系列,ø200mm×50mm/0.045mm,带有筛底,并采用 11 号羊毛笔。在分析时,称取约 10g 试样,精确至 0.01g。置于试验筛中,用羊毛笔轻刷试样,直至晒下所垫黑纸没有试料痕迹。将筛余物移至已知质量的表面皿中称量,精确至 0.0002g。

粒度以质量分数 w 计,数值以%表示,按式(4-11)计算:

$$w = \frac{m - m_1}{m} \times 100 \tag{4-11}$$

式中,m_1 为筛余物的质量,单位为 g;m 为试料的质量,单位为 g。

取平行测定结果的算术平均值为测定结果。两次平行测定结果的绝对差值不大于 1.0%。

这种方法除不能测试粒径过小的 APP 产品外,在测试常规样品时,会有部分的颗粒卡在网孔中,也会对测定值带来误差。

4.5.2　激光粒径分析仪法

激光粒径分析仪法主要是采用悬浮溶液对于溶剂光学性质的改变,来定量地分析在悬浮液中颗粒粒径的分布情况。其原理是:当光线照射到颗粒上时会发生散射、衍射,其衍射、散射光强度均与粒子的大小有关。观测其光强度,可应用 Fraunhofer 衍射理论或 Mie 散射理论求得粒径分布(激光衍射/散射法)。

通常量程在 0.02~2000μm。常用的载体溶剂为水、乙醇和丙酮。要求样品不溶于载体溶剂。因此,不建议采用 HG/T 2770—2008 中以水为载体的测试方法,建议采用乙醇或者丙酮为宜。

4.5.3 扫描电镜法

扫描电镜法在测定 APP 的粒径时，只能对有限范围内的颗粒的粒径进行精确的测定。此方法比较直观，但其数值并不具备一般性。如图 4-8 所示，测试了

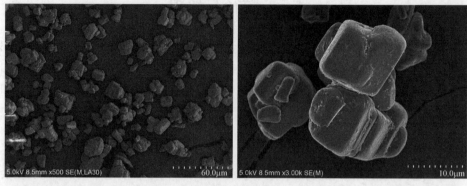

(a) AP 422

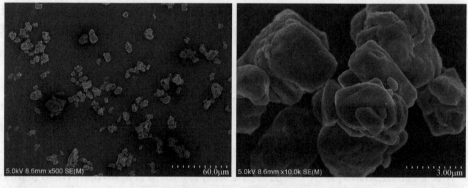

(b) 自制的水溶性较小的Ⅱ型APP

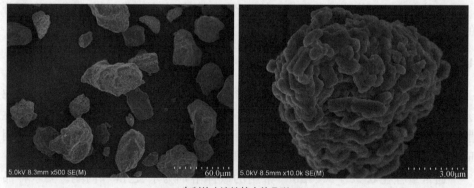

(c) 自制的水溶性较大的Ⅱ型APP

图 4-8　几种结晶Ⅱ型 APP 的扫描电镜(SEM)照片

AP 422以及采用不同方法自制的两种结晶Ⅱ型 APP 的扫描电镜图。可以看出，AP 422 的粒径大致在 10~15μm，而自制的水溶性较小的 APP 具有较小的粒径，约为 5μm，自制的水溶性较大的Ⅱ型 APP 的粒径在 40~60μm。

此外，扫描电镜法也是分析 APP 颗粒形貌的有效方法，如图 4-8 所示，可以看出，作为具有代表性的结晶Ⅱ型 AP 422，其颗粒为表面平滑的立方体，团聚较少，基本为单晶颗粒；自制的水溶性较小的Ⅱ型 APP 表面也较为光滑，但形状不够规则，大小也明显有差异，且有团聚。说明这种Ⅱ型 APP 虽说晶型较纯，且水溶性较低，但与 AP 422 之间仍然存在一定的差距。对自制的水溶性较大的Ⅱ型 APP，可以看出，一个直径为 3~5μm 的不规则颗粒，是由无数更加细微的晶粒组成。这与水溶解度一节中的分析相一致。粗糙的颗粒表观形貌，致使晶粒间的非晶区、缺陷以及比表面积显著的增加，使 APP 水溶性增加。

可见，扫描电镜能够直观、精确和有效地表征 APP 的粒径和表观形貌。其结果能够用来指导 APP 生产工艺的调节，以及用来解释制得 APP 的水溶性和其他的相关性能。

4.6　APP 的晶体结构与表征

多聚磷酸按分子链形状，可分为直链型、环型和支链型。其中，直链型多聚磷酸被称为聚磷酸；环型多聚磷酸被称为环偏磷酸；支链型因其复杂的结构，以及结构的不稳定性，很难进行界定[32]。有部分研究者认为部分的聚磷酸是交联结构的。但是越来越多的信息显示，聚磷酸是一种直链型的结构。从对聚合物的定义出发（聚合物是重复单元结构通过特定的连接方式，以共价键连接而成的大分子），无疑聚磷酸是一种聚合物。因此聚磷酸盐有着许多聚合物所特有的结构特性，其分子链存在着多种构象，从而产生了多种的晶体结构。

APP 也是如此。到目前为止，已知 APP 有六种晶型，并先后由 Shen 等[12]在 1969 年和 Waerstad 等[33]在 1976 年给出了这六种晶型的多晶 XRD 数据，并对所属晶系做了判定。同时，他们发现了六种晶型的 APP 依据一定的温度条件发生的晶型转化关系。由于聚磷酸分子链构象的相似性，所以 APP 与其他形式的聚磷酸盐有着相似的晶体结构，比较出名的有 Kurrol 钾盐（结晶型聚磷酸钾）和 Maddrell 盐（结晶型聚磷酸钠）。后两者因为结构较 APP 稳定，其晶体结构易于研究，已研究得比较透彻。所以，对于 APP 晶体结构，很多情况下可以借助这两种聚磷酸盐已经确定的晶体来进行解析和确定。

因此，本节旨在介绍 APP 的晶体结构、晶体结构的确定、晶体结构的表征，以及由于晶体缺陷对结构和性质所带来的影响。

4.6.1　APP 的晶体结构

APP 按固体形态划分有结晶型和无定形态两种。结晶型 APP 为白色粉末，在常温下较稳定，无气味。目前已知的结晶 APP 共有六种晶型（Ⅰ、Ⅱ、Ⅲ、Ⅳ、Ⅴ和Ⅵ型）[12,33]，但是，因为 APP 中抗衡离子（铵根阳离子）的不稳定性，致使 APP 的结晶结构并不足够稳定，很难制备足够好的晶体来解析其晶体结构。所以截至目前，只有结晶Ⅱ型和Ⅳ型得到了具体的晶体结构。本节将对六种不同晶型的 APP 逐一介绍。

结晶Ⅰ型 APP 是最易制得的一种结晶型的 APP，因此，也是最早被研究者制得的一种 APP，但是由于结晶Ⅰ型 APP 多是由低相对分子质量的 APP 构成，且是一种亚稳态的晶体结构，所以制备其单晶，并解析其晶体结构就非常困难。目前，研究者只是通过多晶 XRD 数据得到了它的一些晶体结构参数，认为其属正交晶系，可能的空间群为 P_{dbm} 或 P_{ab2}，晶胞参数为：$a=1450.0\text{pm}$，$b=2159.0\text{pm}$，$c=426.20(4)\text{pm}$。其 XRD 谱线如表 4-2 所示。

表 4-2　结晶Ⅰ型 APP 的 XRD 数据

Shen 等测得的数据				Waerstad 等测得的数据				晶面		
$2\theta/(°)$	$d/\text{Å}$	$I(f)$	$I(v)$	$2\theta/(°)$	$d/\text{Å}$	$I(f)$	$I(v)$	h	k	l
12.8	6.91	12	11	12.838	6.89	9	8	2	1	0
13.283	6.66	4	4	14.678	6.03	100	100	2	2	0
14.605	6.06	100	100	16.371	5.41	70	78	0	4	0
16.25	5.45	70	78	20.305	4.37	2	3	1	1	1
17.17	5.16	2	2	23.328	3.81	50	79	2	1	1
23.143	3.84	50	79	23.836	3.73	3	5	1	3	1
23.707	3.75	5	8	24.85	3.58	14	24	4	1	0
24.921	3.57	18	31	25.464	3.495	45	78	0	4	1
25.354	3.51	45	78	25.994	3.425	25	44	4	2	0
26.033	3.42	25	44	26.872	3.315	4	7	3	0	1
26.831	3.32	4	7	27.524	3.238	30	56	4	1	1
27.506	3.24	35	65	28.775	3.1	5	9	1	5	1
28.775	3.1	9	16	30.938	2.888	9	19	1	1	2
29.756	3	4	8	31.669	2.823	10	21	0	6	1
30.591	2.92	8	17	32.172	2.75	3	7	1	6	1
31.026	2.88	10	21	32.533	2.75	14	31	4	2	1
31.703	2.82	16	34	33.875	2.644	15	34	4	3	1

续表

Shen 等测得的数据				Waerstad 等测得的数据				晶面		
$2\theta/(°)$	$d/\text{Å}$	$I(\text{f})$	$I(\text{v})$	$2\theta/(°)$	$d/\text{Å}$	$I(\text{f})$	$I(\text{v})$	h	k	l
32.172	2.78	6	13	35.365	2.536	3	7	4	6	0
32.533	2.75	14	31	37.152	2.418	12	30	6	0	0
32.902	2.72	6	13	38.217	2.353	4	10	6	2	0
33.928	2.64	16	37	39.293	2.291	30	79	6	3	0
35.307	2.54	6	14	40.264	2.238	5	13	0	0	2
36.649	2.45	6	15	42.173	2.141	7	20	2	2	2
37.12	2.42	14	35	42.865	2.108	3	9	6	5	0
38.268	2.35	8	21	47.674	1.906	3	9	4	2	2
39.311	2.29	30	79	48.734	1.867	2	6	2	6	2
40.226	2.24	4	11	60.632	1.526	1	4	0	0	3
42.193	2.14	8	23							
42.401	2.13	8	23							
42.823	2.11	6	17							
45.067	2.01	4	12							
47.045	1.93	4	13							
47.568	1.91	6	19							
48.103	1.89	6	19							
49.496	1.84	2	7							
50.373	1.81	2	7							

注：$I(\text{f})$ 和 $I(\text{v})$ 分别为实验强度和理论强度。

　　由表中的数据可以看出，两组数据测得结晶 I 型 APP 的 XRD 谱线基本一致。其中最大的区别在于由 Shen 等给出的结晶 I 型 APP 的 XRD 数据中，较 Waerstad 等给出的数据，在 $2\theta=13.283°$ 处多出一条谱线。就这条谱线，此后的研究者并没有更多地去关注和归属。但是在对多晶数据进行指标化并进行精修时，位于前端的谱线权重更大，更能够确定具体的晶体结构。所以位于 $2\theta=13.283°$ 处的衍射峰是否属于结晶 I 型 APP，这将成为未来对结晶 I 型 APP 解晶的一个关键。

　　而通过著者对结晶 II 型 APP 中晶体缺陷的研究，分析其光谱特征，并结合结晶 I 型 APP 的红外光谱特征，可以预计在结晶 I 型 APP 中，聚磷酸分子链是以一种比较伸展的构象形式存在（参见 4.6.3 节），这或许在今后对其结构的确定起到一定的启示作用。

结晶Ⅱ型 APP 由于较之结晶Ⅰ型 APP 性能优异,并且因其制备条件仅高于制备结晶Ⅰ型 APP,所以其应用范围较广,并促使广大的研究者去研究其制备条件和结构特征。所以,结晶Ⅱ型 APP 是最早确定结晶具体结构的结晶型 APP,由 Brühne 等[34]在 2004 年通过精修结晶Ⅱ型 APP 的多晶 XRD 数据得到。在分析的过程中发现结晶Ⅱ型 APP 与聚磷酸铷有着非常相似的结构,两者的 XRD 谱图如图 4-9 所示。

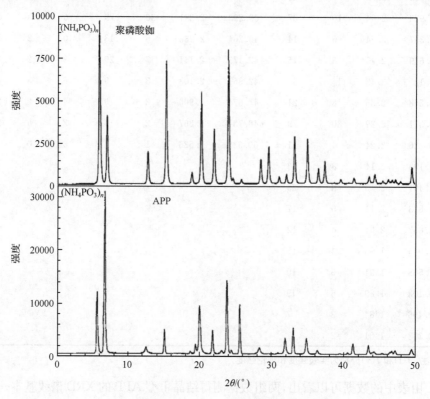

图 4-9　结晶Ⅱ型 APP 与聚磷酸铷的 XRD 谱图

由于聚磷酸铷结构稳定,已经确定了晶体结构,所以在对结晶Ⅱ型 APP 的多晶 XRD 数据精修时,套用了聚磷酸铷晶体结构中的原子坐标,使精修工作节省了大量的时间,得到了较为肯定的精修结构。

结果表明,结晶Ⅱ型 APP 属正交晶系,空间群为 $P2_12_12_1$,晶胞参数为: $a = 1207.9(1)$ pm, $b = 648.87(8)$ pm, $c = 426.20(4)$ pm; $Z = 4$; $R_{(p)} = 0.089$; $R_{(wp)} = 0.111$; $R_{(I,hkl)} = 0.088$。著者通过对结晶Ⅱ型 APP 多晶 XRD 数据的精修,也得到了其晶体结构,与它们的晶体结构数据非常吻合,其结构如图 4-10 所示。

在晶胞中,聚磷酸根阴离子平行于最短的轴排列,呈螺旋结构,重复周期为 2,铵根离子分布在扭曲的磷酸正四面体周围的氧原子附近,H…O 之间的距离为

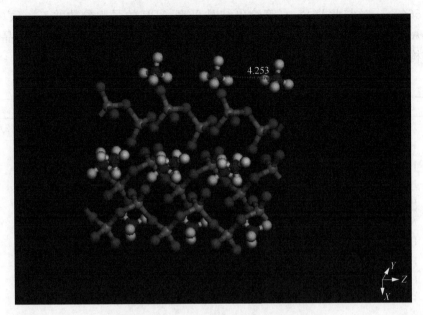

图 4-10　结晶Ⅱ型 APP 的晶体结构

285～292pm,属于中等强度的氢键[34]。

此外,由于结晶Ⅰ型和结晶Ⅱ型 APP 是重要的阻燃剂,所以得到了广泛的研究。通过 Camino 等[28]研究发现,除用 XRD 来表征结晶Ⅰ型和结晶Ⅱ型 APP 的晶型外,用它们的红外谱图也可以进行区别和鉴定。

在结晶Ⅰ型和结晶Ⅱ型 APP 的 FTIR 谱图中,都存在 1250cm^{-1} 处 P=O 键的振动吸收峰,以及 1070cm^{-1} 和 1010cm^{-1} 处 P—O 键的吸收振动峰。结晶Ⅰ型 APP 在 760cm^{-1}、660cm^{-1} 和 602cm^{-1} 处存在特征吸收峰,而结晶Ⅱ型 APP 的 FTIR 谱图中并没有这三个峰出现。但是无论是结晶Ⅰ型 APP,还是结晶Ⅱ型 APP,都存在 800cm^{-1} 处 P—O—P 的伸缩振动峰,并且不随晶型的变化而变化[28,29]。因此,可以用 FTIR 谱图来表征结晶Ⅰ型和结晶Ⅱ型 APP。而较为常用的方法是用 682cm^{-1}/800cm^{-1} 的峰强度比来判定其中结晶Ⅰ型的含量。其中 800cm^{-1}、760cm^{-1}、660cm^{-1} 和 602cm^{-1} 处的吸收峰分别属于 P—O—P 的伸缩振动、P—O—P 的弯曲振动、P—O—P 的面内对称弯曲振动 δ(P—O—P) 和 P—O—P 的弯曲振动[28,35]。

结晶Ⅲ型 APP 被认为是一种不稳定的过渡态,并且有人怀疑其是否真实存在,所以其归属于什么晶系,有什么样的晶体结构并不清楚。

Sedlmaier 等[36]在 2008 年通过磷酸二氢铵在高温下通氨反应制得了结晶Ⅳ型 APP 的单晶,并通过晶体解析得到了其晶体结构。属单斜晶系,空间群为 $P_{21/c}$,晶胞参数为:$a = 2270.3(5)\,pm$,$b = 458.14(9)\,pm$,$c = 1445.1(3)\,pm$,$\beta =$

108.56(3)°。这与此前 Shen 等给出结晶Ⅳ型 APP 的晶胞参数并不一致（$a=$ 14.5Å, $b=4.62$Å, $c=11.0$Å, $\beta=100°$）。其原子坐标如表 4-3 所示，其单晶及晶胞结构如图 4-11 所示。

表 4-3　结晶Ⅳ型 APP 的原子坐标数据

原子	x	y	z	U_{eq}/U_{iso}
N(1)	0.4678(3)	0.211(2)	0.8295(6)	0.019(2)
H(1)	0.4390	0.2110	0.8575	0.023
H(2)	0.4926	0.0698	0.8506	0.023
H(3)	0.4868	0.3767	0.8430	0.023
H(4)	0.4500	0.1967	0.7674	0.023
N(2)	0.0331(4)	0.725(2)	0.8619(8)	0.041(2)
H(5)	0.043	0.786	0.812	0.049
H(6)	0.9992	0.811	0.863	0.049
H(7)	0.063	0.768	0.915	0.049
H(8)	0.027	0.541	0.858	0.049
N(3)	0.2071(4)	0.277(2)	0.0303(7)	0.028(2)
H(9)	0.1786	0.3986	0.0300	0.033
H(10)	0.2434	0.3466	0.0617	0.033
H(11)	0.2018	0.1167	0.0588	0.033
H(12)	0.2060	0.2354	0.9713	0.033
N(4)	0.2951(4)	0.742(2)	0.3269(7)	0.029(6)
H(13)	0.2934	0.7528	0.2661	0.035
H(14)	0.2738	0.8814	0.3404	0.035
H(15)	0.2803	0.5759	0.3372	0.035
H(16)	0.3333	0.7558	0.3633	0.035
P(1)	0.3906(1)	0.3110(4)	0.0321(2)	0.0176(5)
O(11)[term]	0.3745(3)	0.241(2)	0.9279(5)	0.024(2)
O(12)[term]	0.4533(3)	0.290(2)	0.1033(5)	0.029(2)
O(1)[br]	0.3443(2)	0.131(1)	0.0764(4)	0.018(2)
P(2)	0.3500(1)	0.8128(4)	0.1221(2)	0.0167(5)
O(21)[term]	0.4032(3)	0.791(2)	0.2110(5)	0.027(2)
O(22)[term]	0.2852(3)	0.743(2)	0.1251(6)	0.026(2)
O(2)[br]	0.3633(2)	0.634(1)	0.0355(3)	0.020(2)
P(3)	0.1508(2)	0.2084(5)	0.7723(2)	0.0221(6)
O(31)[term]	0.2122(3)	0.274(2)	0.8392(6)	0.025(2)
O(32)[term]	0.0967(3)	0.230(2)	0.8083(6)	0.031(2)
O(3)[br]	0.1580(2)	0.613(1)	0.2294(4)	0.025(2)

续表

原子	x	y	z	U_{eq}/U_{iso}
P(4)	0.1106(1)	0.7938(5)	0.1418(2)	0.0223(6)
O(41)[term]	0.1199(3)	0.727(2)	0.0465(5)	0.030(2)
O(42)[term]	0.0455(3)	0.772(2)	0.1422(5)	0.029(2)
O(4)[br]	0.1397(2)	0.388(2)	0.6720(4)	0.025(2)

注：U_{eq}/U_{iso} 为同质替换参数。

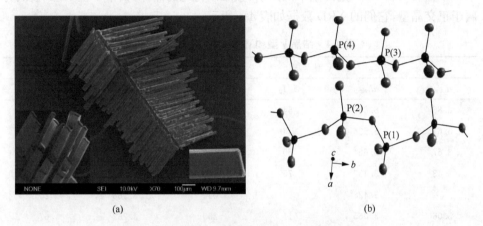

(a)　　　　　　　　　　　　　　(b)

图 4-11　结晶Ⅳ型 APP 的单晶(a)及晶胞结构(b)

此前 Shen 等认为Ⅳ型 APP 的晶胞参数与 Kurrol 钾盐相同。Sedlmaier 等[36] 研究发现 Shen 等的推测有失偏颇。图 4-12 为结晶Ⅳ型 APP、K(PO₃)ₓ和结晶Ⅱ

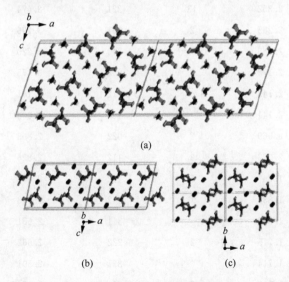

(a)

(b)　　　　　　　　　(c)

图 4-12　结晶Ⅳ型 APP(a)、K(PO₃)ₓ(b)和结晶Ⅱ型 APP(c)的晶体结构图

型 APP 的晶体结构图。可以看出,结晶Ⅳ型 APP 和 $K(PO_3)_x$ 的晶胞大小有着明显的差异,其中抗衡离子的排列位置也各不相同,但是这两种晶体中聚磷酸链的构象基本一致。如果从结晶Ⅳ型 APP 的多晶 XRD 数据进行精修来解晶时,借鉴 $K(PO_3)_x$ 的晶体结构,同样可以节省精修的时间。与此不同,在结晶Ⅱ型 APP 中,聚磷酸链则主要呈现出一种螺旋结构,这与 Jackson 等[37]得到的 γ 型聚磷酸钙中聚磷酸链的构象有相似之处。

Ⅴ型和Ⅵ型 APP 是高温下的产物,较难制得纯的晶体,其中Ⅴ型 APP 被认为属于正交晶型,它们的 XRD 数据如表 4-4 所示。

表 4-4　结晶Ⅴ型和Ⅵ型 APP 的 XRD 数据[33]

Ⅴ型				Ⅵ型	
d_{obsd}	d_{calcd}	I/I_0	hkl	d_{obsd}	I/I_0
6.86	6.856	54	020	6.62	100
5.61	5.596	100	110	5.60	85
3.67	3.664	60	130	5.36	89
3.43	3.430	75	111	4.328	9
	3.428		040	3.988	20
3.06	3.065	11	200	3.762	67
2.805	2.800	15	131	3.685	2
2.793	2.798	9	220	3.655	15
2.688	2.690	19	041	3.534	14
2.356	2.352	13	221	3.474	91
2.284	2.285	2	061	3.296	12
	2.285		240	3.220	11
2.171	2.170	3	002	3.175	18
2.136	2.143	4	012	3.141	6
	2.141		160	3.003	14
2.080	2.069	2	022	2.853	13
2.023	2.023	3	112	2.826	6
1.871	1.867	5	132	2.808	5
1.83	1.833	1	042	2.748	19
	1.832		311	2.681	17
1.719	1.715	2	222	2.662	7
	1.714		331	2.501	9
1.698	1.689	2	261	2.476	8

续表

V型				VI型	
d_{obsd}	d_{calcd}	I/I_0	hkl	d_{obsd}	I/I_0
1.638	1.638	1	350	2.386	10
1.417	1.415	3	332	2.354	7
	1.415		332	2.286	41
				2.194	3
				2.162	4
				2.115	2
				1.946	2
				1.834	2
				1.654	3
				1.441	3

注：d_{obsd} 为观察值，d_{calcd} 为计算值，I/I_0 为相对强度。

目前 APP 的六种晶型中只有两种得到了晶体结构的现状，相信借鉴解晶两种 APP 的晶体结构时所采用的一些方法和思路，对于得到其他四种 APP 的晶体结构是非常有帮助的。而目前已知聚磷酸盐中常见的聚磷酸链的构象有 8 种[11]，如图 4-13 所示。

4.6.2　XRD 和 FTIR 在表征结晶 II 型 APP 时的分歧

著者发现，在一些情况下，红外光谱法和 XRD 方法在鉴定两种晶型 APP 时会产生一些分歧。根据此前人们用 FTIR 对 APP 的研究，认为结晶 I 型 APP 在 760cm^{-1}、$660(682)\text{cm}^{-1}$ 和 602cm^{-1} 处有特征吸收峰，而结晶 II 型 APP 并没有这三个吸收峰，这也是一种用来判断结晶 I 型和结晶 II 型 APP 的简单、快速的方法[28]。

通过 XRD 对国产的两种结晶 II 型 APP，即 APP-JLS 和 APP-DDL 进行表征，结果如图 4-14 所示，它们的衍射峰与结晶 II 型 APP 的衍射峰完全吻合，是纯的结晶 II 型 APP。

但是，对两种 APP 样品进行 FTIR 表征，结果如图 4-15 所示，可以看出，它们的 FTIR 谱图有明显的区别。对比两种样品在 3000cm^{-1} 的吸收峰，发现 APP-DDL 在此处的吸收峰向着高波数方向移动。而对比两者在指纹区的吸收峰发现，APP-JLS 在 682cm^{-1} 处有弱的吸收峰出现，APP-DDL 在此处并没有吸收峰。根据文献[28]和[29]的观点，这就说明 APP-JLS 中含有少量的结晶 I 型 APP。这与图 4-14 的 XRD 谱图分析的结果并不一致。

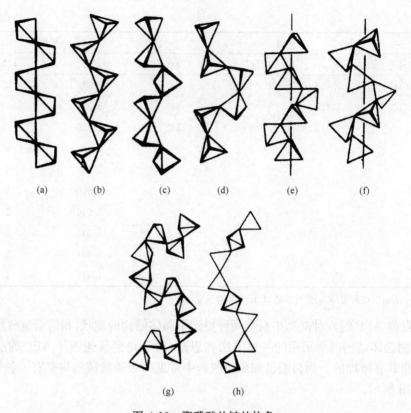

图 4-13　聚磷酸盐链的构象

(a)(RbPO$_3$)$_n$ 和(CsPO$_3$)$_n$;(b)低温(LiPO$_3$)$_n$ 和(KPO$_3$)$_n$;(c) 高温 Maddrell 盐(NaPO$_3$)$_n$
和[Na$_2$H(PO$_3$)$_3$]$_n$;(d) [Ca(PO$_3$)$_2$]$_n$ 和[Pb(PO$_3$)$_2$]$_n$;(e) Na(PO$_3$)$_n$,Kurrol A 和 Ag(PO$_3$)$_n$;
(f) Na(PO$_3$)$_n$,Kurrol B;(g) [CuNH$_4$(PO$_3$)$_3$]$_n$ 和同晶型的盐;(h) [CuK$_2$(PO$_3$)$_4$]$_n$ 和同晶型的盐
(Kurrol 盐的每种结晶形式,包含相等数量的右旋和左旋螺旋形的链)

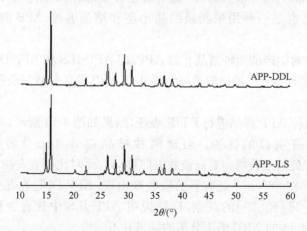

图 4-14　APP-JLS 和 APP-DDL 的 XRD 谱图

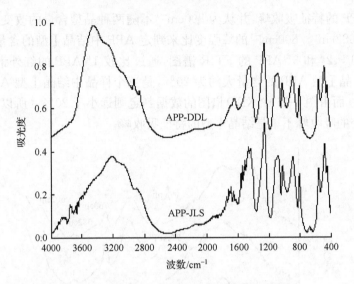

图 4-15　APP-JLS 和 APP-DDL 的 FTIR 谱图

　　图 4-16 为自制的 1#、2# 和 3# APP 的 XRD 谱图。从衍射峰可以看出,这三种 APP 样品主要为结晶Ⅱ型 APP,而在 $2\theta = 16.44°$ 和 $23.44°$ 处的衍射峰属于结晶Ⅰ型 APP 的特征峰,说明其中含有少量的结晶Ⅰ型 APP。而相比之下,1# APP 中所含的结晶Ⅰ型 APP 的量最少。

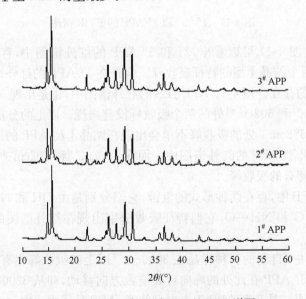

图 4-16　1#、2# 和 3# APP 的 XRD 谱图

　　在结晶Ⅰ型和结晶Ⅱ型 APP 的红外谱图中,682cm^{-1} 处的吸收峰被认为是结

晶Ⅰ型 APP 的特征吸收峰,并认为 800cm⁻¹ 不随两种晶型含量的改变而改变,所以可以用 682cm⁻¹/800cm⁻¹ 的峰强度比来判定 APP 中结晶Ⅰ型的含量。图 4-17 为自制的 1#、2# 和 3# APP 的 FTIR 谱图,通过比较 1# APP 的红外谱图可以判定,其中结晶Ⅰ型 APP 的含量大约为 20%,是三个样品中结晶Ⅰ型 APP 含量最多的样品。而由图 4-16 中 XRD 谱图的数据判定则远小于 20%。所以由此推测,682cm⁻¹ 处的吸收峰不单是结晶Ⅰ型的特征吸收峰。

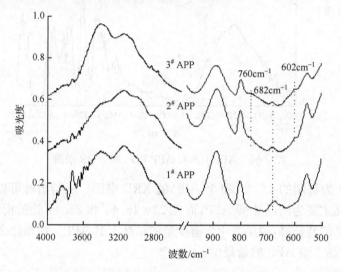

图 4-17　1#、2# 和 3# APP 的 FTIR 谱图

此外,通过图 4-17 可以看出,2# 和 3# APP 的红外谱图中,存在 760cm⁻¹ 和 602cm⁻¹ 处的两个结晶Ⅰ型的特征吸收峰。但是在 1# APP 的红外谱图中,并没有发现这两个峰的存在。图 4-15 APP-JLS 的红外谱图中,也是出现 682cm⁻¹ 处的吸收峰,而 760cm⁻¹ 和 602cm⁻¹ 处的两个吸收峰没有出现。以上的分析说明,在 APP 的红外谱图中 682cm⁻¹ 处的吸收峰不单会出现在结晶Ⅰ型 APP 的谱图中,有时也会出现在结晶Ⅱ型 APP 的红外谱图中。而在 760cm⁻¹ 和 602cm⁻¹ 可以被认定为是结晶Ⅰ型所特有的吸收峰。

在结晶 APP 中,存在两种形式的氢键,它们分别是由 OH 和 NH 基团形成的氢键,即 OH···O 和 NH···O,它们特征吸收分别出现在红外谱图的 3450cm⁻¹ 和 3200cm⁻¹ 处。

在图 4-17 中,自制的三种样品在 3000cm⁻¹ 以上的吸收峰也有所不同。通过失氨法制得的 3# APP 在此处的峰向着高波数方向移动,即从 3200cm⁻¹ 左右移至 3450cm⁻¹。说明结晶Ⅱ型 APP 失去少量的氨,APP 分子中未中和的 OH 基增多,使吸收峰向着高波数方向移动。而在图 4-15 中,APP-DDL 样品在 3000cm⁻¹ 以上的吸收峰也向着高波数方向移动,但是其在 682cm⁻¹ 处并没有吸收峰出现。说明

682cm^{-1}处的吸收峰是否出现在Ⅱ型 APP 的红外谱图中,与 APP 中 OH…OP 型氢键的多少不一定相关。

4.6.3　结晶Ⅱ型 APP 的晶体缺陷

如图 4-18 所示,是 APP-JLS、APP-DDL 和 3$^{\#}$ APP 的 SEM 图像,可以看出,结晶Ⅱ型 APP 是一种多层状的晶体结构。单晶体片层的厚度并不一致,APP-JLS的片层明显要偏厚,而 APP-DDL 和 3$^{\#}$ APP 的单晶片层的厚度较小。结晶Ⅱ型 APP 这种多层的晶体结构在仪德启的博士论文之前并未见有报道[24,38]。

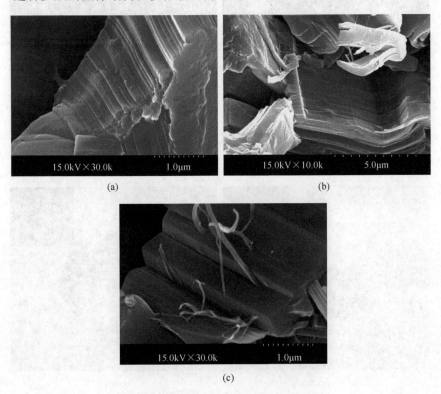

图 4-18　三种结晶Ⅱ型 APP 的 SEM 图像
(a)APP-JLS;(b)APP-DDL;(c)3$^{\#}$ APP

这种多层的晶体结构也使透射电镜(TEM)来分析 APP 的晶体结构成为可能。主要的方法是将 APP 粉末超声分散于无水乙醇中,然后用铜网捞取 APP 的单晶片层,如图 4-19 所示,是三种结晶Ⅱ型 APP 样品带有选定区域电子衍射斑点(SAED)的 TEM 照片。图 4-19(a)是 APP-JLS 单晶片层的暗场照照片,由于APP-JLS 的单晶片层较厚,得到的图像并不十分清晰。但是从中依然可以看出,单晶片层带有亮的区域和暗的区域,且亮的区域较多。明暗两种区域代表两种不同的晶体趋向,这也说明了在 APP-JLS 的单晶晶片上,有较多的晶体缺陷。图 4-19(b)和图 4-19(c)分别是 APP-DDL 的明场照和暗场照。在单晶片层上,几乎没有或很少有不同晶体趋向的区域,说明在 APP-DDL 的单晶晶片中,晶体缺陷较少。图 4-19(d)是自制的 1# APP 的单晶片层明场照,这也是 4 张 TEM 图片中效果最好的一张照片。从图中可以看出,在单晶片层上有许多黑色的条纹,说明在 1# APP 的单晶片层中有许多的晶体缺陷,且晶体缺陷主要为位错。

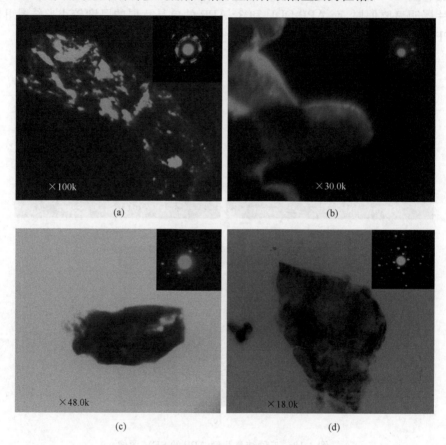

图 4-19 结晶 Ⅱ 型 APP 单晶片层的 TEM 图像
(a) APP-JLS;(b) APP-DDL1;(c) APP-DDL2;(d) 1# APP

通过 TEM 的图像分析可以表明,在三种 APP 样品中,APP-JLS 和 1# APP 中存在着较多的晶体缺陷,APP-DDL 中晶体缺陷较少。而 1# APP 与其他两个样品相比,则含有更多的晶体缺陷,且是存在于单晶片层中的晶格缺陷。

XRD 作为一种直接测定晶体结构的方法,可给出晶体的晶胞参数。表 4-5 为 APP-JLS 和 APP-DDL 在不同衍射位置(2θ)处衍射峰的相对强度数据。从表中的数据可以看出,自 $2\theta=15.60°$ 开始,APP-JLS 的衍射峰的相对强度都要比 APP-

DDL 的小。两种晶体的衍射数据中，APP-JLS 的 2θ 较 APP-DDL 大 0.07°是由仪器误差引起。

表 4-5　APP-JLS 和 APP-DDL 的 XRD 数据

APP-JLS			APP-DDL		
$2\theta/(°)$	$d/\text{Å}$	I/I_0	$2\theta/(°)$	$d/\text{Å}$	I/I_0
14.76	5.999	37	14.69	6.027	33.63
15.60	5.677	100	15.53	5.703	100
20.19	4.397	5.25	20.12	4.411	5.94
22.22	3.999	9.66	22.16	4.009	11.89
25.13	3.543	1.32	25.06	3.553	1.46
25.70	3.465	4.85	25.64	3.473	6.11
26.19	3.401	24.79	26.13	3.410	32.53
27.62	3.229	18.12	27.55	3.237	20.69
28.63	3.117	2.9	28.55	3.126	3.29
29.23	3.055	36.07	29.17	3.061	48.3
29.71	3.007	3.2	29.63	3.014	3.32
30.67	2.914	24.31	30.61	2.920	30.08
32.84	2.726	4.9	32.78	2.732	5.96
34.91	2.570	0.54	34.83	2.575	0.59
35.71	2.514	8.85	35.64	2.518	11.66
36.61	2.454	13	36.55	2.458	15.83
38.05	2.364	8.81	37.99	2.368	11.59
39.26	2.294	2.01	39.19	2.298	2.62
41.72	2.164	0.45	41.64	2.168	0.63
42.62	2.121	0.81	42.55	2.124	1.02
43.20	2.093	4.88	43.14	2.096	6.42
44.93	2.017	3.02	44.87	2.019	4.01
45.53	1.992	1.3	45.47	1.994	1.8

众所周知，在晶体中或多或少地存在着缺陷。当晶体颗粒存在较大范围内的缺陷时，即若干个晶粒之间时，会导致衍射峰的 2θ 偏移，由此类缺陷引起的应力被称为宏观应力。当晶体缺陷发生在相对较小的范围内时，即几个晶粒之间时，并不会导致衍射峰的 2θ 的变化，而会使衍射峰宽化。当晶体缺陷发生在单个晶粒当中，形成原子级别的缺陷时，则更多的是使衍射峰的强度降低。由以上的第二种和第三种晶体缺陷形成的应力被称为微观应力[39,40]。

　　通过以上的分析可以看出，在 APP-JLS 的 XRD 数据中，衍射峰的相对强度较低，是由原子级别的晶格缺陷引起的。在此，并没有列出自制的三种结晶 II 型 APP 的 XRD 数据，是因为其中依然含有少量的结晶 I 型 APP，所以会对 XRD 数据中结晶 II 型 APP 的衍射峰形成干扰，并不能直接用来进行晶体缺陷分析。

　　FTIR 光谱是一种间接测定晶体结构的方法。它主要反映的是原子与原子之间形成键的一些振动信息，所以可以用来反映分子链由于构象的变化而引起振动变化的信息。当晶体中的缺陷是发生在原子级别时，引起分子链中化学键振动的变化，就会反映在 FTIR 光谱中，因此，FTIR 光谱可以用来反映晶体缺陷。

　　当小分子形成的晶体中出现晶格缺陷时，处在缺陷界面上的原子就会发生位置的变化。当结晶 II 型 APP 中出现晶格缺陷时（在此处的晶格缺陷主要为位错），处在晶格缺陷上的聚磷酸链段就会因为受到微应力 f_+ 和 f_- 的影响而导致构象发生变化（图 4-20）。当然，这种微应力的总和是为 0 的。这种与聚磷酸链平行方向上的微应力会对 P—O—P 的一些弯曲振动形成限制，但是 P—O—P 的面内对称弯曲振动 [δ(P—O—P)] 则不会受到影响。这是因为 δ(P—O—P) 是沿着微应力方向上的一种对称振动，其运动方向与应力的运动方向一致，所以致使应力运动和 δ(P—O—P) 相互协同。

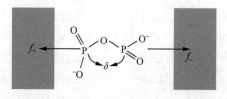

图 4-20　晶体缺陷界面上受微应力的聚磷酸链段的 δ(P—O—P) 振动

　　以上的分析表明，在结晶 II 型 APP 中，由于位错引起的缺陷，使位于缺陷界面上的聚磷酸链段的构象发生了改变。而在结晶 II 型 APP 中，聚磷酸根阴离子平行于最短的轴排列，呈螺旋结构排列，其结构如图 4-10 所示。在缺陷界面上受微应力条件下，迫使结晶 II 型 APP 中聚磷酸链由螺旋形的构象转变为一种更加伸展的锯齿状构象，因此在 FTIR 谱图中表现出一些结晶 I 型 APP 的光谱特征，但是由于受到微应力的影响，并没有完全表现出结晶 I 型 APP 的光谱特征。可惜的是，到目前为止，并没有人得到结晶 I 型 APP 晶体结构的精修数据。抑或是这种处在缺陷上的聚磷酸链段构象与结晶 IV 型 APP 中聚磷酸链的构象比较接近，其结构如图 4-11 所示[36]。

　　结晶 IV 型 APP 的红外谱图和拉曼谱图如图 4-21 所示[36]，其中结晶 IV 型 APP 的 FTIR 谱图中的纵坐标采用透射强度，其在 550~800cm^{-1} 的吸收峰与结晶 I 型 APP 比较相似。而相比于结晶 I 型，在 760cm^{-1} 和 602cm^{-1} 处虽存在吸收峰，但较弱，而 682cm^{-1} 处则表现出较强的吸收峰，与图 4-15 和图 4-17 中出现的现象非常类似。但这并不影响本节对结晶Ⅱ型光谱分歧归属问题的判断,因为在此前APP-JLS、APP-DDL 以及自制的三种结晶Ⅱ型 APP 的 XRD 谱图中,并没有发现有结晶Ⅳ型 APP 的存在。

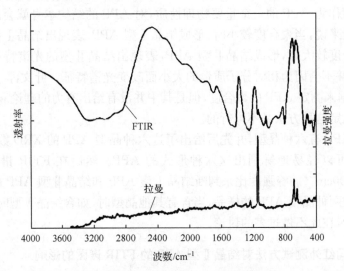

图 4-21　结晶Ⅳ型 APP 的 FTIR 和拉曼谱图

综上所述,可以判定,当结晶Ⅱ型 APP 中存在原子级别的晶格缺陷时,XRD衍射峰的相对强度会降低。与此同时,在结晶Ⅱ型 APP 的 FTIR 谱图中会出现682cm^{-1}处 δ(P—O—P)的振动吸收峰。

红外光谱图作为一种间接测定晶型的方法,其可靠性较差,但是作为一种快速测定的方法,也有其优势所在,可以有效地指导生产和实践,并揭示一些其他的信息。

需要注意的是结晶Ⅱ型 APP 中因为存在原子级别的晶格缺陷,会导致其FTIR谱图中出现 682cm^{-1}处 δ(P—O—P)的振动吸收峰,但这并不表示在其他晶型 APP 的 FTIR 谱图中出现该峰是由于晶格缺陷所致,还需要结合每种晶型的APP 中聚磷酸链的构象来具体分析,如果在这种晶型的 APP 中聚磷酸链是以比较伸展的构象排列,同样会出现 682cm^{-1}处 δ(P—O—P)的振动吸收峰。

4.6.4　其他因素对结晶Ⅱ型 APP 光谱的影响

聚合物由于其结构的特殊性,分子链极度不对称,致使在聚合物中,并不能达到百分之百的结晶,或多或少地存在着非晶态或者非晶区,并且是普遍存在的。而APP 作为一种无机聚电解质,也存在着同样的问题。当结晶 APP 中存在无定形态 APP 时,测得的 XRD 数据中,会使背景噪声增加,而并不引起衍射峰的变化。在 FTIR 谱图中,以往得到的谱图都是在或多或少含有无定形态 APP 的情况下测得,其谱图本身就包含着无定形态 APP 的振动信息,并不会对不同晶型 APP 的 FTIR 谱图产生本质上的区别。而在无定形态 APP 中,聚磷酸分子链的构象较为自由,所以各种振动都会较强,应该更像是结晶 I 型 APP 的 FTIR 谱图。

聚合度作为 APP 的一个重要物理性质,对 APP 的结构本身就会产生很大的影响。一般来说,当聚合度较小时,形成结晶 I 型 APP,表现出结晶 I 型的光谱特征。当聚合度较大时,形成结晶 II 型 APP,表现出结晶 II 型的光谱特征。而在同种晶型中,并不会因为相对分子质量的大小而改变光谱特征。叶文淳[41]曾提出用 XRD 的数据来测定 APP 的聚合度,但是其中并没有给出有力的理论和实验证据,基本可以认定这种方法是不可行的。

已知 APP 有六种晶型,并先后给出了这六种晶型 APP 的 XRD 数据,因此用 XRD 谱图可以轻易地辨别出这六种形式的 APP。然后在 FTIR 谱图中,采用 $682cm^{-1}/800cm^{-1}$ 的峰强度比来判断结晶 I 型 APP 和结晶 II 型 APP 的方法只适用于含有这两种晶型 APP 的样品,当含有其他晶型时,如含结晶 IV 型时,问题就变得较为复杂,在此不做过多的讨论。

4.6.5　不同红外测试方法对结晶 II 型 APP 的 FTIR 谱图的影响

随着红外光谱测试仪器发展水平的不断提高,对于普通的固体样品,可以选择的方法较多,较为常用的有溴化钾(KBr)压片法和衰减全反射(ATR)法。

KBr 压片法:该法为使用最为普遍的方法,且大部分的红外光谱数据库都是依据 KBr 压片法得到的 FTIR 谱图,用此法得到的谱图较为经典,且易于进行数据交流。但是用此法测定 FTIR 谱图时,存在以下几个缺点:

(1) 样品要经过研磨、压片后才能进行测试,一般一个样品要花费 5min 左右的时间,测试速度较慢。

(2) 采用研磨的方法,在对较硬的颗粒进行研磨时,并不能将颗粒磨碎,会发生光散射现象。

(3) KBr 本身的吸湿性问题,使用该法测得的谱图中或多或少存在水的吸收峰。

(4) 用 KBr 压片法对一些盐类进行处理时,会对这些盐类的结构特征发生变化。

APP 作为一种盐,在用 KBr 压片法进行测试时,方法本身就会对 APP 的结构产生影响。

当采用 ATR 方法进行红外测试时,用样品本身就可以进行测试,不需要额外制样,不会对样品的结构产生破坏,可以测定绝大多数的固体和液体样品,且方法较快,已经被越来越多的研究者用来作为红外光谱表征的测试方法。

AP 422 被公认为是 100%的结晶 II 型 APP。如图 4-22 所示,是用 KBr 压片法和 ATR 法测得 AP 422 的红外谱图。可以看出,两种方法测得的结晶Ⅱ型 APP 的 FTIR 谱图大致相同,但其中 2800~3500cm⁻¹ 处氢键的吸收峰明显不同,在用 KBr 压片法测得的 FTIR 中明显向高波数方向移动,表现出更多—OH 的吸收振动峰,而在 ATR 法中,则更多地表现为 NH 的吸收振动峰。并且对比两种方法在 1690cm⁻¹ 和 1619cm⁻¹ 处铵根的吸收振动峰时可以发现,在 ATR 法测得的 FTIR 中,并没有出现 1619cm⁻¹ 处的吸收峰。说明采用 KBr 压片法,对 APP 中铵根的存在形式有一定程度的破坏。1070cm⁻¹ 处 P—O 键的振动吸收峰在用 KBr 压片法测试时,表现为一个平头峰,而在 ATR 法测试时,则表现为尖峰。这可能是因为在采用 KBr 压片法测试时,破坏铵根存在的形式,而导致生成一些 P—OH 键,使 P—O 键的吸收振动发生变化。在 550~800cm⁻¹ 处,KBr 压片法表现为对称的透射区域,而在用 ATR 法时该透射区域并不对称,800cm⁻¹ 处的吸收峰有明显的宽化。

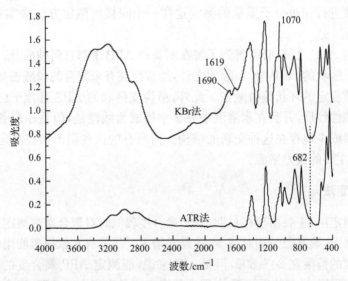

图 4-22　采用 KBr 压片法和 ATR 法测得 AP 422 的 FTIR 谱图

除此之外,两种方法测得 AP 422 在 682cm⁻¹ 处表现出非常微弱的吸收峰,说明在 AP 422 的Ⅱ型结晶中,也存在着一些结晶缺陷。

通过以上的分析,说明用 ATR 法测定结晶Ⅱ型 APP 的 FTIR 谱图是完全可以替代 KBr 压片法,并且在一些方面较 KBr 压片法有明显的优势。

4.7　APP 聚合度的表征

聚合度是聚合物一个重要的物理量,而聚合度的大小又很大程度上决定了其物理和化学性质,所以如何测定聚合物的聚合度是认识它的第一步。APP 作为一种无机聚电解质型的聚合物,是聚合物群体中特殊的一员,常用的聚合度测定方法基本都不适用。因此,本节通过滴定法、黏度法、核磁共振法、色谱法和超速离心法等几个方面来对比和介绍。

一般来讲,测定聚合度的第一步是将聚合物溶于一种良溶剂中,然后利用各种方法来进行测定,而 APP 除能部分溶于水外,并没有其他的溶剂将其溶解。并且随着聚合度的增加,在水中的溶解度急剧下降,仅能微溶于水。降低 APP 的水溶性也是应用领域对其的一个特种重要的要求。因此,如何在满足降低水溶性的同时来测定其聚合度是一个重要的问题。

然而在聚磷酸盐家族中,聚磷酸钠和聚磷酸钾是被最早发现的能够溶于水,而不改变其分子结构的无机聚电解质。在 20 世纪中叶就得到了深入的研究。因此本节在介绍其他方法的同时,将重点介绍如何将 APP 转化成聚磷酸钠,再对聚磷酸钠水溶液进行相对分子质量的测定这样一个间接的测定方法来实现高聚合度APP 的测定。

在测定 APP 之前,必须首先了解在制备的 APP 中都有何种成分。在此,APP是特指呈长链状的 APP 盐,而除此之外,经常会混有未聚合的磷酸铵盐,以及更可能存在性质稳定的环状偏磷酸铵。此外,虽说支链状的 APP 有背于已知 APP 晶体结构的线性性质,并且在水溶液中易于水解成为线性链,但是在制备的 APP 样品中会或多或少地存在这种交联的结构。而所有的这些副产物在测定 APP 聚合度时,都是主要的误差来源。

4.7.1　滴定法

端基滴定法,主要出现在早期 APP 聚合度较低时对聚合度的测定。由于随着聚合度的增大,端基数量相对减少,使误差增大。尽管有文献报道能用端基滴定法测得聚合度的范围在 20～800,但是一般来说,能测定 APP 聚合度的范围在 300以内[32]。而国内只有陈平初等[42]用端基滴定法最先研究了 APP 聚合度的测定方式,1996 年发布的化工部行业标准(HG/T2770—1996)使用的便是这种方法[43]。随着 APP 产品聚合度的大幅度提高,滴定法已经不能满足如今 APP 发展的要求。2008 年新的工业 APP 的化工行业标准(HG/T2770—2008)发布,其中保留了滴定法,且在此基础上增加了核磁共振法测定 APP 的聚合度,但其中提出的方法在正确有效地测定 APP 的聚合度时,依然存在着一些问题,将在后面的章节中阐述[44]。

1. 端基滴定法测定平均聚合度

滴定法的基本依据是 APP 具有线性链状分子结构,其原理是采取 pH 在

3.5～9.5 之间滴定端基的弱酸确定端基磷量,通常是在聚磷酸盐溶液中加入强酸使聚磷酸盐转变成端基弱酸(使溶液的 pH 约为 3)再滴定。通过滴定水解后的溶液(也可以用其他办法)确定总磷量。如果总磷量用 N_t 表示,端基磷量用 N_e 表示,则聚合度可以用下式求得[45-48]:

$$\bar{n} = \frac{2N_t}{N_e} \tag{4-12}$$

由于上述滴定是强碱滴定弱酸过程,滴定突跃不明显。为了准确地找到突跃点,采取用精密 pH 计(精确到 0.01)记录溶液 pH 随滴定剂加入量变化情况,绘制滴定曲线,再求微分曲线,可求得两个突跃点,两个突跃点间的体积差便是端基弱酸或磷酸第二级质子消耗的标准碱液体积,见图 4-23。

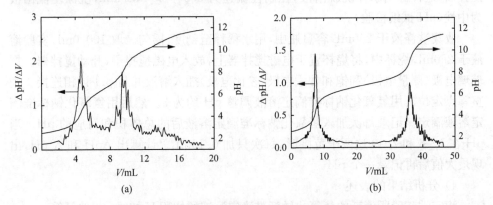

图 4-23　端基磷和总磷滴定曲线及其微分曲线
(a)端基磷滴定曲线;(b)总磷滴定曲线

根据总磷量滴定的方法不同,又可分为用喹钼柠酮溶液进行沉淀滴定或用氢氧化钠溶液进行 pH 滴定两种。在 HG/T2770—2008 中所采用的便是用喹钼柠酮溶液进行沉淀滴定确定总磷量的端基滴定法,其详细的步骤如下所述。

2. 沉淀滴定确定总磷量的端基滴定法[44]

1) 试剂、材料及仪器设备

H 型-732 离子交换树脂;盐酸溶液:1+1(即 1 体积的盐酸与 1 体积的水混合);氢氧化钠标准滴定溶液:浓度 c(NaOH)约为 0.1mol/L。

离子交换柱:玻璃管内径 10mm,长 400mm,配有玻璃旋塞。

pH 计,pH 测量范围为 0～14,分度值为 0.02pH。

甘汞电极,玻璃电极。

2) 离子交换柱的制备

将离子交换柱固定在架子上,关上活塞,在柱子底部填 1cm 厚的玻璃棉,倒入约 10mL 水浸湿。将树脂倒入柱内，使树脂床高为 300mm。用盐酸溶液浸没备用。

每次样品洗脱分离完毕，用 200mL 的 1+1 盐酸溶液流过树脂床且浸泡过夜使树脂再生。使用前使 50mL 盐酸溶液流过柱子，关闭交换柱活塞，将柱充满水，塞上橡胶塞，倒转几次使树脂松动，排出空气泡。将柱竖直固定在架上，用水先慢速洗涤树脂，然后以 5.5～6.0mL/min 流速洗至流出液为中性（pH 试纸检验）。维持液面高于树脂层 1cm，关闭交换柱，备用。

3）试样的测定

称取约 0.5g 试样（精确至 0.0002g），置于 100mL 烧杯中，加入 10mL 水，充分搅拌后，进样。用水作洗脱溶液，控制柱流速为 5.5～6.0mL/min，洗涤至流出液为中性（pH 试纸检验）。

收集洗涤液于 250mL 容量瓶中，用水稀释至刻度，摇匀。取 100.0mL 实验溶液于 250mL 烧杯中，将烧杯置于电磁搅拌器上，放入电磁搅拌子，开动搅拌器。把玻璃电极（测量电极）和饱和甘汞电极（参比电极）插入溶液并与 pH 计相连接。调整零点定位。用氢氧化钠标准滴定溶液调整 pH 约为 3。然后用氢氧化钠标准滴定溶液滴定。记录每次加入氢氧化钠标准滴定溶液后的总体积和对应的 pH。当 pH 在 4～6 和 7～9 这两个范围时，每次只加 0.10mL。计算出 ΔpH 和 $\Delta^2 pH$，出现最大值后再记录一个 pH。

4）分析结果的表述

滴定端基磷所消耗的氢氧化钠标准滴定溶液的体积 V 按式（4-13）计算：

$$V = \left(V_2 + 0.1 \times \frac{b_2}{B_2}\right) - \left(V_2 + 0.1 \times \frac{b_1}{B_1}\right) \tag{4-13}$$

式中，V_1 为 pH 在 4～6 时，ΔpH 达最大值前所加入氢氧化钠标准滴定溶液的总体积，单位为 mL；V_2 为 pH 在 7～9 时，ΔpH 达最大值前所加入氢氧化钠标准滴定溶液的总体积，单位为 mL；b_1 为 pH 在 4～6 时，$\Delta^2 pH$ 最后一次正值；b_2 为 pH 在 7～9 时，$\Delta^2 pH$ 最后一次正值；B_1 为 pH 在 4～6 时，$\Delta^2 pH$ 最后一次正值与第一次负值绝对值之和；B_2 为 pH 在 7～9 时，$\Delta^2 pH$ 最后一次正值与第一次负值绝对值之和。

5）沉淀滴定确定总磷

a）方法提要

在酸性介质中，磷酸根与钼酸钠和喹啉反应生成磷钼酸喹啉沉淀。通过过滤、烘干和称量来计算五氧化二磷的含量。

b）试剂与仪器

硝酸溶液：1+1；喹钼柠酮溶液；玻璃砂坩埚（滤板孔径为 5～15μm）；电烘箱（温度能控制在 180℃±5℃）。

c) 分析测试

称取约 0.5g 试样,精确至 0.0002g,置于 150mL 烧杯中,加水润湿,加入 10mL 硝酸溶液,于电炉加热至沸并保持 10min。取下烧杯,待冷却后转移至 250mL 容量瓶中,加入至刻度,摇匀。

空白实验溶液的制备除不加试料外,其他加入的试剂量与实验溶液的制备完全相同。并与试样同时进行同样的试剂处理。

待溶液配好后,用移液管移取 10mL 实验溶液(必要时,进行干过滤)和空白实验溶液分别置于 250mL 烧杯中,加 10mL 硝酸溶液、80mL 水,盖上表面皿,加热至沸。取下烧杯,加入 35mL 喹钼柠酮溶液。搅拌以促进沉淀沉降。静置冷却后,用预先于(180±5)℃下干燥至质量恒定的玻璃砂坩埚,以倾析法过滤,在烧杯中洗涤沉淀 5～6 次,每次用水 20mL。最后将沉淀全部转移至玻璃砂坩埚中,再用水洗涤 3～4 次。将玻璃砂坩埚连同沉淀于(180±5)℃下干燥 45min,取出置于干燥器中冷却,称量,精确至 0.0002g。

d) 结果计算

五氧化二磷含量以五氧化二磷(P_2O_5)的质量分数 w_1 计,数值以％表示,按式(4-9)计算。

6) 平均聚合度的计算

平均聚合度 X_3 按式(4-14)计算:

$$X_3 = \frac{\dfrac{2X_1}{cV \times 0.070\,97}}{m \times \dfrac{100}{250}} \times 100 \tag{4-14}$$

式中,X_1 为测得的五氧化二磷(P_2O_5)质量分数,单位为％;V 为滴定端基磷所消耗的氢氧化钠标准滴定溶液的体积,单位为 mL;c 为氢氧化钠标准滴定溶液的实际浓度,单位为 mol/L;m 为试料的质量,单位为 g。

式(4-14)中的 0.070 97 是与 1.00mL 浓度为 1.000mol/L 的氢氧化钠标准滴定溶液相当的以克表示的五氧化二磷的质量。

7) 允许差

取平行测定结果的算术平均值为测定结果。平行测定结果的绝对差值不大于 1。

3. pH 滴定确定总磷量的端基滴定法[49]

1) 标准碱液的配制及标定

作为滴定法的核心,标准碱液浓度的精确性是影响聚合度测量的最大因素,也应该是首先得到标定的。

0.1mol/L NaOH 标准溶液的配制:用烧杯在普通天平上称取 4g 固体

NaOH,加入新鲜的或煮沸除去 CO_2 的蒸馏水,溶解完全后,转移至容积为 1L 的容量瓶中,加入水稀释至 1L,充分摇匀,然后将其转入干净的容积为 1L 的试剂瓶中备用。

0.1mol/L NaOH 标准溶液的标定:将邻苯二甲酸氢钾($KHC_8H_4O_4$)基准物质在 100~125℃ 干燥 1h 后,置于干燥器中备用。

在称量瓶中以差量法称量 3 份经干燥恒重处理过的 $KHC_8H_4O_4$,每份 0.4~0.6g,分别倒入 250mL 锥形瓶中,加入 40~50mL 蒸馏水,待试剂完全溶解后,加入 2~3 滴酚酞指示剂,用待标定的 NaOH 溶液滴定至呈微红色并保持半分钟不褪色即为终点,计算 NaOH 溶液的浓度,然后计算平均值即为 NaOH 溶液的浓度。

2) 样品处理

首先,将 APP 转化成聚磷酸,一般采用质子型交换树脂将 APP 直接转化为聚磷酸,或者采用钠离子型交换树脂先将 APP 转化为聚磷酸钠,再加酸得到聚磷酸。但是,由于在酸性条件下会加速聚磷酸的水解,所以通过研究,认为先将 APP 转化为聚磷酸钠,再快速将其转化为聚磷酸并滴定的方法得到的结果更加准确。

APP 在常温下基本不溶于水,加热或加酸又容易造成其水解断链,而聚磷酸钠可以溶于水。于是,采取在低温下(≤15℃),把阳离子交换树脂(732 钠型)和 APP 悬浮在水中,在搅拌的条件下,利用离子交换作用使 APP 溶解,同时可以去除大部分铵离子。为了尽量除尽铵离子,让样品交换三次。形成的聚磷酸盐溶液呈碱性,而聚磷酸盐溶液在碱性条件下水解倾向大大降低,这有利于我们的实验研究。考虑到溶液黏度和扩散速度因素,把低聚合度的 APP 和高聚合度的 APP 分别配制成约为 1.0g/100mL 和 0.5g/100mL 的溶液备用。

3) 端基磷量滴定

用移液管移取 100mL 或 400mL 样品溶液放入 400mL 或 1000mL 的烧杯中,放入搅拌子,插入电极,在电磁搅拌条件下用滴管小心滴加稀硝酸(1:4),调溶液 pH≈3.5,进行滴定。

在考虑消除铵离子影响时,先调溶液 pH≈5,加入 1mol/L 的四苯硼钠溶液 3mL 或 6mL,反应 3min 后,调溶液 pH≈3.5,再进行滴定,此滴定可获得端基磷所消耗标准碱液体积。

磷酸盐量滴定,另取一份同样量的溶液,按前述不考虑铵离子影响的方法,滴定至第一个突跃刚出现(pH≈4.7),立即停止滴定,加入 1mol/L 的硝酸银溶液 5mL 或 10mL,由于生成磷酸银沉淀,使磷酸二氢根的两个弱酸质子释放出来,溶液 pH 下降,用标准氢氧化钠溶液滴至溶液 pH=5.2±0.05,记录下加入硝酸银后滴定消耗碱液的体积,便可确定磷酸盐量。

4）总磷量滴定

用移液管取 25mL 或 50mL 样品溶液，放入 250mL 的平底单口烧瓶中，加水至 100mL，再加入 12mL 浓盐酸，装上回流冷凝管和电热套，回流 12h，冷却后，用 2mol/L 氢氧化钠溶液调溶液 pH≈3.5，再用标准氢氧化钠溶液滴定，可获得滴定总磷所消耗的标准碱液体积。

所有滴定过程，在突跃点附近每次加碱液量 0.1mL，其他时段每次加碱液量 0.2～0.5mL。

在得到确定的端基磷含量和总磷量后，便可代入式（4-12），得到所测 APP 的数均聚合度。

4. 端基滴定法中主要的影响因素

端基滴定法测定 APP 的聚合度中，端基磷和总磷量的精确性是影响测试结果的最关键因素。

虽说 APP 不完全溶于水，并且高聚合度的 APP 仅能微溶于水，但是，聚磷酸链在水中有水解趋势，会使聚合度降低。因此如何在聚磷酸链水解的过程中，尽可能准确地测得端基磷的量是端基滴定法测定聚合度的第一要素。而无论是用喹钼柠酮溶液进行沉淀滴定或用氢氧化钠溶液进行 pH 滴定来确定总磷量，都需要将聚磷酸链完全地水解成为正磷酸，才可以得到准确值。因此，这一节中，将针对聚磷酸链的水解对端基磷测试的影响和聚磷酸是否完全水解影响总磷量两个方面，来分别分析端基滴定法中应当注意的环节。

1）影响端基磷滴定结果的因素

聚磷酸盐在水溶液中有水解断链倾向，APP 也是如此，如表 4-6 所示，为 15% APP 水溶液的水解反应速率，可以看出，随着温度的升高，水解速率明显加快，而在酸性条件下，水解速率也会提高。

表 4-6　15%（质量分数）APP 溶液的水解反应速率[12]

参数	100℃		60℃	
	pH=4.5	pH=6.0	pH=4.5	pH=6.0
一级反应速率常数/min^{-1}	5.5×10^{-4}	3.3×10^{-4}	4.5×10^{-6}	2.6×10^{-6}

Pfanstiel 等[50]研究指出，溶液每升高 5℃，水解速率增加一倍。如表 4-7 所示，溶液温度从 0℃ 到 100℃，水解速率加快 10^5～10^6 倍；溶液从碱性到强酸性，水解速率提高 10^3～10^4 倍。但其在中性及碱性溶液中和室温条件下比较稳定，水解较慢[51,52]。在酸性条件下（pH=5.2），即使在 0℃，1h 内就有可测定量的水解产物生成[52]。此外，酶对线型聚磷酸盐的水解也有明显的加速作用，而配合阳离子、溶液浓度和溶液中离子强度等因素也会使水解速率产生数倍的增长。不同聚合度的

APP 在 0.1mol/L 氯化钠水溶液中和在 25℃ 条件下增比黏度随时间变化情况,见表 4-8。

表 4-7 线型聚磷酸盐水解速率受外界条件影响情况[53]

外界因素	对水解速率影响情况
温度从 0℃ 到 100℃	快 $10^5 \sim 10^6$ 倍
pH:从碱到强酸	快 $10^3 \sim 10^4$ 倍
酶	快 $10^5 \sim 10^6$ 倍
配合阳离子	大部分提高许多倍
溶液浓度	大约成比例
溶液中离子强度	几倍的影响

表 4-8 两种 APP 样品增比黏度的变化(pH$\approx$7.0,浓度为 1‰)

Exolit 422 APP		自制 APP	
存放时间/天	增比黏度	存放时间/天	增比黏度
0	51.99	0	3.605
1.5	47.46	2.5	3.499
4	39.33	7	3.449
7	33.55	17	3.246

表 4-8 中的结果表明,即使在 pH 接近 7.0 和室温条件下,APP 依然有一定程度的水解。因此,制备样品溶液和滴定过程中必须尽量在碱性和低温条件下进行,以便降低其水解的可能性。

APP 溶液中有可以与碱反应的铵离子,尽管制备溶液时用过量的离子交换树脂试图除尽铵离子,但由于铵离子和钠离子在选定交换树脂上的分配系数相近($K_{NH_4^+}=2.55,K_{Na^+}=1.98$),总会有残余铵离子存在。残余铵离子会对端基磷量滴定造成干扰。因为,铵离子的 $pK_a=9.25$,聚磷酸的端基质子 $pK_a=7\sim10$,两者酸性接近,也就是说在进行端基滴定时,铵离子会消耗氢氧根,造成端基磷量偏高。

由于合成方法和原料的缘故,几乎所有的 APP 产品中都含有不等量的磷酸盐杂质。这点早已被 Camino 等[52]用 ^{31}P 核磁共振技术,在 0.08mol/L 的 NaCl-D_2O 作溶剂的 APP 溶液中检到。Haufe 等[54]用固体 ^{31}P 核磁共振技术证明了Ⅱ型结晶 APP 中,同样含有磷酸盐,并认为是磷酸二氢铵。显然,磷酸盐杂质的存在,使端基磷量滴定不准,因为磷酸盐在第一突跃点(pH$\approx$4.5)后,是以磷酸二氢根形式存在,而在到达第二突跃点(pH$\approx$9.5)后,转化成磷酸一氢根形式,即有一个质子被氢氧根中和,使端基磷量偏高。

2）聚磷酸盐水解时间确定

在确定总磷量时必须要把聚磷酸盐完全水解成磷酸或其盐。Griffith[48] 曾提出了一种快速水解聚磷酸盐的方法，即在聚磷酸盐溶液中加入强酸和碱金属氯化物，然后把溶液蒸干，整个过程可在 1h 内完成。加入碱金属氯化物是为了阻止水解生成的磷酸盐重新缩合成聚磷酸盐。但我们在试用这种方法时发现，在加热蒸干过程中容易迸溅，蒸干后得到的固体有时不易溶解，对于聚合度高的 APP 尤其如此。van Wazer 等认为在聚磷酸盐溶液中加浓盐酸煮沸条件下，4h 内聚磷酸盐可以完全水解[55]。我们经过实验研究后认为，在强酸性条件下，回流水解 12h 比较合适。表 4-9 是水解时间对结果的影响。

表 4-9 一种自制 APP 样品不同回流时间条件下所得聚合度值

回流时间/h	聚合度
4	59
8	65
12	66

从表 4-9 中可以看出同一样品在不同回流水解时间情况下，测定的聚合度结果不同，回流水解时间越长，测得聚合度越大，但达到 12h 后变化不大，说明 12h 基本能够使聚磷酸盐水解完全。

另外，从表 4-10 中可以看出聚合度高的聚磷酸盐需要更长的水解时间才能水解完全，这点与 APP 的宏观性能表现是一致的。Griffith[48] 和 van Wazer 等[55] 的方法可能仅适用于聚磷酸盐聚合度较低的场所。

表 4-10 自制 APP 样品在不同回流时间条件下所得聚合度值的对比情况

样品	回流 12h	回流 24h
1# APP	54	54
3# APP	113	116

3）滴定方法的改进

为了避免 APP 水解断链，在溶液制备过程中利用冰水浴把溶液温度控制在 10～15℃，但不是温度越低越好，因为温度太低会使溶液黏度很大，不利于离子交换反应。选用钠型阳离子交换树脂，可使制得的样品溶液呈碱性（pH 在 9 以上），降低了水解的可能性，这就很好地克服了用质子型阳离子交换树脂的弊端。国家行业标准（HG/T2770—1996，HG/T2770—2008）中的方法用的是质子型阳离子交换树脂。

消除铵离子干扰的方法是，在弱酸性条件下，加入铵离子沉淀剂四苯硼钠，使残余铵离子生成沉淀被除去。加入沉淀剂后，滴定曲线形状基本保持不变，但滴定突跃点位置稍有变化。

排除磷酸盐干扰的措施[56]是,在溶液滴定到达第一突跃点后,先停止滴定,并加入硝酸银沉淀剂,把磷酸二氢盐转化成磷酸银沉淀,同时释放出质子,用标准碱液滴定释放出的质子量,可确定磷酸盐的量,以便在计算聚合度时扣除。

4) 实验结果

为了便于比较,把只考虑水解因素和既考虑水解因素也考虑残余铵离子影响以及三种因素同时考虑时的聚合度测定结果汇集在表 4-11 中。

表 4-11　用三种滴定方法测得的三种 APP 的聚合度

样品编号	直接滴定	除铵滴定	除铵和扣除磷酸盐滴定
1# APP	54	42	51
2# APP	65	66	76
4# APP	114	256	281

从表 4-11 中可以看出,沉淀除铵对 4# APP 样品效果明显,1# 和 2# APP 却基本没有效果。经分析认为,1# 和 2# 样品聚合度较低,其在酸化时所形成聚磷酸的端基弱酸的酸性比铵离子的酸性要强,同时由于聚合度低,其端基磷浓度相对较大,而溶液黏度相对较小,溶液黏度小有利于离子交换反应,使残余铵离子的量降低,极少量的残余铵离子对滴定基本没有影响。4# APP 则相反,聚合度高,使之形成的聚磷酸的端基弱酸的酸性比铵离子的酸性弱或相当,并且端基磷浓度也较低,残余铵离子对其滴定影响较大。另外,聚合度高,使溶液黏度增大,溶液黏度的增大,不利于离子交换反应进行,这可能会使溶液中残余铵离子量增加,对滴定结果影响也随之增大。

磷酸盐杂质对三个样品滴定结果都有影响,只是程度不同,磷酸盐杂质对低聚合度的样品影响大,说明低聚合度样品中磷酸盐杂质相对含量较高。

另外,按本实验方法制备样品溶液后,直接滴定的结果比按标准 HG/T2770—1996 和 HG/T2770—2008 方法得到的结果(聚合度小于 50)要好得多,说明水解对滴定结果影响较大。不管采取什么方法制备样品溶液,滴定时都要酸化,而滴定过程需要时间,水解几乎是不可避免的,只是程度问题。

5. 小结

端基滴定法测定 APP 聚合度主要受水解、残余铵离子和磷酸盐杂质等因素的影响,其中水解影响最大,残余铵离子的影响程度与 APP 聚合度的大小有关,磷酸盐杂质对测定结果的影响取决于其在 APP 中的含量。

通过采用钠型阳离子交换树脂作交换树脂降低水解可能性、用沉淀剂消除残余铵离子影响和用滴定磷酸盐杂质量扣除其影响后,可以得到较可信的 APP 聚合度测定结果。

4.7.2　^{31}P 核磁共振法测定 APP 聚合度的研究

1. 实验方法原理

^{31}P 核磁共振法测定 APP 聚合度是利用 APP 分子链中端基 P 和中间 P 的化学环境不同,如表 4-12 所示,所产生的化学位移也就不同,来区分端基 P 和中间 P 原子,P 的端基峰和中间峰的面积则分别代表了端基 P 和中间 P 的相对量,如果用 S_e、S_t 分别代表端基峰和中间峰的面积,则平均聚合度为

$$\bar{n} = \frac{2S_t}{S_e} + 2 \tag{4-15}$$

由式(4-15)知,只要能够得到 S_e 和 S_t,便很容易地计算获得平均聚合度。

表 4-12　磷酸盐及聚磷酸盐 ^{31}P 核磁共振谱中的 P 化学位移[57]

磷酸盐及聚磷酸盐	端基 P 化学位移/ppm	中间 P 化学位移/ppm
磷酸二氢铵	1±1	
磷酸氢二铵	1±1	
二聚磷酸铵	−8±1	
三聚磷酸铵	−8±1	−22±1
四聚磷酸铵	−9±1	−22±1
短链聚磷酸铵	−5±1(盐),−10±1(质子化)	−18±1
长链聚磷酸铵	−5±1(盐),−10±1(质子化)	−21±1
环状偏磷酸铵		−21±1

理论上不管是固体还是液体 ^{31}P 核磁共振都可以用来测定 APP 的平均聚合度,但是,我们通过实验发现固体 ^{31}P 核磁共振分辨率不够高,出现的共振峰较宽,有些共振峰分不开,造成积分面积误差增大,所以以下研究主要使用液体 ^{31}P 核磁共振法。

虽说也能用固体 ^{31}P 核磁共振直接对样品进行测定,但受固体 ^{31}P 核磁共振分辨率较低的影响,并不适用于定量测定 APP 的聚合度。因此,目前依然采用液体 ^{31}P 核磁共振来测定 APP 的聚合度。但是,由于 APP 仅能部分溶于水,特别是高聚合度的 APP 仅能微溶于水,且溶解部分可能为聚合度较低的 APP 部分,使 ^{31}P 核磁共振法的应用受限。所以,采用此法测定 APP 的聚合度,特别是高聚合度的、水不溶性的 APP,首先要探索如何将其溶解到一种溶剂中。在之前的章节中,已经讲述了 APP 除部分溶于水外,并不溶于其他类型的非水溶剂,因此,还必须回归到寻找如何在特殊的情况下,让 APP 完全溶于水的办法。

根据将 APP 完全溶于水所采用的方法不同,又可将^{31}P 核磁共振法分为热水溶解液体^{31}P 核磁共振法和碱金属盐促溶液体^{31}P 核磁共振法两种。在新的国家行业标准 HG/T2770—2008 中,对Ⅱ型 APP 聚合度的测定便采用了热水溶解液体^{31}P 核磁共振法,具体操作步骤如下所述。

2. 热水溶解液体^{31}P 核磁共振法

称取 1.0g 试样,精确至 0.0002g。置于 150mL 烧杯中,加 100mL 水溶解。将烧杯放置于 100℃ 油浴中,磁力搅拌 10min,溶液基本澄清,呈透明溶胶状。

取上述实验溶液 0.4mL 于 5mm 核磁管中,并加入 0.2mL 的 D_2O,置于超声脱气中使其充分均匀。用^{31}P 核磁共振进行测定,其中^{31}P 观察频率 161.898MHz,反转门控去偶,化学位移以 85% H_3PO_4 的峰为 0.0×10^{-6} ppm,脉冲角度 45°,谱宽 9813Hz,脉冲间隔 1s,采样时间 1s,采样 36 000 次,测试温度 35℃。

如表 4-12 所示,测试的^{31}P 核磁共振谱中化学位移在 −10ppm 左右的峰为端基^{31}P 共振峰,−20ppm 左右的峰为主链^{31}P 共振峰,对其分别积分得到端基磷和中间磷的积分面积,代入式(4-15),所得为 APP 的数均聚合度。

如图 4-24 所示为一个聚合度较高的 APP 的^{31}P 核磁共振谱图。根据表 4-12 可知,其中 $\delta = 0.146$ppm,$\delta = -9.644$ppm 和 $\delta = -23.192$ppm 处的 3 个峰分别为未聚合的磷酸铵盐、聚磷酸端基磷和聚磷酸中间磷的化学位移峰。积分 $\delta = -9.644$ppm 和 $\delta = -23.192$ppm 两个峰的峰面积,并代入式(4-15)便可计算出所测 APP 的数均聚合度。但是,可以看出,在图 4-24 所示的^{31}P 核磁共振谱中,磷酸铵盐杂质的峰要强于聚磷酸端基磷的峰。虽说在制备的高聚合度的 APP 中,或多或少地存在未聚合的磷酸铵盐,但是在高聚合度的 APP 中,该峰的强度通常要小于端基磷的峰,出现如图的现象,可能是 APP 在热水溶解过程中的水解造成,因此势必会使所测的聚合度偏小。除未聚合的磷酸铵盐以外,偏磷酸铵(主要为环-三偏磷酸铵和环-四偏磷酸铵)是存在于 APP 中的另一类杂质。这类杂质与 APP 具有更相近的性质,而在^{31}P 核磁共振谱中,偏磷酸铵中的磷与 APP 的中间磷有相同的化学位移,因此,偏磷酸铵杂质的存在会使测得的聚合度偏大。但是,偏磷酸铵的热稳定性较低,会使 APP 产品的热稳定性随之降低。一般偏磷酸铵在 APP 中的含量小于 1%,且可用 XRD 和 TGA-FTIR 等方法鉴别出来。

3. 碱金属盐促溶液体^{31}P 核磁共振法

尽管 APP 只能部分溶于水,且高聚合度的 APP 仅能微溶于水,但对 K^+、Na^+ 等强的碱金属阳离子非常敏感。当有少量的碱金属阳离子存在时,APP 的水溶性便会成倍增加。而聚磷酸钠作为最早被发现的几种可溶性的聚电解质,得到了广泛的研究。如在 4.7.3 节中用黏度法测定 APP 的聚合度便是将 APP 转化为聚磷

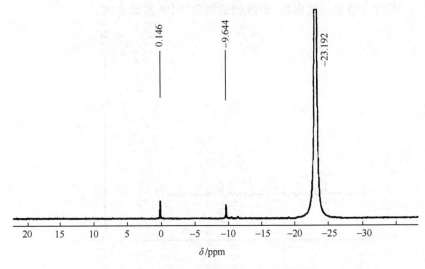

图 4-24　热水溶解 APP 的^{31}P 核磁共振谱

酸钠,再依据黏度法测定聚磷酸钠的聚合度方法,来测定聚合度。而 van Wazer 等[58]用一定浓度的聚磷酸钠溶液,进行了聚合度测定方法的研究,并认为^{31}P 核磁共振法只适用于平均聚合度小于 75 的聚磷酸盐聚合度的测定;Makoto 等[59]则用固体^{31}P 核磁共振法测定了聚磷酸钠的聚合度;Macdonald 等[60]对从聚磷酸到聚磷酸钠和季铵盐转化后的^{31}P 核磁共振化学位移变化进行了比较研究。其中,van Wazer 等[57]给出了相对于 85％的磷酸各种磷酸盐及聚磷酸盐中处于不同化学环境的 P 的化学位移(表 4-12)。而在液体^{31}P 核磁共振法测定 APP 的聚合度时,抗衡阳离子的种类并不会影响端基磷和中间磷的化学位移。那么,为何不将 APP 转化为可溶的聚磷酸钠,再利用液体^{31}P 核磁共振法测定其聚合度呢? 在实际的研究中发现,并不需要将 APP 完全地转化成为聚磷酸钠,而只需部分转化成为聚磷酸钠,便会促使 APP 溶解。一般来说,只需向 APP 的水溶液(5％,质量分数)中加入 0.5％~1.0％的 NaCl,便能使 APP 在常温下溶解到水中,产生了碱金属盐促溶液体^{31}P 核磁共振法。这种方法有常温溶解、制样简单、溶解速度快等特点,降低了聚磷酸链在水中的水解,使测得聚合度更接近真实值,是目前最行之有效的测定 APP 聚合度的方法。

其测试方法与热水溶解液体^{31}P 核磁共振法基本一致。图 4-25 是用碱金属盐促溶 APP 所得的^{31}P 核磁共振谱。可以看出,其中未聚合的磷酸和端基磷的量都非常微弱,根据端基磷和中间磷的共振峰的积分强度,代入式(4-15)所得聚合度为 854。但是在本次测试中,因为样品采集次数较少,使磷酸和端基磷的峰与噪声水平相当,从而使误差增大。在这种情况下,需增加扫描的次数,来避免此类误差的出现。因此,在用核磁共振法时,必须要灵活地掌握测试条件,在针对高聚合度的

APP 时,需酌情增加采集次数,来准确地测定 APP 的聚合度。

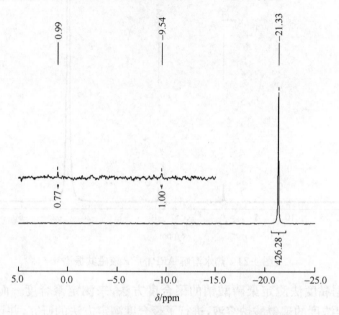

图 4-25　碱金属盐促溶 APP 的 ^{31}P 核磁共振谱

4. 干扰因素

^{31}P 核磁共振法测定 APP 聚合度一般不受抗衡阳离子和有机质等杂质的影响,主要干扰源是与 APP 具有相似结构的磷酸盐类杂质。如未聚合的磷酸铵、二聚磷酸铵、三聚磷酸铵、四聚磷酸铵,以及三偏磷酸铵和四偏磷酸铵等。本节将主要针对这几种杂质对 ^{31}P 核磁共振法测定 APP 聚合度的影响进行分析。

如表 4-12 所示,APP 的端基磷因为化学环境的不同,存在两个主要的化学位移,分别为(-5±1)ppm(盐)和(-10±1)ppm(质子化)。严格意义上讲,二聚磷酸铵、三聚磷酸铵和四聚磷酸铵也属于 APP 的范围,且与 APP 有着相似的端基磷和相同的中间磷(三聚磷酸铵和四聚磷酸铵)。但是,其端基磷化学位移分别为(-8±1)ppm、(-8±1)ppm 和(-9±1)ppm,与高聚合度的 APP 的端基磷的化学位移并不相同,因此,上述三种杂质的存在,会使 APP 的 ^{31}P 核磁共振谱图上在化学位移为 -10~-5ppm 的区间内出现多个共振峰,对端基磷峰的确定产生干扰。如图 4-26 所示,在 APP 的 ^{31}P 核磁共振谱图中,在 -10~-5ppm 之间,存在 -5.65ppm 和 -7.14ppm 两个共振峰。此处,-5.65ppm 的共振峰为高聚合度 APP 的端基峰,而 -7.14ppm 为二聚磷酸铵、三聚磷酸铵和四聚磷酸铵的端基磷共振峰。但是,虽说能够确定该峰属于这三种杂质,但还是不能精确地说属于其中的哪一种。一般来说,在 APP 的制备过程中,作为主要的三种小分子副产物,它们具有基本相同的含量,因此,在进行计算时,取平均值,认为是属于三聚磷酸铵。

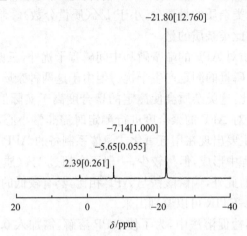

图 4-26　一种 APP 的 ^{31}P 核磁共振谱图(中括号中数据指的是峰面积)

　　当 APP 样品中含有三聚磷酸铵和四聚磷酸铵时,会对结果造成影响,从表 4-12 可以看出,它们的端基磷化学位移分别是 (-8 ± 1)ppm 和 (-9 ± 1)ppm,不会对端基磷测定造成影响,但是它们的中间磷却会对 APP 中间磷测定造成干扰(图 4-26)。在图 4-26,-7.14ppm 处的共振峰便是二聚磷酸铵磷或三聚磷酸铵的端基磷所形成的,也可能是它们共同形成的,化学位移为 2.39ppm 处的共振峰是磷酸铵盐所致,但没有出现 APP 的端基磷峰,说明样品聚合度较高。与图 4-27 不同,图 4-26 在出现二聚磷酸铵和三聚磷酸铵的端基磷共振峰同时,在 -5.65ppm 处也出现了 APP 的端基磷共振峰。

　　在实际计算 APP 的聚合度时,根据三聚磷酸铵和四聚磷酸铵的端基磷量,算出它们的中间磷量,在计算 APP 聚合度时扣除,不过这样做也不是十全十美,因为二聚磷酸铵磷的化学位移和三聚磷酸铵的端基磷的一样,即在 (-8 ± 1)ppm 处的峰很难区分是二聚磷酸铵的磷还是三聚磷酸铵的端基磷形成的,遇到这种情况,我们只能认为是三聚磷酸铵。

　　此外,对于一些特殊的 APP 样品,会在 -5ppm 和 -10ppm 附近同时出现 APP 的端基磷共振峰。这种情况下,需加和两个峰的峰面积,其总和作为 APP 端基磷的量。

　　除了对端基磷的影响外,如表 4-12 所示,三聚磷酸铵和四聚磷酸铵在 (-22 ± 1)ppm 处也存在 APP 中间磷的峰,会对中间磷的量产生干扰。此处,需根据三聚磷酸铵端基磷的量(折中值),从中间磷量中扣除这类杂质的干扰。

　　总体上,这三类杂质的存在,会使测定 APP 的平均聚合度偏低,也是值得注意的。而这三类杂质的量也非常依赖于制备过程中的工艺条件,一般来说,磷酸盐体系制备 APP 时,此类杂质的量要多,通常在百分之几到百分之十几之间。而用五氧化二磷体系时,此类杂质的量要少,小于 1%(质量分数)。制备过程中温度过高或过低,也都会增加此类杂质的量。

除以上三种杂质对 APP 的端基磷和中间磷有干扰外,三偏磷酸铵和四偏磷酸铵也会对 APP 中间磷量的测定产生干扰。但由于这两种杂质是环状的,并不会影响端基磷的量。因此,这类杂质会使测定的聚合度高于实际值,且更具有迷惑性,在用 ^{31}P 核磁共振法对 APP 的聚合度进行测定时需非常小心,以防出现弄虚作假的情况。偏磷酸铵主要出现在用五氧化二磷体系制备的 APP 中,是在五氧化二磷与水作用开环的过程中形成,但量较少,一般不会超过 1%(质量分数)。这类杂质可用 XRD 进行鉴别,此外,偏磷酸铵与 APP 相比,具有较低的热稳定性,通过热重分析(TGA)和 TGA-FTIR 可以鉴别出来。

此外,在碱金属盐促溶法中,为了使 APP 溶解,需加入 0.5% 左右的氯化钠,其是否改变 APP 的构成,APP 溶于氯化钠的重水溶液后,结构是否发生了变化,都要有确切的回答。为此,我们特地选择三个不同聚合度的 APP 样品分别对它们做了液体 ^{31}P 核磁共振和固体 ^{31}P 核磁共振(图 4-27、图 4-28 和图 4-29),并作了对比,发现除了两种方法所得峰形有所不同外,化学位移基本没有变化,也没有出现新的峰(2# 样品例外),说明我们选择的溶解方法是可行的,溶解后的 APP 在测试条件下和测试时间内水解量很少,可以忽略。这也为我们后面进行杂质含量计算提供了条件。

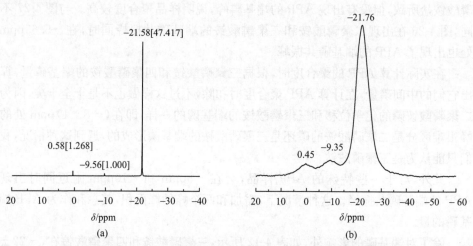

图 4-27 1# APP(聚合度约 100)样品的液体 ^{31}P 核磁共振谱图(a)
和固体 ^{31}P 核磁共振谱图(b)比较(中括号中数据为峰面积)

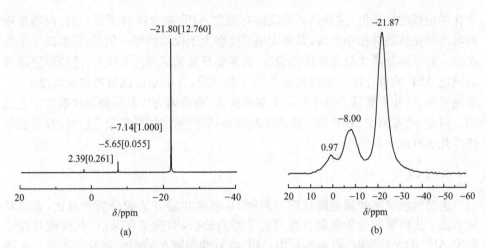

图 4-28　2#APP(聚合度约 500)样品的液体 31P 核磁共振谱图(a)
和固体 31P 核磁共振谱图(b)比较(中括号中数据为峰面积)

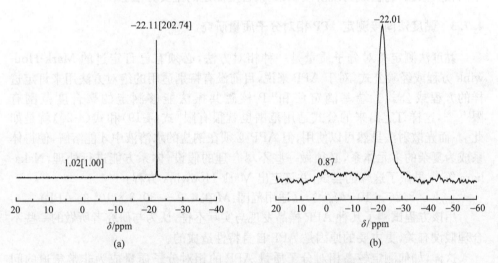

图 4-29　3#APP(聚合度约 1000)样品的液体 31P 核磁共振谱(a)
和固体 31P 核磁共振谱(b)比较(中括号中数据为峰面积)

5. 31P 核磁共振法测定 APP 聚合度的范围

无论用何种方法测定 APP 的聚合度,其最大的困难是随着 APP 聚合度的提高,端基磷的量会急剧减少,其检测方法对端基磷的灵敏度就很大程度上决定这种聚合度测定方法能够测定 APP 聚合度的范围。

但是,在 31P 核磁共振法测定 APP 的聚合度时,核磁共振仪的灵敏度并不是制约 APP 聚合度测定范围的关键因素,核磁共振仪的灵敏度更多的是看能够分辨两个化学位移的最小值,这显然不是我们在测定 APP 聚合度时所关心的,而端基磷的峰能否在核磁共振中出现,其强度是否能够大于仪器的噪声信号,是取决于采集次数。对于端基磷含量非常低的情况,就需要延长采集时间和次数,才能够更准确地测定 APP 的聚合度。如出现图 4-29 中的情况,并不是说该仪器的灵敏度不够,不能检测,也并不能认为这个样品是偏磷酸铵,而是因为样品采集的次数太少造成的。但是,随着测定 APP 聚合度的不断增高,需酌情增加采集量,这个过程可能会持续几小时或十几个小时。

6. 小结

通过热水溶解和碱金属盐促溶两种 ³¹ P 核磁共振方法的分析和对比,通过对该方法干扰因素的分析和聚合度测定范围的分析,明确了在采用 ³¹ P 核磁共振法测定 APP 的聚合度时,更推荐采用 APP 水解倾向较小的碱金属盐促溶法。这种方法具有操作简便、结果准确、测试范围广等特点,并能够附带提供所含杂质及含量的相关数据,将会成为现阶段 APP 聚合度测定的主要方法。

4.7.3 黏度法间接测定 APP 相对分子质量研究

黏度法测定相对分子质量是一种相对方法,必须有已订定过的 Mark-Houwink 方程或经验公式,对于 APP 来说,目前没有特别适用的绝对方法用来订定这样的方程或公式。端基滴定法和 ³¹ P 核磁共振法能够测定的聚合度范围有限[47,58],这样订定出来的公式适用范围也就很有限[式(4-19)和式(4-20)就是如此]。而光散射法虽然可以使用,但 APP 必须在钠盐的水溶液中才能溶解,使得体系成为复杂的多元体系,必须做一些不尽合理的假设,体系方能进行处理,Nakahara 等[61]早做了这样的尝试,并订定出 Mark-Houwink 方程:

$$[\eta] = 8.26 \times 10^{-5} M_\eta^{0.78} \quad (适用范围:M 在 4.9 \sim 30.3 \times 10^4 的 APP)$$

用该方程试测了几种 APP 样品发现与实际不符,认为与研究者所做的一些不合理假设有关,更主要的原因是 APP 自身特性造成的。

这样,如何测定较高相对分子质量 APP 的相对分子质量成为非常急迫的问题,我们知道前人对聚磷酸钠(NaPP)的研究[45,62-65]较多,也比较成熟。同时,APP 的溶解过程总是要转化成 NaPP 才能溶解。那么,可否把 APP 转化成 NaPP 后,应用早期已订定好的针对 NaPP 的 Mark-Houwink 方程或经验公式,来研究 APP 的相对分子质量测定问题呢? 本节研究的目的就是试图回答这个问题,并通过比较用 Mark-Houwink 方程和经验公式测定的结果,试图建立两者结果间的关系,以便扩展经验公式的适用范围。

1. 实验原理

特性黏度法:APP 在常温下没有合适的溶剂,加热或加酸又容易造成其水解断链,同时 APP 没有已订定好的 Mark-Houwink 方程可以使用,现有的订定方法能够测定的相对分子质量范围有限。而 NaPP 可以溶于水,并有订定好的 Mark-Houwink 方程可用。于是,我们采取在低温下(≤15℃),把阳离子交换树脂(732 钠型)和 APP 悬浮在水中,在搅拌的条件下,利用离子交换作用使 APP 溶解,并转化成 NaPP。为了尽量使 APP 比较彻底地转化成 NaPP,让样品交换三次。形成的 NaPP 溶液呈碱性,聚磷酸盐溶液在碱性条件下水解倾向大大降低,这有利于我们接下来的研究。

把离子交换后得到的溶液按 Mark-Houwink 方程订定时的条件配制成五种不同浓度的溶液,测定它们的增比黏度 η_{sp}。根据 Huggins 方程式:

$$\frac{\eta_{sp}}{c} = [\eta] + k[\eta]^2 c \tag{4-16}$$

用 η_{sp}/c 对 c 作图,得一直线,直线的截距便是特性黏度 $[\eta]$,将 $[\eta]$ 值代入 Strauss 等[63] 订定的 Mark-Houwink 方程

$$[\eta] = 0.65 \times 10^{-4} M_\eta^{0.68} \tag{4-17}$$

便可计算出 NaPP 的相对分子质量,把 NaPP 的相对分子质量乘以 97/102 就是 APP 的相对分子质量。

NaPP 浓度标定:采用加酸水解的办法,使 NaPP 在酸性条件下回流水解成磷酸或其盐。然后,用 pH 滴定法测定磷酸根的量,再利用它们之间的相当关系,便可确定 NaPP 的浓度(用 g/100mL 表示)。

经验公式法:和特性黏度法类似,用离子交换法把 APP 转化成 NaPP,但只交换一次,可能有部分铵离子未被交换,交换产物准确来讲应称为聚磷酸钠铵。测定得到溶液的增比黏度,代入到 Pfanstiel 等的经验公式[50]:

$$\lg \bar{n} = 0.61 \lg \eta_{sp-1\%} + 2.12 \tag{4-18}$$

便可计算得到平均聚合度 $\bar{n}$。Pfanstiel 等的经验公式是为了测定聚磷酸钾的聚合度用端基滴定法订定的。他们是用离子交换法把聚磷酸钾转化成聚磷酸钠钾,聚磷酸钾的浓度是 1g/100mL,并且该公式可用于聚磷酸的平均聚合度的测定。铵离子和钾离子的离子半径非常接近,这是我们使用该公式的依据。

2. 样品溶液制备

称取 2.5g 左右的 APP,放入 400mL 高型烧杯中,加入 150mL 的蒸馏水和 30g±2g 的阳离子交换树脂,在搅拌条件下交换 0.5h 后过滤,除去阳离子交换树脂,换上新的阳离子交换树脂,重复交换三次,交换完成后,准确称取溴化钾 9.0038g±0.0005g,放入溶液中,溶解完全后,将溶液转移至 250mL 的容量瓶中,加 0.35mol/L 的溴化钾溶液稀释至刻度,盖上塞子,上下倒置使其均匀,用 G3 砂芯漏斗过滤后用来测定特性黏度。

精确称取 1.000g±0.005g 的 APP 样品,放入 300mL 高型烧杯中,加入 60mL 的蒸馏水和 30g 的阳离子交换树脂,在搅拌条件下交换 1.0h 后过滤,用 30mL 的蒸馏水分三次洗涤烧杯、阳离子交换树脂和漏斗,并将洗涤液一并转移至 100mL 的容量瓶中,加蒸馏水至刻度,用 G3 砂芯漏斗过滤后,用来测定增比黏度。

3. 实验方法

特性黏度测定:用移液管分别移取 40mL、30mL、20mL、10mL 的用作测定特性黏度的溶液,放入 100mL 的碘量瓶中,用另外一支移液管分别取 20mL、30mL、40mL、30mL 0.35mol/L 的溴化钠溶液,加入到对应的碘量瓶中,配制成四种浓度为 $2c/3$、$c/2$、$c/3$、$c/4$ 的溶液(原溶液浓度为 c)。

把待测溶液加入到乌氏黏度计中,然后将乌氏黏度计放入恒温水槽(温度控制在 25℃±0.5℃),恒温 5min 后测定流出时间,每个浓度样品溶液至少测定三次,测定顺序从 0.35mol/L 的溴化钠溶液、低浓度到高浓度,每测定完一种溶液,测定下一种溶液前,要用待测溶液冲洗黏度计三遍。

溶液浓度测定:把精密 pH 计(pHS-3C 型)预热 0.5h,用邻苯二甲酸氢钾和四硼酸钠的标准缓冲溶液进行校正。校正完后,把电极用蒸馏水冲洗干净,待用。

用移液管取 25mL 样品(用于测定特性黏度的)溶液,放入 250mL 的平底单口烧瓶中,加水至 100mL,再加入 12mL 浓盐酸,装上回流冷凝管和电热套,回流 12h,冷却后,把溶液转移至 500mL 的烧杯中,用少量的蒸馏水洗涤烧瓶五次,洗涤液合并到烧杯中,放入电极,开动电磁搅拌器,用 2mol/L 氢氧化钠溶液调节溶液 pH≈3.5,再用标准氢氧化钠溶液滴定,记录下溶液 pH 随加入标准氢氧化钠溶液体积的变化,用溶液的 pH 对标准氢氧化钠溶液体积作图,得到滴定曲线,对曲线求微分可得到微分曲线,微分曲线中两极值点间的体积差便是消耗的标准氢氧化钠溶液体积,标准氢氧化钠溶液浓度是已知的,这样很容易计算得到 NaPP 的浓度。

增比黏度测定:与特性黏度相似,把蒸馏水和待测溶液分别加入到乌氏黏度计中,然后将乌氏黏度计放入恒温水槽(温度控制在 25℃±0.5℃),恒温 5min 后测定流出时间,每个样品溶液至少测定三次,求平均流出时间。再计算增比黏度。

4. 结果与讨论

1) 特性黏度(Mark-Houwink 方程)法

几种 APP 样品 η_{sp}/c 对 c 作图情况见图 4-30。

图 4-30 显示:所有样品作图结果斜率为负值,这在一般聚合物溶液体系中是没有的,所研究的对象是无机聚电解质,为了使其能够服从一般聚合物的变化规律,在溶液中加入了小分子电解质,用来消除聚电解质电离后分子链上电荷对分子

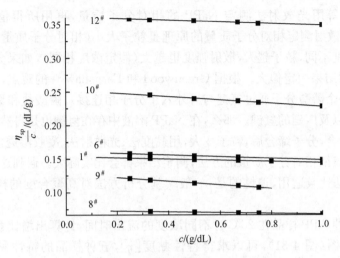

图 4-30　几种 APP 样品 η_{sp}/c 对 c 作图

形态的影响。但体系中小分子电解质溴化钠浓度较大，外加钠离子浓度是聚电解质自身钠离子浓度的 3.5 倍以上，对 NaPP 的电离起到抑制作用的同时，会使 NaPP 分子链舒展程度大大降低。NaPP 浓度的增加，一方面会使溶液黏度增加，另一方面使 NaPP 分子链更加紧缩（因为钠离子浓度也增加），分子链紧缩会降低溶液黏度，综合作用效果是 η_{sp} 增加没有浓度 c 增加快，使 η_{sp}/c 比值减小，直线出现负斜率。Strauss 等[45]发现了聚电解质溶液中分子尺寸或溶液黏度对离子强度的依赖性，但没有作出解释。

测定各种样品的特性黏度后，用 Strauss 等[45]订定的 Mark-Houwink 方程［式(4-17)］计算所得结果列于表 4-13，分析表中结果，发现所有样品相对分子质量都比实际大很多（与 ^{31}P 核磁共振法相比），这主要与 Strauss 等订定的 Mark-Houwink 方程时所用的绝对方法有关。

表 4-13　不同方法测定的 APP 的聚合度（相对分子质量）

样品编号	聚合度	APP 相对分子质量(×10^4) （Mark-Houwink 方程）	聚合度 （经验公式法）	聚合度 （^{31}P 核磁共振法）
1# APP	949	9.20	188	97
6# APP	1464	14.20	197	17
10# APP	2184	21.19	364	—
12# APP	12207	118.4	1414/1971	—
8# APP	876	8.50	80	82
9# APP	920	8.92	156	—
7# APP	562	5.45	103	22

Strauss 等用光散射法测定 NaPP 的相对分子质量,再用所得值拟合获得式(4-17)。光散射测定相对分子质量的原理是粒子大小(相对分子质量)不同所产生的散射强度不同,粒子越大,散射强度也越大(假定浓度相同),如果分子间有缔合,它测定的结果一定偏大。根据 Greenwood 和 Earnshaw[56] 的观点,在磷酸(磷酸晶体中,一个磷酸分子通过氢键与另外六个分子相连接)、磷酸盐和聚磷酸盐中存在着广泛以及广延的氢键。那么,在 NaPP 溶液中存在氢键也是自然的事,存在氢键,就会缔合,分子缔合后,粒子变大,用黏度法、光散射法、凝胶渗透色谱法等依据粒子大小表征相对分子质量的方法,测定结果都会比实际大。遇到这种情况,端基分析的方法比较适用,遗憾的是,一般端基分析方法对高聚合度的样品都无能为力。

测得五种 APP 样品在 25℃时不同浓度的流出时间,计算出增比黏度 η_{sp},用 η_{sp}/c 对 c 作图(图 4-31),可以求得特性黏度 $[\eta]$,五种样品的特性黏度值列于表 4-14 中。

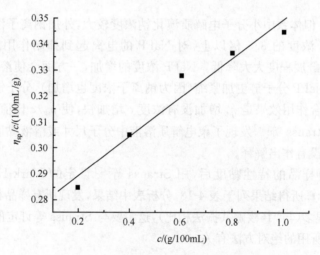

图 4-31　7# APP 的 η_{sp}/c 对 c 作图情况

表 4-14　作图外推得到的五种样品的特性黏度

样品编号	1# APP	2# APP	6# APP	7# APP	8# APP
特性黏度/(dL/g)	0.569	1.626	0.776	0.274	0.356

用 lg[η]对 lg$M$ 作图(图 4-32),得到 Mark-Houwink 方程:
$$[\eta] = 2.20 \times 10^{-3} M^{0.61} \text{(适用于 } M = 2000 \sim 45\,000\text{)} \tag{4-19}$$
从式(4-19)可以看出,APP 在 0.1mol/L 的氯化钠溶液中,其分子链基本处于无规线团状态。获得的 Mark-Houwink 方程与 Nakahara 等[61]订定的 Mark-Houwink 方程完全不同,K 值差别达到了近 400 倍。造成这种差别的主要原因,除了相对分子质量测定范围不同外,所用的绝对方法不同,也是重要原因之一。Nakahara 等采用的是光散射作为绝对方法,光散射是根据粒子大小来确定相对分子质量的,对于 APP 溶液体系是不可靠的,因为 APP 分子间容易形成氢键,造成分子缔合。

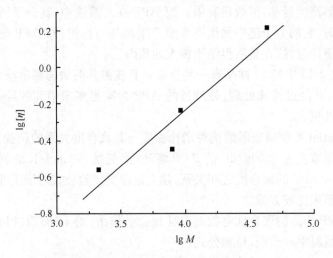

图 4-32　基于表 5-9 的 $\lg[\eta]$ 对 $\lg M$ 图

　　其中,6# APP 样品特性黏度异常,作图时未被采用。6# 样品特性黏度比聚合度大其五倍多的 1# 样品还要大,其中原因是它们的制备方法不同。把 APP 放入水中搅拌洗涤三天(中间换水 2 次),静置后,弃去上层清夜,中间层的浓悬浮液转入培养皿中,盖上滤纸,令其自然蒸干,得块状物,将之研碎,真空烘干便得到了 6# APP。6# APP 黏度反常的大,与其在水中浸泡有关,APP 在水中除主链缓慢水解外,主链上的铵离子也会水解形成羟基,羟基的存在使 APP 分子链间很容易形成氢键,在溶液中表现出黏度反常。

　　其他四个样品则直接制备后未经处理,虽然也有羟基存在,但数量较少,对黏度影响程度基本一致。

　　2) 增比黏度(经验公式)法

　　增比黏度(经验公式)法是测定一定浓度溶液的增比黏度,代入 Pfanstiel 等[50] 获得的经验公式(4-18),计算得到 APP 的聚合度。结果列于表 4-13 中。

　　从表 4-13 中可以看出,经验公式法得到的结果比实际值要大(与 [31] P 核磁共振法相比),但已经接近实际值的数量级,比用式(4-17)得到的结果小很多。经验公式法结果比 Strauss 等的 Mark-Houwink 方程法结果更接近实际值的原因是:Pfanstiel 等的经验公式是用端基滴定法订定的,尽管聚磷酸盐分子间有缔合,但端基滴定不受其影响,用端基滴定法的结果来拟合黏度法公式,在一定程度上可以消除缔合造成的影响,只要样品制备方法一样,这种缔合影响应该是一致的。因此

Pfanstiel 等的经验公式用于同种方法制备的同类聚磷酸盐是可行的。

但是,把该公式用于 APP 的聚合度测定有不合理的一面,因为 APP 分子链中存在一定量的羟基,但聚磷酸钾很少有这种情况。虽然聚磷酸钾溶于水后,端基磷基团会因水解产生羟基,但数量有限。而 APP 在水溶液中,其分子链端基水解产生羟基的同时,它的分子链中间也有水解产生羟基的可能,即 APP 分子比聚磷酸钾分子缔合更严重,这正是所得结果偏大的原因。

另外,表 4-13 中的 6# 样品有一些异常,[31]P 核磁共振法与黏度法相互矛盾,这是由于 6# APP 经过特殊处理,处理过的 APP 含有更多未中和的羟基,在溶液中缔合的可能性更大。

受 Pfanstiel 等获得聚磷酸钠钾增比黏度与其聚合度关系的经验公式的启发,著者试图探索浓度为 1.00g/dL 的 APP 溶液(溶剂是 0.1mol/L 的氯化钠溶液),其增比黏度与 APP 的聚合度之间关系,建立这样的经验公式对于工业生产中的质量控制使用起来比较方便。

四种 APP 样品的聚合度对数 $\lg\bar{n}$ 对 $\lg\eta_{sp-1\%}$ 作图(图 4-33)后,得到一直线,根据得到的直线斜率和截距,得到公式:

$$\lg\bar{n} = 2.17 + 1.36\lg\eta_{sp-1\%} \tag{4-20}$$

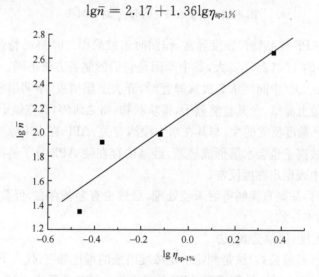

图 4-33 $\lg\bar{n}$ 对 $\lg\eta_{sp-1\%}$ 作图情况

让人感到高兴的是,聚合度对数 $\lg\bar{n}$ 对 $\lg\eta_{sp-1\%}$ 作图线性相关性比较好,达到了 0.94。8# 样品偏离较大,原因是其杂质含量太高,并且是可电离的磷酸铵盐类杂质,这相当于提高了小分子电解质的浓度,在聚电解质溶液中,小分子电解质浓度的增加会抑制聚电解质的电离,使聚电解质的分子链舒展趋势被抑制,表现为溶液黏度降低。很明显,8# APP 与其聚合度相近的 1# 相比,在 0.1mol/L 的氯化钠溶液(浓度同为 $1.00g/dL$)中,增比黏度要小得多。

3)Mark-Houwink 方程法与经验公式法比较

两种方法由于订定的绝对方法不同,造成结果差异很大,但是趋势是一致的。Pfanstiel 等的经验公式虽然能得到更接近实际的值,但测定聚合度范围在 1000 以下。用 Strauss 等的 Mark-Houwink 方程获得的结果与实际差别很大,但其测定的相对分子质量范围较大(表观值可达 125 万)。既然它们得到的结果趋势一致,那么它们结果之间有没有联系呢?如果它们之间存在一定的关系,就可以扩大 Pfanstiel 等的经验公式使用范围。

用 Pfanstiel 等的经验公式得到的结果(n_e)对 Strauss 等的 Mark-Houwink 方程得到的结果(n_m)作图(图 4-34),发现它们之间基本呈线性关系,经拟合得到它们之间关系式:

$$n_e = 0.162n_m - 6 \qquad (4\text{-}21)$$

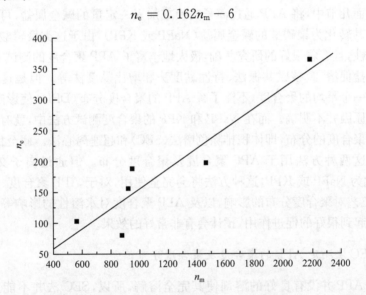

图 4-34 经验公式法结果 n_e 与 Mark-Houwink 方程法结果 n_m 关系图

前面讨论过经验公式法测得的聚合度值更接近实际值,但聚合度测定范围仅到 1000,超出这个范围的样品,就无法再用这种方法。但有了式(4-21)后,可以用 Mark-Houwink 方程法测定聚合度 n_m,然后代入式(4-21)计算得到聚合度 n_e。这样,相当于可以测定经验公式法聚合度 n_e 范围扩大到 2000。改用 Mark-Houwink 方程法测定聚合度 n_m,再用式(4-20)计算得到聚合度 n_e(并做线性拟合),两者差别较大,可见超出公式的适用范围后,测定结果可靠性降低很多。

通过离子交换法使 APP 溶解并转化成 NaPP,用黏度法测定 NaPP 的相对分子质量,间接测定了六种 APP 的相对分子质量。分析了用 η_{sp}/c 对 c 作图斜率为负值的原因。

对经验公式法和 Mark-Houwink 方程法测定结果进行了比较,并建立了两种方法结果间的联系。利用这种关系式(4-21)可使测定聚合度 n_e 范围达到 2000。

分析了黏度法测定结果与 ^{31}P 核磁共振法结果差别较大的原因,尽管黏度法结果与实际值有相当的差别,但用来比较同一种制备方法获得的同一类聚磷酸盐的相对分子质量大小是可行的,用作测定 APP 相对分子质量时需慎用。

此外,黏度法测定 APP 的聚合度,随着所测 APP 的聚合度增高,在将 APP 转化为 NaPP 的过程中,溶液的黏度会急剧增加,无论采取过离子交换柱或者是过滤的方法,需要数小时的时间才能完成,甚至有些样品会出现无法完成过滤的情况,这是需要进一步研究,有待解决的问题。

4.7.4 体积排除色谱法和超速离心法测定 APP 的聚合度及聚合度分布

在前面几节中,将 APP 通过离子交换或加入一定量的碱金属盐,可以完全或部分地将其转化为聚磷酸的碱金属盐(NaPP 或 KPP),由于这类聚磷酸盐有着很好的水溶性,且有着很好的研究基础,极大地丰富了 APP 聚合度的测试方法,产生了碱金属盐促溶 ^{31}P 核磁共振法、特性黏度法和增比黏度法等。但是这些方法只能够得到一个平均的聚合度,不能了解 APP 的聚合度分布(DPI),使影响 APP 水溶解度的原因并不明确。而在 NaPP 和 KPP 的聚合度测试方法中,就有这么两种可以测定聚合度的分布,即体积排除色谱法(SEC)和超速离心法。截至目前,并未见有人将这两种方法用于 APP 聚合度及聚合度分布。但通过离子交换法,将 APP 转化为 NaPP 或 KPP,这种方法将会完全使用,对于 APP 聚合度、聚合度分布、制备工艺对聚合度分布的影响,以及 APP 聚合度对水溶性的影响等关键性问题的研究起到很好的促进作用,预计会有非常好的效果。

1. SEC 法测定 APP 的聚合度及聚合度分布

因为 APP 并没有良好的溶剂使其完全溶解,所以,SEC 法并不能直接用于 APP 的聚合度及聚合度分布的测定。因此,首先要将 APP 通过离子交换法完全转化为 NaPP(或 KPP)。

通常,将 APP 通过离子交换法完全转化为 NaPP(或 KPP)有两种常用的方式:①离子交换柱;②离子交换树脂与 APP 在水溶液中搅拌。其中,方法①对于聚合度较小的 APP 比较适用,但是随着 APP 聚合度的增长,其水溶液的黏度会急剧增加,使离子交换的过程难于完成或无法完成。而方法②是将交换树脂与 APP 直接在水中反应,更易于处理聚合度较高的 APP 的离子交换,转化为 NaPP。此外,在离子交换过程中,还需要注意处理温度不要过高,尽量减少聚磷酸的水解。

通过离子交换得到 NaPP 后,用 SEC 测定聚合度时,通常所用的非水载体的色谱柱,以及聚苯乙烯(PS)作为参比物已经不能满足测试的要求。需要通过研究,找到合适的、以水为载体的 SEC 色谱柱,并有合适的参比物进行标定。这方面,仍然需要研究者作出大量的工作来充实和完善。

2. **超速离心法测定 APP 的聚合度及聚合度分布**[32]

APP 经离子交换转化后,NaPP 的均质水溶液中,由于不同聚合度的分子链具有不同的沉降速度,超速离心可加速这一沉降过程,便可以测定 NaPP 的聚合度以及聚合度分布。由于要采用超速离心的方法加速均质溶液中的 NaPP 沉降,故名超速离心法。

有研究者在测定 KPP 的过程中,便研究了这种方法,给出了相对分子质量与溶液密度、扩散系数和特征体积等之间的关系方程,并建立了 Svedberg 方程,如式(4-22)所示。

$$M = \frac{s}{D} \cdot \frac{RT}{1 - V\rho} \tag{4-22}$$

其中,M 为聚磷酸的相对分子质量,s 为沉降常数,D 为自由扩散系数,V 为特征体积,ρ 为溶液的密度。测得的相对分子质量除以重复单元的原子质量,即为所测 APP 的聚合度。其超速沉降测试过程中溶液聚合物浓度沿沉降方向分布的照片如图 4-35 所示。

图 4-35 超速沉降测试过程中溶液聚合物浓度沿沉降方向分布图

式(4-22)中并没有相对分子质量与离心半径的关系,但是,从图 4-35 可以清楚地看到,KPP 依据聚合度的不同,在离心半径上形成一个相对分子质量分布的曲线。因此,可以通过进一步的研究,确定沉降常数与聚合度以及离心半径间的关系,扩展式(4-22),便能顺利地测定聚合度以及聚合度分布。但是,对于各参数的订定,以及各参数间的关系,需要进行系统而深入的研究,才能够实现。

研究以上两种方法测定 APP 的聚合度以及聚合度分布,并结合抗衡阳离子种类及状态对 APP 水溶解度的影响,将会对 APP 聚合度分布对水溶性和热稳定性等基础方面的研究起到很大的促进作用,并能够更加明确地指导制备过程中的工艺控制,制备水溶性小、热稳定性好、满足阻燃及其他工业方面应用的 APP 产品。

参 考 文 献

[1] Shen C Y, Stahlheber N E. Ammonium polyphosphate process: US, 3495937, 1970-02-17.

[2] Sears P G,Vandersall H L. Water-insoluble ammonium polyphosphates as fire-retardant additives:US, 3562197,1971-02-19.

[3] Iwata M,Seki M,Inoue K,et al. Water-insoluble ammonium polyphosphate particles:US ,5700575,1997-12-23.

[4] 黄祖狄,赵光琪,王兰香,等. 长链聚磷酸铵的合成. 化学世界,1986,(11):483-484.

[5] 章元春,杨荣杰. 低水溶解度聚磷酸铵的制备与表征. 无机盐工业,2005,37(3):52-54.

[6] Staendeke H,Michels E. Flame-retardant agents stable to hydrolysis,based on ammonium polyphosphate: CA,1262500. 1989-10-24.

[7] 仪德启,杨荣杰. 结晶Ⅱ型聚磷酸铵制备过程中氨的作用研究. 无机盐工业,2008,40(3):35-37.

[8] 仪德启,杨荣杰. 水在制备结晶Ⅱ型聚磷酸铵中的作用研究. 无机盐工业,2010,42(1):34-36.

[9] 中华人民共和国国家发展和改革委员会. HG/T 2770—2008,工业聚磷酸铵. 北京:化学工业出版社,2008.

[10] 骆介禹,骆希明,孙才英,等. 聚磷酸铵及应用. 北京:化学工业出版社,2006:154.

[11] Greenwood N N,Earnshow A. 元素化学(中册). 李学同,孙玲,单辉,等译. 北京:人民教育出版社, 1996:198.

[12] Shen C Y,Stahlheber N E,Dyroff D R. Preparation and characterization of crystalline long-chain ammonium polyphosphates. J Am Chem Soc,1969,91(1):61-67.

[13] 陈嘉甫,郑惠侬. 难溶性阻燃剂聚磷酸铵的制备. 无机盐工业,1981,(5):22-26.

[14] Chakrabarti P M,Sienkowski K J. Quaternary ammonium salt surface-modified ammonium polyphosphate:US,5071901,1991-12-10.

[15] Chakrabarti P M,Sienkowski K J. Nonionic surfactant surface-modified ammonium polyphosphate:US, 5162418,1992-11-10.

[16] Chakrabarti P M,Sienkowski K J. Anionic surfactant surface-modified ammonium polyphosphate:US, 5164437,1992-11-17.

[17] 李蕾,杨荣杰,王雨钧. 聚磷酸铵(APP)的合成与改性研究进展. 消防技术与产品信息,2003,(6):43-45.

[18] 丁著明. 高聚合度聚磷酸铵的改性和应用. 塑料助剂,2004,(2):31-34.

[19] Hardy W B,Min T B,Hoffman J A. Pentaerythrityl diphosphonate-ammonium polyphosphate combinations as flame retardants for olefin polymers:US,4174343,1979-11-13.

[20] Maurer A,Staendeke H. Activated ammonium polyphosphate,a process for making it,and its use:US, 4515632,1985-05-07.

[21] Fukumura C,Iwata M,Narita N,et al. Process for producing a melamine-coated ammonium polyphosphate:US,5534291,1996-06-09.

[22] Fukumura C,Iwata M,Narita N,et al. Melamine-coated ammonium polyphosphate:US,5599626,1997-02-04.

[23] Chisso Corp. Coated ammonium polyphosphate and its manufacturing method:JP,2001294412A,2003-10-23.

[24] 仪德启,杨荣杰. 结晶Ⅱ型聚磷酸铵的制备及晶体结构研究. 北京:北京理工大学博士学位论文,2010.

[25] Chisso Corp. Production of Ⅱ type ammonium polyphosphate:JP,11302006,1999-11-02.

[26] Staffel T,Adrian R. Process for producing ammonium polyphosphate which gives a low-viscosity aqueous suspension:US,5043151,1991-08-27.

[27] Camino G,Casta M L. Thermal degradation of pentaerythrital diphosphate,model compound for fire re-

tardant intumescent systems: Part Ⅰ—Overall thermal degradation. Polym Degrad Stabil,1990,27:285-296.

[28] Camino G,Luda M P. Fire Retardancy of Polymers. Cambridge:The Royal Society of Chemistry,1998:48-73.

[29] Drevelle C,Lefebvrea J,Duquesnea S,et al. Thermal and fire behaviour of ammonium polyphosphate/acrylic coated cotton/PESFR fabric. Polym Degrad Stabil,2005,88:130-137.

[30] Camino G, Costa L, Trossarelli L. Study of the mechanism of intumescence in fire retardant polymers: Part V-mechanism of formation of gaseous products in the thermal degradation of ammonium polyphosphate. Polym Degrad Stabil, 1985, 12: 203-211.

[31] Camino G,Costa L,Trossarelli L. Study of the mechanism of intumescence in fire retardant polymers: Part Ⅵ-evidence of ester formation in ammonium polyphosphate-pentaerytheitol mixtures. Polym Degrad Stabil,1985,12:213-228.

[32] Callis C F, van Wazer J R, Arvan Peter G. The inorganic phosphates as polyelectrolytes. Chem Rev,1954,54:777-796.

[33] Waerstad K R,Mcclellan G. Process for producing ammonium polyphosphate. J Agric Food Chem,1976,24(2):412-415.

[34] Brühne B,Jansen M. Kristallstrukturanalyse von ammonium-catena-polyphosphat Ⅱ mitröntgenpulvertechniken. Z Anorg Allg Chem,2004,620(5):931-935.

[35] Melnikov P,Santos F J,Santagnelli S B,et al. Mechanism of the formation and properties of antimany polyphosphate. J Therm Anal Calorim,2005,81:45-49.

[36] Sedlmaier S J,Schnick W. Crystal structure of ammonium catena-polyphosphate Ⅳ $[NH_4PO_3]_x$. Z Anorg Allg Chem,2008,634:1501-1505.

[37] Jackson L E,Kariuki B M,Smith M E,et al. Synthesis and structure of a calcium polyphosphate with a unique criss-cross arrangement of helical phosphate chains. Chem Mater,2005,17:4642-4646.

[38] Yi D,Yang R. Study of crystal defects and spectroscopy characteristics of ammonium polyphosphate. J Beijing Inst Technol,2009,18(2):238-240.

[39] Toylor A. X-ray Metallography. New York:John Wiley,1961.

[40] Cullity B D,Stock S R. Elements of X-ray Diffraction. New Jersey:Prentice Hall,2001.

[41] 叶文淳. 高聚合度聚磷酸铵(APP)聚合度分析方法研究. 昆明:昆明理工大学硕士学位论文,2007.

[42] 陈平初,朱卫民,徐丽君. 长链聚磷酸铵聚合度的快速测定方法. 分析化学,1993,21(5):578-580.

[43] 中华人民共和国国家发展和改革委员会. HG/T 2770—1996,工业聚磷酸铵. 北京:化学工业出版社. 1996.

[44] 王清才,杨荣杰. 关于工业聚磷酸铵国家行业标准的讨论. 无机盐工业, 2006, 38(2): 57-59.

[45] Strauss U P,Wineman P L. Molecular dimensions and interactions of long-chain polyphosphates in sodium bromide solutions. J Am Chem Soc,1958,80:2366-2371.

[46] Griffith E J. Structure and properties of the condensed phosphates—Refractometry. J Am Chem Soc,1957,79(3):509-513.

[47] van Wazer J R,Griffith E J,Mccullough J F. Analysis of phosphorus compounds:Automatic pH titration of soluble phosphates and their mixtures. Anal Chem,1954,26(11):1755-1759.

[48] Griffith E J. Analysis of phosphorus compounds:Rapid hydrolysis of condensed phosphates in volumetric analyses. Anal Chem,1956,28(4):525-526.

[49] 王清才. 聚磷酸铵(APP)分子量表征及结晶结构研究. 北京：北京理工大学博士学位论文, 2005.

[50] Pfanstiel R, Iler R K. Potassium metaphosphate: Molecular weight, viscosity behavior and rate of hydrolysis of non-cross-linked polymer. J Am Chem Soc, 1952, 74: 6059-6064.

[51] van Wazer J R. Phosphorous and Its Compounds. New York: Interscience, 1958: 419-477.

[52] Camino G, Costa L, Trossarelli L, et al. Study of the mechanism of intumescence in fire retardant polymers: Part IV—evidence of ester formation in ammonium polyphosphate-pentaerythritol mixtures. Polym Degrad Stabil, 1984, 8: 13~22.

[53] 冉隆文. 精细磷化工技术. 北京：化学工业出版社, 2005: 90.

[54] Haufe S, Prochnow D, Schneider D, et al. Polyphosphate composite: Conductivity and NMR studies. Solid State Ionics, 2005, 176: 955-963.

[55] van Wazer J R, Holst K A. Structure and properties of the condensed phosphates—some general considerations about phosphoric acids. J Am Chem Soc, 1950, 72: 639-644.

[56] Greenwood N N, Earnshaw A. Chemistry of the Elements. 2nd ed. Oxford & Boston: Butterworth-Heinermann, 1997: 473-531.

[57] van Wazer J R, Callis C F, Shoolery J N, et al. Principles of phosphorus chemistry: Nuclear magnetic resonance measurements. J Am Chem Soc, 1956, 78: 5715-5726.

[58] van Wazer J R, Callis C F, Shoolery J N. Nuclear magnetic resonance spectra of the condensed phosphates. J Am Chem Soc, 1955, 77: 4945-4946.

[59] Makoto W, Noriyuki Y, Makoto S, et al. Measurement of polymerization degree of condensed phosphates by solid-state NMR. Phosphorus Res Bull, 2000, 11: 47-52.

[60] Macdonald J C, Mazurek M. Phosphorus magnetic resonance spectra of open-chain linear polyphosphates. J Mag Res, 1987, 72: 48-60.

[61] Nakahara H, Kobayashi E, Hattori S, et al. Solution behavior of polyphosphate compounds. 1. Molecular weight and intrinsic viscosity of ammonium polyphosphate. Chem Soc Japan, 1978, (11): 1556-1560.

[62] Strauss U P, Smith E H, Wineman P L. Polyphosphates as polyelectrolytes: Light scattering and viscosity of sodium polyphosphates in electrolyte solutions. J Am Chem Soc, 1953, 75: 3935-3940.

[63] van Wazer J R. Structure and properties of the condensed phosphates —molecular weight of the polyphosphates from viscosity data. J Am Chem Soc, 1950, 72: 906-908.

[64] Strauss U P, Treitler T L. Chain branching in glassy polyphosphates: Dependence on the Na/P ratio and rate of degradation at 25℃. J Am Chem Soc, 1955, 77: 1473-1476.

[65] Bhargava H N, Sharma C B, Srivastava R R. Intrinsic viscosity-molecular weight relationships in copolyphosphates. Polym J, 1986, 18(8): 619-624.

第5章 聚磷酸铵纳米复合阻燃剂及其应用

聚磷酸铵(APP)是一种重要的无机阻燃剂,结合炭源和气源组成膨胀阻燃体系(IFR),其本身兼有酸源和气源的作用。当聚合物基材燃烧时,IFR会形成多孔的泡沫炭层,起到隔热、隔氧、抑烟和抗熔滴的作用。研究者发现,金属盐[1]、金属氧化物[2]、沸石[3]、海泡石[4]和蒙脱土[5]等与IFR之间存在协同阻燃效应,被认为是提高膨胀阻燃剂阻燃效率的一个有效途径。经过二十多年的研究,虽说大部分的聚合物与填料的纳米复合均能在实验室制得,并得到了较为系统的研究成果,但是其制备难以宏量化成为制约这一技术发展的主要因素。

通常,以APP为主的膨胀阻燃剂与填料或催化剂间的协同阻燃是建立在与聚合物共混的基础上。在制备的阻燃聚合物当中,阻燃剂间是相互分离的相。这种相与相间相互作用的空间限制成为制约阻燃剂间协同效率的重要因素。当填料或催化剂均匀分散在APP中时,能更加充分地展现两者间的相互作用。基于这种考虑,研究者成功制备了APP纳米复合阻燃剂[6-8]。

目前,依据选用填料的化学结构在纳米复合前后是否发生变化,可将APP纳米复合阻燃剂主要分为两大类:Ⅰ类APP纳米复合阻燃剂主要是指选用的纳米填料在纳米复合物中只发生聚集态结构的变化,而不发生化学结构变化,这类阻燃剂主要包括APP与不同维度的氧化硅、硅酸盐和蒙脱土等纳米填料反应形成的纳米复合阻燃剂;Ⅱ类APP纳米复合阻燃剂是指选用的纳米填料在纳米复合物中不但发生聚集态结构的变化,而且纳米填料与APP间发生化合反应,其化学结构发生变化后形成的新的粒子以纳米形态分散在APP中,这类纳米复合阻燃剂主要包括APP与金属氧化物、金属盐和金属氢氧化物反应形成的纳米复合阻燃剂。APP纳米复合阻燃剂的命名通常是将APP与反应前所用的纳米填料的名称用"-"相连,并在纳米填料的名称前注明填料的质量分数,或用APP与纳米填料英文名称的首字母缩写表示,并在缩写后加数字表示纳米填料的质量分数,如APP与10%的蒙脱土反应形成的纳米复合阻燃剂可以表示为:聚磷酸铵-蒙脱土、APP-10%MMT或AM10。本章将详细讲述这两类APP纳米复合阻燃剂的结构与性质,以及在聚合物中的应用。

5.1 Ⅰ类APP纳米复合阻燃剂

Ⅰ类APP纳米复合阻燃剂,主要是指填料只发生聚集态形式的变化,以纳米的形式均匀地分散到 APP 中,但纳米填料的化学结构并不发生变化。这类 APP 纳米复合阻燃剂主要是由 APP 与氧化硅、硅酸盐等纳米填料原位复合制备而成。而依据纳米填料的结构,又可细分为 APP 与零维、一维和二维纳米填料的纳米复合阻燃剂。

5.1.1　APP 与零维纳米填料的纳米复合阻燃剂[9]

纳米二氧化硅俗称"超微细白炭黑",其 TEM 如图 5-1 所示,是一种极其重要的零维纳米材料,因其粒径很小,比表面积大,表面吸附力强,表面能大,化学纯度高,分散性能好,热阻、电阻等方面具有特异的性能,以其优越的稳定性、补强性、增稠性和触变性,在众多学科及领域内独具特性,有着不可取代的作用。纳米二氧化硅,广泛用于各行业作为添加剂、催化剂载体、脱色剂、消光剂、橡胶补强剂、塑料充填剂、油墨增稠剂、金属软性磨光剂、绝缘绝热填充剂、高级日用化妆品填料等。

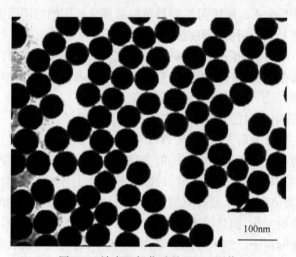

100nm

图 5-1　纳米二氧化硅的 TEM 图像

APP-纳米二氧化硅纳米复合阻燃剂是在 APP 的制备过程中与纳米二氧化硅原位复合而成的一种新型的纳米复合阻燃剂。如图 5-2 所示,是 APP-8％SiO₂ 纳米复合阻燃剂样品在扫描电子显微镜的微观形貌,以及 P、Si、N 元素的分布图。从图中可以看到,硅元素以纳米粒子的形式均匀地分布在样品中,且样品中的 Si、P 和 N 元素的分布基本一致。

极性的 APP 在原位聚合过程中使 SiO_2 实现纳米分散的同时,纳米分散的 SiO_2 颗粒也在影响 APP 的结构。如图 5-3 所示,是不同 SiO_2 含量的 APP-SiO_2 纳米复合阻燃剂的 XRD 谱图,从图中 $2\theta=14.79°$ 和 $16.45°$ 的衍射峰可以看到,即使 SiO_2 的含量仅有 1％,也会急剧地影响 APP 的结晶过程。在所制备的 APP-SiO_2 中,APP 主要以结晶 Ⅰ 型的形式存在。此外 $2\theta=15.95°$ 处的衍射峰表面,在

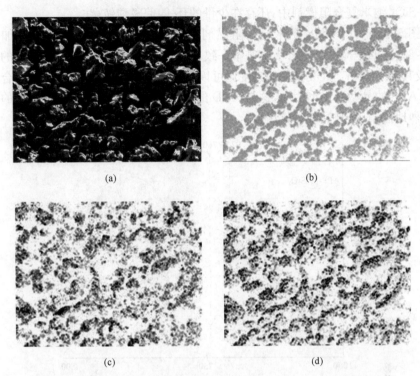

(a)　　　　　　　　　　　(b)

(c)　　　　　　　　　　　(d)

图 5-2　APP-8%SiO₂ 的微观形貌(a)及其 P(b)、Si(c)、N(d)元素分布图

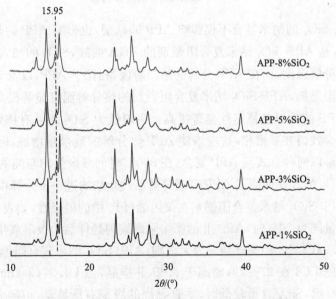

图 5-3　APP-SiO₂ 纳米复合阻燃剂的 XRD 谱图

APP-SiO$_2$ 纳米复合阻燃剂中,还存在少量的环-四偏磷酸铵[10]。

　　图 5-4 是 APP-SiO$_2$ 纳米复合阻燃剂的红外谱图,比较纳米 SiO$_2$ 添加量为 1%～8%的四个样品的红外吸收基本一致,且由结晶 I 型 APP 在 682cm^{-1} 的吸收峰,及其与 800cm^{-1} 处吸收峰的强度比可以看到,所制得 APP-SiO$_2$ 纳米复合阻燃剂中 APP 的晶型以 I 型为主,这与 XRD 的数据非常吻合,表明纳米 SiO$_2$ 的加入有强烈地控制 APP 晶型的作用。

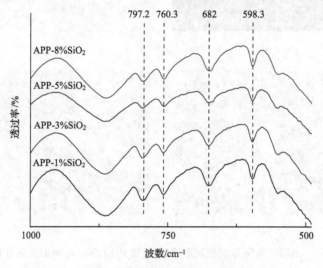

图 5-4　APP-SiO$_2$ 的红外谱图

　　APP 与 SiO$_2$ 的纳米复合不仅影响 APP 的晶型,也影响 APP 的热稳定性,如图 5-5 所示,是 APP-SiO$_2$ 纳米复合阻燃剂的 TGA 曲线,SiO$_2$ 的加入基本不影响样品的初始分解温度,而在 APP 分解的第二阶段,相比于 APP,以及 APP 与 SiO$_2$ 的微米复合阻燃剂,APP-SiO$_2$ 纳米复合阻燃剂的热分解温度显著提高,说明 SiO$_2$ 的加入使 APP 的高温热稳定性显著提高。一般认为 SiO$_2$ 不具有挥发性,在热分解的过程中会残留在凝聚相,这应该使 APP 热分解的残余量增加,但如图 5-5 所示,不管 SiO$_2$ 以何种方式与 APP 复合,在 800℃时的残余量均与纯的 APP 一致,说明纳米 SiO$_2$ 的存在促使了 APP 高温分解后残余物的进一步分解和挥发。

　　考察 APP-SiO$_2$ 纳米复合阻燃剂在聚丙烯(PP)中的阻燃性,如表 5-1 所示,当阻燃剂添加量同为 20%时,APP II 的膨胀阻燃聚丙烯样品的极限氧指数(LOI)在 26 左右,UL-94(3.2mm)测试结果为无级别;APP-SiO$_2$ 纳米复合阻燃剂膨胀阻燃聚丙烯样品的 LOI 在 27～29,略高于 APP II 样品,但 UL-94(3.2mm)测试通过 V-1 级和 V-0 级,SiO$_2$ 含量较低时,垂直燃烧的级别有所波动,但随着 SiO$_2$ 含量增加至 5%～8%时,能够稳定地通过 UL-94(3.2mm)V-0 级。

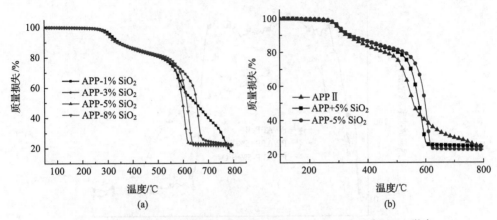

图 5-5　APP-SiO₂ 纳米复合阻燃剂(a)及 APP Ⅱ 和 APP Ⅱ 与 SiO₂ 微米
复合物(b)的 TGA 曲线(APP＋5％SiO₂ 为微米复合物)

表 5-1　APP-SiO₂ 对聚丙烯阻燃性能的影响

编号	LOI/％	t_1/s	t_2/s	UL-94(3.2mm)
PP/APP Ⅱ	26.1	—	—	NR
PP/APP-1％ SiO₂	28.5	2	2	V-0
PP/APP-3％ SiO₂	27.8	4	12	V-1
PP/APP-5％ SiO₂	27.6	2	2	V-0
PP/APP-8％ SiO₂	27.3	2	1	V-0
PP/APP＋5％ SiO₂	28.3	15	19	V-1

注：t_1 第一次施焰 10s 自熄所需时间；t_2 第二次施焰 10s 自熄所需时间；—不自熄；NR 为无级别；测试中，V-0 级和 V-1 级均无熔滴。

　　比较 PP/APP-5％ SiO₂ 和 PP/APP＋5％ SiO₂ 样品，发现在进行氧指数和垂直燃烧测试过程中，随着纳米 SiO₂ 含量的添加，膨胀阻燃聚丙烯样品在燃烧时的抗熔滴性能提高。SiO₂ 改善了膨胀炭层的稳定性和致密性，使其在氧指数并不高的情况下能自熄，得到较好的阻燃级别。

　　锥形量热仪(CONE)数据同样显示 APP-SiO₂ 纳米复合阻燃剂组成的膨胀阻燃剂在聚丙烯中具有更高的阻燃性能，如图 5-6、图 5-7 和表 5-2 所示，是 PP/APP Ⅱ、PP/APP-5％ SiO₂ 和 PP/APP＋5％ SiO₂ 样品的热释放速率(HRR)曲线和总热释放(THR)曲线及锥形量热仪数据。从图中可知，SiO₂ 应用于膨胀阻燃聚丙烯可以降低样品的热释放速率和总热释放，且 SiO₂ 的加入可以显著降低 CO 释放量，其中 APP-SiO₂ 阻燃聚丙烯样品的热释放速率较 APP Ⅱ 样品降低约 24％。

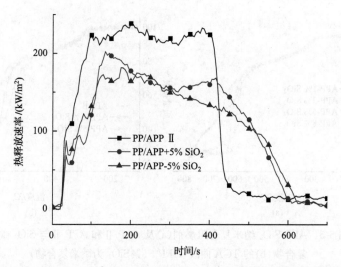

图 5-6 PP/APP Ⅱ、PP/APP-5‰ SiO₂ 和 PP/APP＋5‰ SiO₂ 样品的热释放速率(HRR)曲线

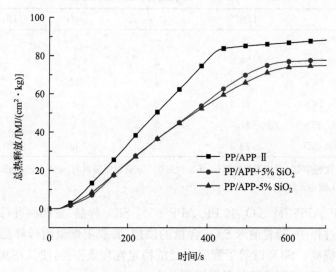

图 5-7 PP/APP Ⅱ、PP/APP-5‰ SiO₂ 和 PP/APP＋5‰ SiO₂ 样品的总热释放(THR)曲线

表 5-2 含 SiO₂ 样品的锥形量热仪数据

样品编号	PHRR/(kW/m²)	MSEA/(m²/kg)	PCOY/(kg/kg)
PP/APP Ⅱ	238.3	721.7	306.6
PP/APP-5‰ SiO₂	181.7	690.9	11.35
PP/APP＋5‰ SiO₂	202.1	593.1	8.64

注：PHRR 指峰值热释放速率；MSEA 指平均比烟消光面积；PCOY 指一氧化碳峰值生成量。

如表 5-3 所示,是膨胀阻燃聚丙烯样品的拉伸力学性能,APP-SiO₂ 纳米复合阻燃剂的应用并没有提高膨胀阻燃聚丙烯的力学性能,基本与 APP Ⅱ 阻燃聚丙烯样品的力学性能一致,但微米 SiO_2 在聚丙烯中的应用使聚丙烯的力学性能降低。

表 5-3　膨胀阻燃聚丙烯的力学性能

样品编号	拉伸强度 σ_b/MPa	弹性模量 E/MPa
PP/APP Ⅱ	28.9	857
PP/APP-1% SiO_2	28.6	895
PP/APP-3% SiO_2	29.0	852
PP/APP-5% SiO_2	28.8	867
PP/APP-8% SiO_2	29.1	850
PP/APP+5% SiO_2	26.1	860

综合分析,与 APP Ⅱ 膨胀阻燃聚丙烯样品相比,SiO_2 无论以何种方式加入膨胀阻燃聚丙烯体系,均能提高聚丙烯的阻燃性能,但 APP 与零维纳米填料 SiO_2 构成的纳米复合阻燃剂和 APP 与 SiO_2 微米复合阻燃剂的热性能基本一致,但 APP-SiO_2 纳米复合阻燃剂在聚丙烯中展现出更高的阻燃效率。

5.1.2　APP 与一维纳米填料的纳米复合阻燃剂[9]

海泡石(sepiolite, SPT)是一种纤维状结构的含水富镁硅酸盐黏土矿物。斜方晶系或单斜晶系,一般呈块状、土状或纤维状集合体。其结构如图 5-8 所示,海泡石纤维的直径为 50~100nm,长度在几百纳米到几十微米之间,由于其具有脱色、隔热、绝缘、抗腐蚀、抗辐射及热稳定等性能,是一种在工业界有广泛应用的一维纳米填料。

(a)　　　　　　　　　　(b)

图 5-8　海泡石的 SEM(a)和 TEM(b)图像

通过在 APP 制备过程中的原位分散技术，如图 5-9 所示，经纳米复合后，在 $2\theta = 7.33°$ 处原本属于 SPT(001) 晶面的衍射峰消失，说明海泡石纤维的晶体结构被完全剥离，纳米分散到 APP 中，制得了 APP 与海泡石的纳米复合阻燃剂。

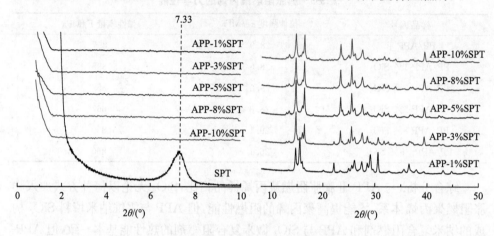

图 5-9　APP-SPT 与 SPT 的 XRD 谱图

制得不同海泡石含量的 APP-SPT 纳米复合阻燃剂的 XRD 如图 5-9 所示，其主要衍射峰及归属如表 5-4 所示，可以看出，在制备的系列 APP-SPT 纳米复合阻燃剂中，APP-1％SPT 的主要衍射峰均归属于结晶Ⅱ型 APP，而当海泡石含量增加至 3％时，APP 则主要为结晶Ⅰ型，当海泡石含量增加至 8％时，制得的纳米复合物中的 APP 基本为纯的结晶Ⅰ型。这基本与 APP-SiO₂ 对 APP 的晶型影响规律一致。

表 5-4　APP-SPT 的 XRD 数据

样品编号		相对衍射强度/％	$2\theta/(°)$	晶间距 d/Å	晶型归属
	1	100	15.508	5.713 81	Ⅱ
	2	72.74	14.694	6.028 61	Ⅱ
APP-1％SPT	3	64.72	30.585	2.922 97	Ⅱ
	4	57.61	29.117	3.066 91	Ⅱ
	5	39.31	26.112	3.412 62	Ⅱ
	1	100	14.714	6.020 08	Ⅰ
	2	62.50	16.381	5.411 35	Ⅰ
APP-3％SPT	3	58.33	25.499	3.493 28	Ⅰ
	4	44.45	23.352	3.809 39	Ⅰ
	5	38.02	27.537	3.239 25	Ⅰ

样品编号		相对衍射强度/%	$2\theta/(°)$	晶间距 $d/\text{Å}$	晶型归属
APP-5%SPT	1	100	14.698	6.027 07	I
	2	79.11	16.359	5.418 51	I
	3	66.09	25.486	3.495 10	I
	4	54.20	23.353	3.809 17	I
	5	34.17	27.543	3.238 51	I
APP-8%SPT	1	100	14.680	6.034 49	I
	2	89.27	16.341	5.424 44	I
	3	78.27	25.468	3.497 52	I
	4	62.57	23.333	3.812 46	I
	5	39.42	27.506	3.242 85	I
APP-10%SPT	1	100	14.696	6.027 82	I
	2	95.61	16.354	5.420 42	I
	3	82.29	25.491	3.494 38	I
	4	62.92	23.361	3.807 99	I
	5	42.42	27.575	3.234 89	I

注：1、2、3、4、5 按谱线强度顺序排列。

APP-SPT 纳米复合阻燃剂的红外谱图如图 5-10 所示，通过对比 682cm^{-1}/800cm^{-1} 的峰强度比可以看出，APP-1%SPT 样品中 APP 的晶型基本为 II 型，而

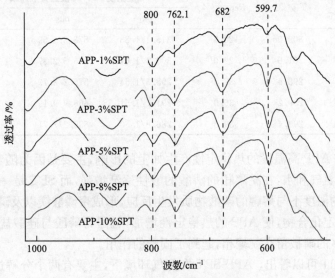

图 5-10　APP-SPT 的红外谱图

其他 4 个样品中 APP 的晶型则主要为 I 型。对比 APP-SiO₂ 的 XRD 和红外谱图数据可知,在纳米填料的尺寸由零维变为一维后,由于比表面的降低,一维纳米填料对 APP 晶型的影响能力降低。

APP-SPT 纳米复合阻燃剂的热重分析如图 5-11 和表 5-5 所示,相比于 APP-SiO₂ 纳米复合阻燃剂,APP-SPT 的热稳定性变化展现出更强的规律性:①APP-SPT 的起始分解温度随着 SPT 添加量的增加逐渐降低;②APP-SPT 的高温热稳定性随着 SPT 添加量的增加逐渐升高;③APP-SPT 的残余量随着 SPT 添加量的增加逐渐增加。

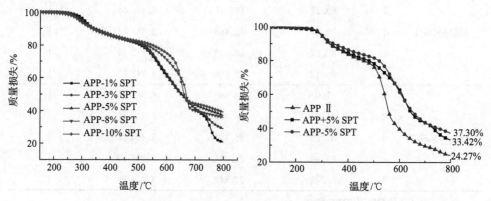

图 5-11　APP-SPT 样品的 TGA 曲线

表 5-5　APP-SPT 的 TGA 和 DTG 数据

编号	$T_{5\%}$/℃	$Re_{800℃}$/%	峰值温度(℃)/峰值热失重速率(%/min)		
			pk₁	pk₂	pk₃
APP-1%SPT	309.0	20.9	315.1/1.83	573.3/2.59	753.4/4.55
APP-3%SPT	301.8	29.0	300.4/1.61	626.5/2.37	747.2/1.94
APP-5%SPT	298.4	37.3	298.3/1.54	576.2/2.73	—
APP-8%SPT	289.2	36.0	291.7/1.51	668.9/9.19	—
APP-10%SPT	290.4	39.3	286.8/1.50	655.2/7.71	—

SPT 对 APP 高温段的热稳定性产生如上的影响,主要是因为随着 APP 的分解不断放出氨气和水,在凝聚相的磷酸的酸性逐渐增强,而 SPT 是一种富镁硅酸盐,在较高的温度下与熔融的磷酸物质发生反应,形成聚磷酸镁以及磷酸与硅酸盐的高温热稳定化合物,使 APP 的热稳定性增加,且因为磷酸与硅酸盐之间的化合反应,使更多的磷被留在凝聚相,起到了固磷的作用。

由图 5-11 可以看出,APP-SPT 在氮气环境下,主要有两个分解过程:第一个分解过程在 250～500℃,第二个分解过程在 500℃以上。据文献报道,第一步热分解主要是释放出氨气和水,形成聚磷酸或焦磷酸;第一阶段形成的聚磷酸或焦磷酸进一步脱水形成磷氧化合物,第二阶段失重对应的是磷氧化合物的挥发。

图 5-11 中,各样品 5% 热失重温度 $T_{5\%}$,在 800℃ 的残炭量 $Re_{800℃}$,以及各热失重峰值对应的温度及失重速率如表 5-5 所示。

从图 5-11 和表 5-5 可知,随着 APP-SPT 中 SPT 含量的增加,$T_{5\%}$ 则呈现降低的趋势。说明 SPT 的存在使制得 APP 的初始分解温度逐渐降低。这一方面说明 SPT 的存在促进了 APP 的第一步分解,释放出氨气和水;另一方面也是因为结晶 Ⅰ 型 APP 的初始分解温度低于结晶 Ⅱ 型 APP 造成的。pk_1 所对应的温度虽逐步降低,但对应的热失重速率逐渐减小,说明 SPT 对 APP 分解释放出的氨气或水具有吸附作用,使 APP 热失重速率降低。比较各样品在 800℃ 下的残炭量可以发现,$Re_{800℃}$ 随着 SPT 含量的增加基本上逐步增加。这说明 SPT 在 APP 分解的第二阶段起到了固磷的作用。

一般来说,对于以 APP 为主的膨胀阻燃体系,APP 在其中主要作为酸源,与炭源反应而形成炭,经气源发泡,成为膨胀阻燃炭层,起到应有的阻燃作用,因此,磷在凝聚相的残余量会直接影响成炭的总量。如果磷的残余量较多,相应的阻燃性能也会较好,但也不单纯地依据这一原则,还与熔融炭层的黏度,成炭的速率,以及是否形成类陶瓷层等因素有着关系。在综合评价膨胀阻燃剂的阻燃性能时,要综合以上的所有因素进行考虑。

如表 5-6 所示,是 APP-SPT 阻燃聚丙烯(PP)样品的阻燃性能数据,可以看出,随着 SPT 含量的增加,阻燃聚丙烯样品的氧指数先增大后减小。虽说 APP-SPT 对聚丙烯样品的垂直燃烧数据影响没有 APP-SiO$_2$ 显著,但仍然可以通过对比一次和二次点燃时间来判断样品间的差别:随着 SPT 含量的增加,聚丙烯的垂直燃烧点燃时间逐渐缩短,并在 SPT 含量 ≥8% 时,使阻燃聚丙烯的垂直燃烧通过

表 5-6　APP-SPT 对聚丙烯阻燃性能的影响

编号	LOI/%	t_1/s	t_2/s	UL-94(3.2mm)
PP/APP Ⅱ	26.1	—	—	NR
PP/APP-1%SPT	26.4	—	—	NR
PP/APP-3%SPT	28.5	37	—	NR
PP/APP-5%SPT	28.2	20	—	NR
PP/APP-8%SPT	28.1	8	15	V-1
PP/APP-10%SPT	27.9	12	22	V-1
PP/APP+5%SPT	26.9	—	—	NR

注:t_1 第一次施焰 10s 自熄所需时间;t_2 第二次施焰 10s 自熄所需时间;—不自熄;NR 为无级别;测试中,V-0 级和 V-1 级均无熔滴。

V-1 级。相比于 APP 与 SPT 的微米复合阻燃剂，APP-SPT 纳米复合阻燃剂的阻燃性能均要优于微米复合样品。

如图 5-12 所示，是 PP/APP Ⅱ、PP/APP-5％SPT 和 PP/APP＋5％SPT 阻燃聚丙烯样品的热释放速率曲线和烟释放速率曲线，其具体数据如表 5-7 所示。可以看出，PP/APP-5％SPT 和 APP＋5％SPT 样品均能降低聚丙烯样品的热释放速率和烟释放速率，并能够显著降低样品的 CO 释放量，说明不管 SPT 以纳米形式还是以微米形式存在，均能改善阻燃聚丙烯的阻燃性能和烟毒性能。但与 APP-SiO₂ 不同，APP-SPT 对阻燃和烟毒性能的改善更加明显。

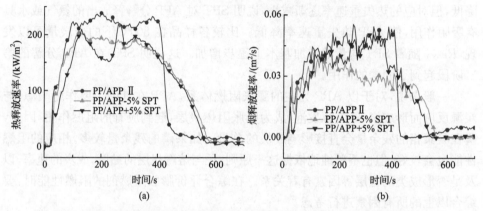

图 5-12　PP/APP Ⅱ、PP/APP-5％SPT 和 PP/APP＋5％SPT 阻燃聚丙烯样品的
热释放速率曲线（a）和烟释放速率曲线（b）

表 5-7　PP/APP Ⅱ、PP/APP-5％SPT 和 PP/APP＋5％SPT 阻燃聚丙烯样品的锥形量热仪数据

样品编号	PHRR/(kW/m²)	MSEA/(m²/kg)	PCOY/(kg/kg)
PP/APP Ⅱ	238.3	721.7	306.6
PP/APP-5％SPT	204.7	591.1	21.6
PP/APP＋5％SPT	219.8	707.1	24.8

如图 5-13 所示，是三个膨胀阻燃聚丙烯样品燃烧后的炭层照片，发现 PP/APP Ⅱ样品燃烧过后炭层膨胀不明显，且破碎不连续；PP/APP-5％SPT 和 PP/APP＋5％SPT 样品的炭层完整连续、致密，且膨胀高度较大。说明通过 APP 和 SPT 在成炭过程中的化合反应，提高了膨胀阻燃体系的成炭总量，使膨胀阻燃聚丙烯样品在燃烧时形成膨胀效果较好且稳定的炭层，提高了聚丙烯的阻燃性能，降低了燃烧过程中烟的产率。反观 APP-5％SPT 阻燃聚丙烯样品的力学性能（表 5-8），与其对聚丙烯阻燃性能的影响规律恰恰相反，随着 SPT 添加量的增加，力学性能逐渐降低，当 APP-5％SPT 纳米复合阻燃剂中 SPT 的含量增加至 10％时，聚丙烯的拉伸强度由 APP Ⅱ阻燃聚丙烯的 28.9MPa 降至 26.2MPa，降低约 3MPa。

(a)　　　　　　　　　　(b)　　　　　　　　　　(c)

图 5-13　阻燃聚丙烯样品燃烧后膨胀炭层照片

(a) PP/APP Ⅱ；(b) PP/APP-5%SPT；(c)PP/APP+5%SPT

表 5-8　膨胀阻燃聚丙烯的力学性能

样品编号	拉伸强度 σ_b/MPa	弹性模量 E/MPa
PP/APP Ⅱ	28.9	857
PP/APP-1%SPT	28.6	942
PP/APP-3%SPT	27.2	903
PP/APP-5%SPT	27.1	892
PP/APP-8%SPT	27.1	872
PP/APP-10%SPT	26.2	871
PP/APP+5%SPT	26.1	850

综合以上 APP-SPT 的热性能和其对聚丙烯阻燃性能及力学性能的对比分析可以看出，APP 纳米复合阻燃剂中的纳米填料由零维升至一维，对阻燃性能的影响更加明显。

5.1.3　APP 与二维纳米填料的纳米复合阻燃剂[10]

蒙脱土（MMT）是一种多层铝硅酸盐矿物质，在层与层之间是由钠离子等抗衡离子中和铝硅酸盐片层的负电性。为了改善 MMT 与有机聚合物的相容性，其中的钠离子经常用离子交换的方法被季铵盐等表面活性剂替换，使层间距增大。当聚合物和 MMT 熔融共混或聚合共混时，就有可能制得聚合物-MMT 的纳米复合物。在纳米复合物中，MMT 的片层是以插层型或者剥离型存在的。当 MMT 在聚合物中达不到纳米复合，以微米级颗粒的形式存在时，则称之为微米复合物。聚合物-MMT 纳米复合物通常可以降低聚合物的峰值热释放，并提高力学性能。纳米复合物改善聚合物的阻燃性能主要有两种机理，即自由基捕获机理和阻隔机理[11-13]。自由基捕获机理在黏土含量较小时起到主要作用，而随着黏土含量的增加，阻隔机理越来越显著。

但是在阻燃过程中扮演着重要作用的膨胀阻燃体系(IFR)在聚合物中通常只能达到微米复合,因此,纳米分散在聚合物中的 MMT 和 IFR 之间的相互作用较弱。在 APP-MMT 纳米复合物中,MMT 纳米分散在 APP 中,显著提高了 APP 与 MMT 间的协同阻燃作用。

APP-MMT 纳米复合阻燃剂是在 APP 的聚合过程中投入一定量的 MMT,通过原位剥离技术,使磷酸铵进入 MMT 层间,在聚合物形成 APP 的过程中,使 MMT 剥离分散在 APP 中,所得到的一种 APP 与 MMT 二维纳米片层的纳米复合阻燃剂。通常,APP-MMT 纳米复合物中 MMT 的量可在百分之几到百分之二十之间,如表 5-9 所示,并简称为 n-AM,其后可跟随数字,表示 MMT 的含量。

表 5-9　不同 MMT 含量的 APP-MMT 纳米复合物的数据

样品	n-AM1	n-AM3	n-AM5	n-AM8	n-AM10	n-AM15	n-AM20
MMT/%	1	3	5	8	10	15	20
APP/%	99	97	95	92	90	85	80

1. APP-MMT 纳米复合物的结构

分析 APP-MMT 纳米复合物的结构,必须首先明确 APP 与 MMT 的结构。APP 的结构已经在第 4 章中详细阐述。NaMMT 的结构如图 5-14 所示。从图 5-14(a)可以看出,NaMMT 是由多个多层的 MMT 构成的球状颗粒,其中,每个多层的有序片层结构称为黏土微晶。而图 5-14(b)是 NaMMT 颗粒的局部放大图,可以看出,每个 MMT 片层的径向长度大约为 1μm。

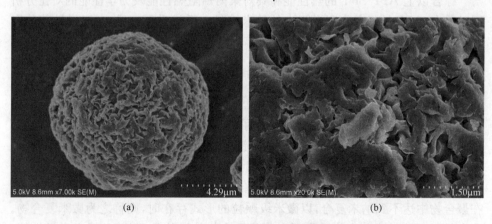

图 5-14　NaMMT 的 SEM 图像

图 5-15 为 NaMMT,以及制得的三种 APP-MMT 纳米复合物(n-AM5、n-AM15、n-AM20)在 1°~10°之间的 XRD 图像。由图中 NaMMT 在 $2\theta=7.04$°处的

衍射峰,通过布拉格方程计算得到,其层间距为 1.26nm。在制得的三种 n-AM 样品中,并没有发现衍射峰的存在,说明 MMT 的片层在 APP 中以无序形式存在。

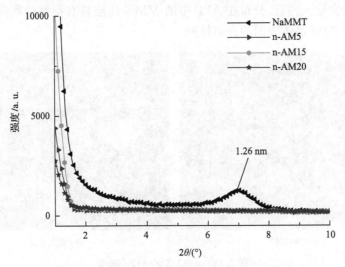

图 5-15　NaMMT 和 n-AM 样品的 XRD 谱图

图 5-16 为 PP/n-AM10 的透射电镜(TEM)图像。图 5-16(a)中白圈内的黑色部分为一个 n-AM10 颗粒,图 5-16(b)是图 5-16(a)中 n-AM10 颗粒的局部放大图,可以看出,其中剥离的 MMT 片层均匀地分散在 APP 的颗粒中,说明 MMT 是以剥离形式纳米分散在 APP 颗粒中。

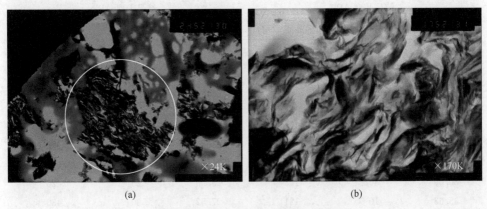

图 5-16　PP/n-AM10 的 TEM 图像

图 5-17 为制得 n-AM5 的 SEM 图像,由图 5-17(a)可以看出,剥离后的 MMT 片层分散在 APP 当中。图 5-17(b)是 APP 颗粒表面的局部放大图,灰色的背景为 APP,而分布在上面的白色颗粒为小的 APP 颗粒。其中嵌在 APP 当中的薄片为

单层的 MMT 片层,其径向长度为 1μm 左右,与图 5-14 中观察到 NaMMT 的片层
大小一致,但是由于单层的 MMT 片层厚度仅 1nm 左右,所以不能用元素分析测
得正确的硅含量。并且,分布在 APP 中的 MMT 片层具有很好的取向性,片层基
本以平行于 APP 晶体表面的方向排列。

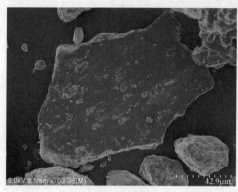

(a) n-AM5颗粒　　　　　　　　　　　　　　(b) 颗粒表面

图 5-17　n-AM5 的 SEM 图像

平行于 APP 晶面排列的剥离 MMT 片层又控制了 APP 晶体的生长,成为结
晶型 APP 的结晶模板。如表 5-10 列出了结晶 I 型和结晶 II 型 APP XRD 的主要
衍射峰及其相关数据。依据表 5-10 中的数据分析图 5-18 中的 XRD 衍射曲线可以

表 5-10　结晶 I 型和结晶 II 型 APP 的 XRD 数据

结晶 II 型 APP			结晶 I 型 APP		
2θ /(°)	I/I_0	衍射晶面 (hkl)	2θ /(°)	I/I_0	衍射晶面 (hkl)
14.68	45	002	12.84	9	210
15.53	100	022	13.24	4	—
22.21	12	101	14.68	100	220
25.65	8	102	16.37	70	040
26.11	25	111	23.33	50	211
27.51	18	020	24.85	14	410
29.16	40	112	25.46	45	041
30.60	30	103	25.99	25	420
35.63	10	121	27.52	30	430
36.53	16	104	32.53	14	421
37.98	10	122	33.88	15	431
			37.15	12	600
			39.29	30	630

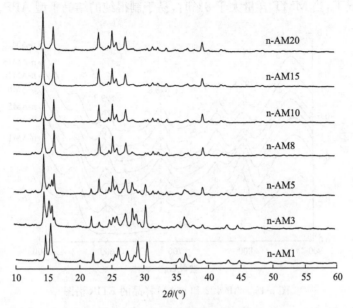

图 5-18　n-AM 样品的 XRD 谱图

看出,含 1% NaMMT 的 APP 样品(n-AM1)主要表现为结晶Ⅱ型 APP 的衍射峰。随着纳米复合阻燃剂中 MMT 含量的增加,晶型逐渐变化。当 MMT 含量在 8%以上时,APP 样品表现为结晶Ⅰ型 APP 的衍射峰。MMT 含量在 1%~8%之间时,则为结晶Ⅰ型和结晶Ⅱ型 APP 的混合物。其中,n-AM5 的衍射谱图中 $2\theta=15.98°$处的衍射峰表明,n-AM5 中还存在少量环-四偏磷酸铵的衍射峰,应该为 APP 生成过程中的一种中间产物,说明了 MMT 的存在,改变了制得 APP 的晶型。

在结晶Ⅰ型和结晶Ⅱ型 APP 的红外谱图中,都存在 $1250cm^{-1}$处 P＝O 键的振动吸收峰,$1010cm^{-1}$和 $1070cm^{-1}$处 P—O 键的振动吸收峰。而结晶Ⅰ型 APP 在 $760cm^{-1}$、$660cm^{-1}$和 $602cm^{-1}$处存在三个峰,但结晶Ⅱ型 APP 并没有这三个吸收峰。此处忽略因为结晶Ⅱ型 APP 中晶体缺陷导致在其 FTIR 谱图中存在 $660(682)cm^{-1}$处吸收峰存在的情况。而在这两种晶型 APP 的 FTIR 谱图中 $800cm^{-1}$处的 P—O—P 键的吸收峰不随晶型的变化而变化[14,15]。

图 5-19 为 AP 422 和自制的 7 种 n-AM 样品的红外谱图在 $500\sim900cm^{-1}$之间的吸收峰。可以看出,在结晶Ⅱ型 APP 样品 AP 422 中,不存在 $760.5cm^{-1}$、$678.8cm^{-1}$和 $599.2cm^{-1}$处的吸收峰。自制的 7 种 n-AM 样品则出现了 $760.5cm^{-1}$、$678.8cm^{-1}$和 $599.2cm^{-1}$处的吸收峰,并且随着 MMT 添加量的增加而增加。这说明随着 MMT 添加量的增加,制得 APP 的晶型逐渐转变为结晶Ⅰ型,与此前图 5-18 得到的结论一致,说明了 MMT 的存在影响了制得 APP 的晶型。在 MMT

存在的情况下,当 MMT 含量大于 8％时,易于制得纯的结晶Ⅰ型 APP。

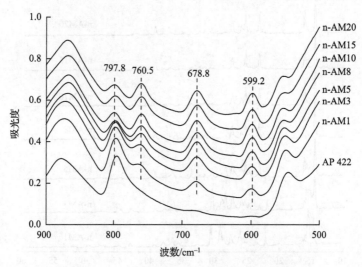

图 5-19　AP 422 和 n-AM 样品的 FTIR 谱图

通过以上的分析可知,在 APP 的制备过程中添加 MMT,首先在磷酸氢二铵和尿素加热熔化时,会让团聚在一起的 MMT 微晶分散开,由磷酸铵使 MMT 片层插层和剥离,MMT 则影响和参与片层上 APP 的聚合。MMT 片层是由硅氧四面体和铝氧八面体构成,而 MMT 片层的表面是由硅氧的六元环组成。硅氧六元环所带的负电荷可以吸附 APP 制备过程中产生的铵根离子,让其占据硅氧六元环的中心位置。定位后的铵根离子则影响生成的聚磷酸链的构象,MMT 片层作为模板,在其表面发生自组装,生成特定晶型的 APP。这也是图 5-17 中所看到的MMT 的单个片层趋向于平行于 APP 晶体颗粒表面的方向排列的原因。

在添加 MMT 之后,制得的 APP 为结晶Ⅰ型,这主要与 MMT 表面硅氧六元环孔径的大小有关,如图 5-20 可知,硅氧六元环的孔径大小为 5.233Å 左右,说明当铵根离子占据硅氧六元环的中心位置时,铵根离子之间的距离也为 5.233Å 左右。根据此前文献对结晶Ⅱ型 APP 的晶体结构精修的结构,在结晶Ⅱ型 APP 中,两个铵根离子之间的距离为 4.253Å 左右[16]。这就说明 APP 在 MMT 片层表面进行自组装聚合不可能形成结晶Ⅱ型 APP。结晶Ⅰ型为正交晶系,晶胞参数为:a $=14.50$Å;$b=21.59$Å;$c=4.58$Å[17,18]。可惜到目前为止,也未见有人报道制备足够大的结晶Ⅰ型 APP 的单晶,或用 XRD 多晶衍射的数据精修得到结晶Ⅰ型 APP 的晶体结构。但是分析其晶胞参数可以发现,在结晶Ⅰ型 APP 中 $\frac{b}{4}=5.398$Å,这与 MMT 表面硅氧六元环的孔径非常接近,使 APP 在 MMT 表面自组装聚合成为结晶Ⅰ型。以上分析得到的结论与实验得到的结果非常吻合。制得的 APP-

MMT 纳米复合物,经 APP 对 MMT 插层,使 MMT 以剥离形式存在,且剥离后的 MMT 片层又充当模板,让 APP 在其表面自组装,形成特定的晶型。

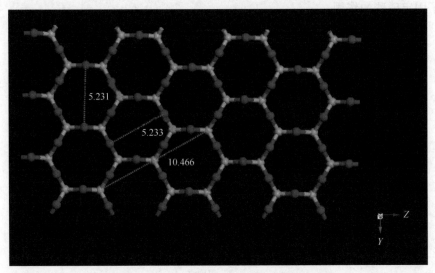

图 5-20　MMT 表面硅氧六元环的结构示意图

　　依此类推,具有表面硅氧六元环结构的硅酸盐矿物质都有可能影响 APP 的结晶过程,从而形成结晶 I 型 APP,如海泡石、分子筛、二氧化硅和云母等。并且也可以推测在结晶 I 型 APP 中,沿 b 轴方向,铵根离子的重复周期应该为 4。而找到合适孔径的模板材料,控制表面的孔径在 4.253Å 左右,自组装聚合制备结晶 II 型 APP 也是完全有可能的。

　　2. APP-MMT 纳米复合物的热稳定性

　　由图 5-21 可以看出,n-AM 纳米复合物在 N_2 环境下主要有两个热分解过程:第一个分解过程是在 $250 \sim 500℃$,第二个过程是在 $500℃$ 以上。根据此前文献的研究,第一步热分解主要放出的是氨气和水,并形成聚磷酸;第二步则主要是聚磷酸分解放出磷酸及其氧化物的片段。

　　图 5-21 中各样品 5% 和 35% 热失重温度 $T_{5\%}$ 和 $T_{35\%}$、在 $800℃$ 时的残炭量、扣除 MMT 部分后的净残炭量如表 5-11 所示。

　　从图 5-21 和表 5-11 可知,随着 APP-MMT 纳米复合物中 MMT 添加量的增加,$T_{5\%}$ 则基本呈现依次降低的趋势,从 MMT 添加量为 1% 到 20%,$T_{5\%}$ 降低了约 $20℃$。这一方面说明 MMT 的存在促进了 APP 的第一步分解,放出氨气;另一方面也是因为结晶 I 型 APP 的第一步分解温度较结晶 II 型低造成。$T_{35\%}$ 随着 MMT 添加量的增加基本呈现依次升高的趋势。从 MMT 添加量为 1% 到 20%,$T_{35\%}$ 升高了约 $100℃$。这说明 MMT 的存在抑制了聚磷酸分解放出磷酸或氧化物片段。比较各样品在 800℃时的残炭量可以发现,随着 MMT 添加量的增加,其残炭量增加,且净残炭量也增加,进一步说明了 MMT 在 APP 热分解的第二阶段起到了固定磷酸的作用。

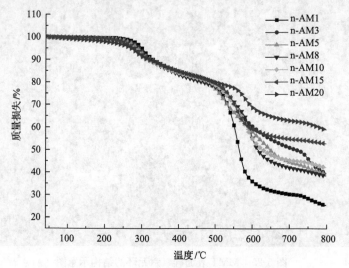

图 5-21　n-AM 纳米复合物样品的 TGA 曲线

表 5-11　n-AM 纳米复合物样品的 TGA 曲线的相关数据

样品	n-AM1	n-AM3	n-AM5	n-AM8	n-AM10	n-AM15	n-AM20
$T_{5\%}$/℃	299.8	293.8	287.0	280.5	276.3	277.3	269.3
$T_{35\%}$/℃	543.1	572.0	559.4	578.7	570.1	566.1	646.8
残炭量/%	25.45	39.68	39.27	38.53	42.18	52.86	59.02
净残炭量/%	24.45	36.68	34.27	30.53	32.18	37.86	39.02

图 5-22 为 n-AM10、m-AM10(APP Ⅱ 与 10%MMT 的微米复合物)和 APP Ⅱ 的 TGA 曲线。比较三种 APP 样品的 5%热失重温度($T_{5\%}$)分别为 276.3℃、301.2℃和 296.4℃,n-AM10 的 $T_{5\%}$ 较其他两个 APP 样品低约 20℃,这主要应该归因于 APP 晶型的不同。三种 APP 样品的 35%热失重温度($T_{35\%}$)分别为 570.1℃、577.2℃和 531.9℃,添加 MMT 的 n-AM10 和 m-AM10 较 APP Ⅱ 高约 40℃,说明无论 MMT 是纳米还是微米分散在 APP 中,都可以提高 APP 第二阶段分解的热稳定性,可以起到固定磷酸的作用。三者在 800℃时的残余量分别为 42.18%、34.78%和 24.27%,发现 m-AM10 比 APP Ⅱ 的残余量高约 10%,这恰好是 m-AM10 中添加 MMT 的量。而 n-AM10 较 m-AM10 高约 10%,说明 MMT 纳米分散在 APP 中,在高温下更有助于固定磷酸,增加残余量,这对于膨胀阻燃体系在高温下炭层的稳定性应该是非常重要的。

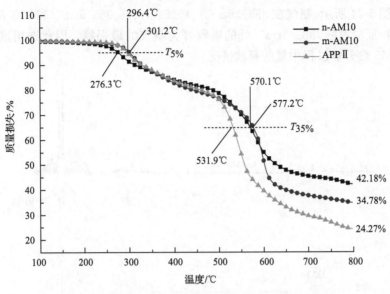

图 5-22　n-AM10、m-AM10 和 APP Ⅱ 的 TGA 曲线

　　图 5-23 为 n-AM5 在 TGA-FTIR 联用过程中放出气体产物的红外谱图，图 5-24 为 328.0℃时气体产物的红外谱图。从中可以看出，n-AM5 大致从 300℃开始分解，到 328.0℃时，到达第一个分解阶段的峰值。通过与氨气的标准谱图对比，认为放出的主要为氨气，除此之外有少量的水蒸气的吸收峰。500℃以后，主要表现为 P＝O 双键的振动，说明放出的主要为磷氧类化合物，包括磷酸、磷酸片段和磷的氧化物。这与 Camino 等[19,20]研究结果一致。

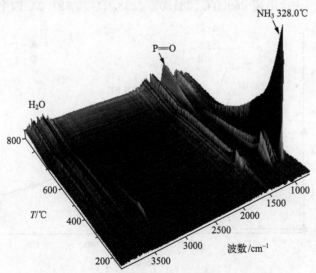

图 5-23　n-AM5 热分解气相产物的红外光谱

如图 5-24 所示，氨气在 $3333.5 cm^{-1}$、$1626.0 cm^{-1}$、$965.5 cm^{-1}$ 和 $930.6 cm^{-1}$ 处有四个特征吸收峰，$965.5 cm^{-1}$ 处的吸收峰为氨气的最强峰。因此选用该峰来研究 n-AM5 热分解过程中氨的释放情况。

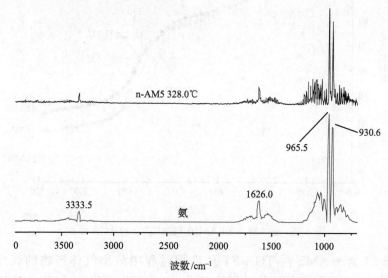

图 5-24　n-AM5 及其在 328℃释放气体的红外谱图

图 5-25 为 $965.5 cm^{-1}$ 处吸收峰随温度变化的截面图，如曲线 2 所示。曲线 1 为曲线 2 的微分曲线，即氨气随温度变化的微分曲线。曲线 2 在 328.0℃出现峰值，这与图 5-23 中得到的结论一致。而与以往不同的是，在 n-AM5 的氨气随温度变化微分曲线 1 中，出现 269.0℃、281.0℃、298.0℃和 321.0℃四个峰值，说明在

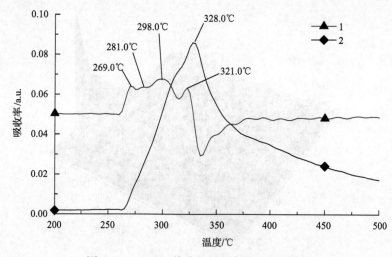

图 5-25　n-AM5 热分解过程中氨释放的变化

n-AM5 中存在着四种不同形式的铵根离子。根据此前对图 5-18 中 n-AM 纳米复合物样品的 XRD 分析,认为在 n-AM5 中,除含有结晶Ⅰ型和结晶Ⅱ型 APP 外,还含有少量的环-四偏磷酸铵。除此之外,由于 APP 与 MMT 片层的相互作用,产生了一种特殊的铵根离子,即中和聚磷酸与 MMT 片层之间负电荷的铵根离子。这与图 5-25 中曲线 1 反映的信息非常吻合。269.0℃、281.0℃、298.0℃和 321.0℃处四个峰应该分别归属于与 MMT 片层相互作用的铵、环-四偏磷酸铵、结晶Ⅰ型和结晶Ⅱ型 APP 中的铵根离子。

环-四偏磷酸铵中间体的出现,也验证了五氧化二磷-磷酸氢二铵-尿素体系制备 APP 中第一步反应的反应机理,说明首先是由五氧化二磷与磷酸氢二铵反应,磷酸氢二铵促使五氧化二磷开环,开环后,带有磷酸支链的环-四偏磷酸铵分解,得到环-四偏磷酸铵[21]。

3. APP-MMT 纳米复合物中 APP 的聚合度

在对 APP-MMT 纳米复合物中 APP 的聚合度测定上,采用了液体[31]P 核磁共振法进行表征。因为 APP 在常温下水中的溶解度较小,所以加入了 5‰的氯化钠来促进 APP 的溶解,并超速离心除去其中的 MMT,取上层清液进行测试。为了防止环-四偏磷酸铵等副产物对聚合度测试的影响,采用了不含该副产物,且 MMT 含量较低的 n-AM10 进行聚合度测试。

图 5-26 为 n-AM10 的液体[31]P 核磁共振图,化学位移为 0.749ppm 的吸收峰为未聚的磷酸的峰,以此峰作为内标;化学位移为 −8.964ppm 和 −9.379ppm 的两个峰为聚磷酸端基磷的峰;化学位移为 −21.843ppm 的吸收峰为聚磷酸中间磷的峰[22]。将中间磷和端基磷的积分面积 P_m 和 P_t 代入式,得到 n-AM10 的聚合度为 78,说明 MMT 的加入不但影响了 APP 的晶型,同时,也影响了制得 APP 的聚合度。

4. APP-MMT 纳米复合物的溶解度及 pH

从表 5-12 中的数据可以看出,除 n-AM10 的水溶性比低 MMT 含量的纳米复合物小外,其余纳米复合物中,随着 MMT 含量的增加,其水溶性逐渐增大。一方面,随着 MMT 含量的增加,制得的 APP 逐渐转变为结晶Ⅰ型,同时 APP 的聚合度降低,这是导致水溶性增大的直接原因。此外,由于在制备过程中使用的是 NaMMT,Na$^+$的引入也促使制得 APP 在水中溶解度的增大。如果在以后的制备过程中,将 NaMMT 中的 Na$^+$通过离子交换替换成其他形式的弱碱阳离子,将对降低 APP 的水溶性非常有利。其中 n-AM10 可以认为是 100%的结晶Ⅰ型 APP,溶解度为 2.36,而结晶Ⅰ型 APP 产品 Antiblaze MC 的溶解度为 2.77,两者非常接近,n-AM10 略低于后者[16]。七种 n-AM 纳米复合物的 pH 则随着 MMT 添加

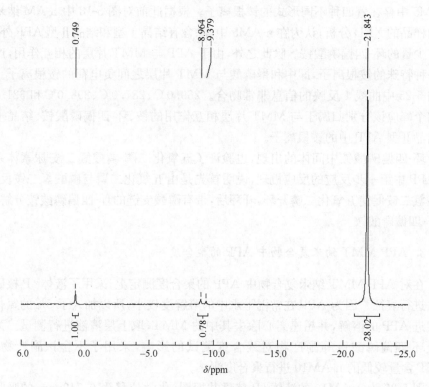

图 5-26　n-AM10 的液体 ^{31}P 核磁共振图

量的增加基本呈现逐渐降低的趋势,这应该与其中氨的存在形式有关,当氨以铵根离子形式存在的量增多时,与水作用形成 $NH_3 \cdot H_2O$,同时产生 H^+,使 APP 水溶液的 pH 降低。

表 5-12　n-AM 纳米复合物的水溶性及 pH 数据

样品	n-AM1	n-AM3	n-AM5	n-AM8	n-AM10	n-AM15	n-AM20
溶解度/(g/100mL H_2O)	1.38	2.39	2.65	3.70	2.36	4.39	5.11
pH	6.42	5.93	5.77	5.79	5.62	5.59	5.58

5. APP-MMT 纳米复合物在聚丙烯(PP)中的结构

图 5-27 为 PP/n-AM10 和 PP/m-AM10 二元复合物注塑样品的扫描电镜图像。从图 5-27(a)可以看出,n-AM10 的颗粒分散在 PP 基材中,粒径在 10～50μm。图 5-27(b)中,APP Ⅱ 颗粒分散在 PP 基材中,粒径在 5～20μm。说明 APP Ⅱ 的粒径要较 n-AM10 的小,但是在两种 PP 样品中,APP 颗粒本身都是微米分散在 APP 中,两者之间不是纳米复合。

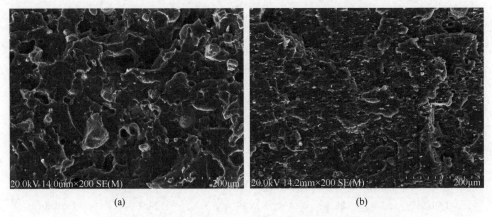

(a)   (b)

图 5-27 PP/n-AM10(a)和 PP/m-AM10(b)的 SEM 图像

图 5-28 为 PP/n-AM10 和 PP/m-AM10 在 1°～10°之间的 XRD 谱图。在 PP/m-AM10 的 XRD 曲线上,存在 $2\theta=1.71°$和 $5.23°$两个衍射峰,通过布拉格公式的计算,其层间距分别为 5.23nm 和 1.90nm。在 m-AM10 中,使用的有机改性 MMT 的层间距为 2.2nm,说明在混入 PP 的过程中,部分的 MMT 得到了插层,使层间距增大,另外的一些部分因为有机改性 MMT 在非极性的 PP 基材中分散性仍然不好,反而使层间距减小。在 PP/n-AM10 的 XRD 曲线上,1°～10°之间并没有衍射峰的存在,说明 MMT 是完全剥离的,但是这种剥离的 MMT 不是纳米分散在 PP 基材中,而是纳米分散在 APP 颗粒中。

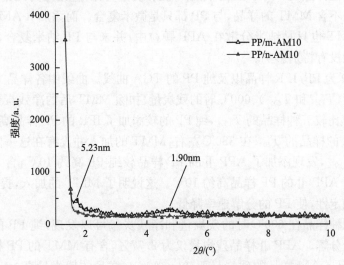

图 5-28 PP/n-AM10 和 PP/m-AM10 的 XRD 谱图

6. APP-MMT 纳米复合物对 PP 阻燃性能的影响

分别将 n-AM5、n-AM10、APP Ⅱ 和 m-AM10 与双季戊四醇(DPER)和三聚氰胺(MA)按照质量比 3∶1∶1 的配比配得膨胀阻燃剂(IFR)。然后将 IFR 添加到 PP 基材中,总的添加量为内添加 20%。制得不同 PP/IFR 样品的阻燃和机械性能如表 5-13 所示。

表 5-13　不同 PP/IFR 样品的阻燃和机械性能

PP 样品	APP Ⅱ	m-AM10	n-AM5	n-AM10
UL-94(3.2mm 样品)	NR	V-1	V-1	V-0
LOI/%	25.9	29	29.7	29.8
拉伸强度/MPa	31.1	29.9	29.7	30.0
弹性模量/MPa	966	976	981	998

从表 5-13 中可以看出,添加了 n-AM5、n-AM10 和 m-AM10 的样品的极限氧指数(LOI)都较添加 APP Ⅱ 体系的高。说明无论 MMT 是纳米还是微米分散在 APP 中,都可以增加制得 PP 样品的 LOI。其中添加 n-AM 制得的 PP 样品的 LOI 略高于添加 m-AM 制得的 PP 样品。比较四种样品的 UL-94(3.2mm)测试结果,同样内添加 20% 的 IFR,使用 n-AM10 作为酸源制得的 PP 样品达到了 V-0 级,n-AM5 和 m-AM10 的 PP 样品只能达到 V-1 级,APP Ⅱ 的 PP 样品没有级别。比较四种样品的拉伸强度和力学性能,则基本没有发生变化,这是因为无论是含 MMT 的样品还是不含 MMT 的样品,与 PP 都只是微米复合。而添加 n-AM 制得的 PP 样品中,MMT 也只是纳米分散在 APP 颗粒中,并未与 PP 纳米复合,所以对 PP 的力学性能没有特别影响。

图 5-29 为 PP/IFR 样品以及纯 PP 的 TGA 曲线。曲线中各样品失重 10% 和 80% 的温度($T_{10\%}$ 和 $T_{80\%}$)、600℃时的残炭量、扣除 MMT 后的净残炭量数据如表 5-14 所示。比较五种样品的 $T_{10\%}$,纯 PP 的较添加了 IFR 的 PP 样品高出约 30℃,添加了 IFR 的样品的 $T_{10\%}$ 在 380℃左右,MMT 的加入并没有在这一阶段产生影响。比较 $T_{80\%}$,发现添加了 APP Ⅱ 的 PP 样品较纯 PP 高约 10℃,含 MMT 的样品较添加了 APP Ⅱ 的 PP 样品高约 10℃。这说明了 MMT 的加入,提高了 PP 在高温时的稳定性,使 PP 的分解速率降低。

比较五种样品在 600℃时的残炭量和净残炭量可以发现,纯 PP 的残炭量为 0,说明完全分解。APP Ⅱ 样品残炭量仅为 2.77%,含有 MMT 的 PP 样品残炭量显著提高,且 n-AM 样品的残炭量要较 m-AM10 样品的残炭量高。n-AM5 样品的净残炭量比 m-AM10 样品高约 2%,而 n-AM10 样品的净残炭量比 m-AM10 样品高约 3%,即 m-AM10 净残炭量的 50%。说明当 MMT 纳米分散在 APP 中时,可以提高残炭量。通过图 5-29 比较五种样品在 500～600℃ 残炭的稳定性可以发现,n-AM10 样品的残炭非常稳定,基本不发生变化。说明 MMT 的加入可以提高形成的炭层在高温下的热稳定性。

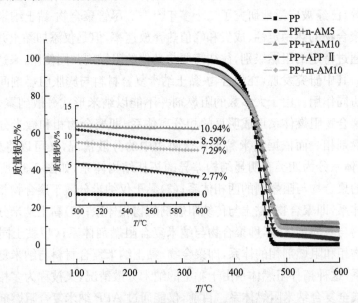

图 5-29　PP/IFR 样品的 TGA 曲线(内插图为各样品的热重曲线在 500～600℃ 的放大图)

表 5-14　PP/IFR 样品的 TGA 曲线数据

PP 样品	PP	APP Ⅱ	m-AM10	n-AM5	n-AM10
$T_{10\%}$/℃	409.1	385.8	382.3	379.9	384.1
$T_{80\%}$/℃	458.3	466.4	472.7	473.6	476.0
残炭量/%	0	2.77	7.29	8.59	10.94
净残炭量/%	0	2.77	6.09	7.99	9.24

根据图 5-21 和图 5-22 得到的结论,含有 MMT 的样品,特别是 MMT 纳米分散在 APP 中的样品形成的残炭量增加,且残炭的热稳定性增加,这应该主要归因于 MMT 影响了 APP 第二阶段的分解,抑制了磷酸分解,并以磷酸片段或氧化物的形式溢出反应体系,起到了固磷的作用。这使与作为酸源的磷酸与炭源形成的炭层在高温下更加牢固,不易流失,起到了很好的阻燃作用。同时也可以解释以 n-AM10 作为酸源构成膨胀阻燃体系,内添加 20% 的 PP 样品能够通过 UL-94 的 V-0 级,而 m-AM10 样品只能达到 V-1 级。这主要是因为在 n-AM10 中,MMT 达到了纳米分散,与 APP 之间的相互作用更强,固定的磷更多,从而使形成的炭层更加稳定。

7. 基于 APP-MMT 纳米复合阻燃剂的多相纳米复合技术在阻燃 PP 的应用[23]

聚合物-黏土纳米复合材料因为能够改善聚合物材料的力学性能、阻燃性能和隔气性能等，已经被广泛地研究了二十多年[24-26]。尽管聚合物-黏土纳米复合材料能够改善聚合物的热稳定性、成炭和峰值热释放速率，但是仅添加黏土并不能使聚合物材料通过特定的阻燃级别，往往需要与其他的阻燃剂共同使用，来达到特定的阻燃级别。其中研究发现，在聚合物-黏土纳米复合材料与膨胀阻燃剂间存在着普遍的阻燃协同作用。由于大多数的阻燃剂并不能以纳米形式分散到聚合物当中，致使这类聚合物阻燃体系形成明显的相分离体系，即聚合物相和微米分散在聚合物中的阻燃剂相。而依据纳米黏土在这两相中的分散情况，又可以将聚合物/黏土/阻燃剂体系分为四类有明显结构差异的拓扑结构体系，如图 5-30 所示：(1)未添加黏土的聚合物与阻燃剂的两相体系；(2)黏土仅纳米分散于聚合物相的聚合物与阻燃剂体系，即聚合物/黏土与传统阻燃剂的物相体系；(3)黏土纳米分散于阻燃剂的聚合物与阻燃剂体系，即聚合物与纳米复合阻燃剂体系；(4)黏土同时纳米分散于聚合物相和阻燃剂相的体系，即聚合物/黏土纳米复合材料与纳米复合阻燃剂的阻燃体系，这种拓扑阻燃体系由于黏土的纳米分散情况，又被称为多相纳米复合阻燃体系或全复合纳米阻燃体系。目前，仅能通过 APP 纳米复合阻燃剂来实现第(3)和(4)类拓扑阻燃体系，如前所述的 APP-SiO$_2$ 纳米复合阻燃剂阻燃聚丙烯，APP-SPT 纳米复合阻燃剂阻燃聚丙烯和 APP-MMT 纳米复合阻燃剂阻燃聚丙烯均属于第(3)类拓扑阻燃体系。在此节中，将以 APP-MMT 纳米复合阻燃剂阻燃聚丙烯为例，讲述第(4)类拓扑阻燃体系，以下简称为多相纳米复合阻燃体系。

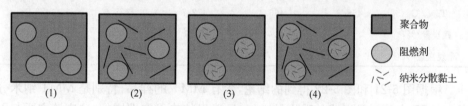

图 5-30　聚合物/黏土/阻燃剂的四种拓扑结构体系

(1) 未添加黏土的阻燃聚合物；(2) 黏土纳米分散于聚合物中的阻燃聚合物；(3) 黏土纳米分散于
阻燃剂中的阻燃聚合物；(4) 黏土同时纳米分散于阻燃剂和聚合物中的阻燃聚合物

聚丙烯是一种在没有兼容剂存在情况下并不能与黏土纳米复合的聚合物。为了制备聚丙烯/黏土纳米复合物，需以马来酸酐接枝聚丙烯(PPg)作为兼容剂来促使黏土在聚丙烯中达到纳米分散[27,28]。通过马来酸酐接枝聚丙烯(PPg)与Cloisite 20A 有机改性 MMT(PPg-n)的熔融共混制备的聚丙烯/黏土纳米复合材料的透射电子显微镜(TEM)如图 5-31 所示，可以看出，剥离的 MMT 纳米片层以剥离的形式均匀分散在聚丙烯中,说明聚丙烯/MMT 纳米复合材料已经成功制备。再将以 APP-MMT 纳米复合阻燃剂为主的膨胀阻燃剂与上述的聚丙烯/MMT 纳米复合材料熔融共混,就得到了多相纳米复合阻燃聚丙烯体系。

图 5-31　PPg-n5 的 TEM 图像

1) 热稳定性

图 5-32 给出了 PPg 样品的热重分析曲线。选定失重 10％的温度为起始分解温度($T_{0.1}$),最大失重速率温度(T_{max})由 DTG 曲线获得,以及 800℃时的残炭量如表 5-15 所示。

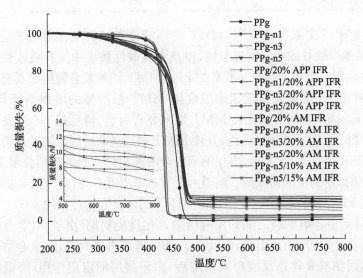

图 5-32　PPg, PPg-n, PPg/APP IFR, PPg-n/APP IFR, PPg/AM IFR 和
PPg-n/AM IFR 的 TGA 曲线

表 5-15　PPg, PPg-n, PPg/APP IFR, PPg-n/APP IFR, PPg/AM IFR 和 PPg-n/AM IFR 的配比和 TGA 数据

样品	TGA		
	$T_{10\%}/℃$	$T_{max}/℃$	残炭量/%(800℃)
PPg	422	459	0
PPg-n1	423	439	1.5
PPg-n3	421	436	2.2
PPg-n5	419	434	2.7
PPg/20%APP IFR	395	473	5.1
PPg-n1/20%APP IFR	392	468	6.6
PPg-n3/20%APP IFR	398	470	7.7
PPg-n5/20%APP IFR	385	468	10.6
PPg/20%AM IFR	385	470	9.4
PPg-n1/20%AM IFR	400	469	9.6
PPg-n3/20%AM IFR	398	471	11.12
PPg-n5/20%AM IFR	388	468	12.36
PPg-n5/10%AM IFR	419	466	8.0
PPg-n5/15%AM IFR	412	467	9.5

根据近来的文献报道[29,30]，MMT 并不能改善聚丙烯阻燃性能，这是源于 MMT 的纳米颗粒导致炭层出现裂纹，以及有机改性黏土中的有机改性剂的热分解，我们也发现了类似的结果。所有的 PPg/MMT 纳米复合物样品具有几乎相同的起始分解温度，而最大失重速率温度随 MMT 添加量的增加而降低，PPg-n5 (PPg-5% Cloisite 20A 有机改性 MMT 纳米复合材料)降低约 20℃(表 5-15)，说明 MMT 降低了 PPg 的热稳定性，且随 MMT 添加量的增加而快速达到平衡。

如图 5-32 和表 5-15 所示，多相纳米复合的聚丙烯样品的起始分解温度降低，且随 IFR 添加量的增加而降低。但最大失重速率温度升高，且与 IFR 的添加量无关，较纯的 PPg 提高约 10℃，较聚合物/MMT 纳米复合物提高约 30℃。这是由于膨胀阻燃体系中各阻燃剂之间的反应所致。在反应初期，由于 APP 分解放出氨气、聚磷酸与 PER 反应放出水，以及 MA 的分解放出氨气等，使聚合物的热分解温度提前，而在 IFR 体系反应形成炭层后，由于炭层的阻隔作用，降低热传导速率，从而使失重速率降低，最大失重速率温度升高。

而如表 5-15 和图 5-32 所示，各聚丙烯样品的残炭量表现出如下规律：MMT< MMT/APP IFR<AM IFR<MMT/AM IFR。其中 AM IFR 样品在成炭方面要优于 APP IFR 样品，这与此前研究的结论一致。而黏土的多相纳米复合样品则展

现出最高的残炭量。但多相纳米复合 PPg 样品的残炭量相当于 PPg/MMT 与 PPg/IFR 残炭量的线性加和，表明在聚合物-黏土纳米复合材料与 APP-MMT 纳米复合物之间并不存在成炭的协同效应。

2）锥形量热研究

所有的 PPg、PPg-n、PPg-n 与 APP 或 AM IFR 的阻燃样品的锥形量热仪数据如表 5-16 所示。PPg/MMT 纳米复合材料的点燃时间（TTI）、质量损失速率（AMLR）、总烟释放（ASEA）和总热释放（THR）基本都与纯的 PPg 相同，而峰值热释放速率（PHRR）在 MMT 含量为 1% 和 3% 时，较纯 PPg 反而略有升高，直到 MMT 含量为 5% 时，才较纯 PPg 下降 8% 左右，说明了 MMT 与聚丙烯的纳米复合，基本没有改变聚丙烯的阻燃性能。

表 5-16　PPg, PPg-n, PPg/APP IFR, PPg-n/APP IFR, PPg/AM IFR 和 PPg-n/AM IFR 的锥形量热仪数据

样品	PHRR /(kW/m²)	Reduct /%	THR /(MJ/m²)	ASEA /(m²/kg)	AMLR /[g/(m²·s)]	TTI /s
PPg	1622±172	NA	103±2	595±95	24.5±0.9	35±0.6
PPg-n1	1751±16	—	105±1	546±72	27.8±0.9	33±1.6
PPg-n3	1874±128	—	107±2	—	25.7±1.0	34±4.4
PPg-n5	1487±103	8	105±1	611±65	23.2±0.1	39±2.6
PPg/20%APP IFR	420±40	74	89±0	851±72	8.3±0.3	25±4.2
PPg-n1/20%APP IFR	463±56	71	89±1	—	9.9±0.2	25±1.0
PPg-n3/20%APP IFR	430±14	73	91±2	—	9.3±0.1	26±1.7
PPg-n5/20%APP IFR	403±13	75	93±1	1039±46	8.0±0.4	26±1.9
PPg/20%AM IFR	397±36	76	83±0	794±93	7.9±0.4	21±2.1
PPg-n1/20%AM IFR	306±29	81	81±2	827±57	7.0±0.7	24±1.1
PPg-n3/20%AM IFR	344±10	79	80±0	954±210	8.6±0.1	21±1.5
PPg-n5/20%AM IFR	385±21	76	80±1	782±259	9.6±0.9	23±1.4
PPg-n5/10%AM IFR	460±19	77	86±1	960±39	10.4±0.3	18±1.7
PPg-n5/15%AM IFR	411±6	75	86±2	1002±37	9.1±0.4	18±1.8

注：Reduct 为热释放速率减少百分比。

而在所有添加了 IFR 的 PPg 样品中，无论有无 MMT，都显著降低了 PPg 的 PHRR，降幅在 70%～81% 之间。由于拉平效应的影响，使纳米分散在聚合物中的 MMT 对阻燃样品性能的影响并不明显，为了能够更清楚地分析纳米分散在聚合物中的 MMT 对聚合物阻燃性能的影响，选取 PPg/20% APP IFR 为参比样，与其他的 PPg/IFR 样品进行比较，对比曲线如图 5-33 所示。AM IFR 样品总体要优于 APP IFR 样品，这是由于 APP-MMT 纳米复合物中的 MMT 降低了聚磷酸的蒸发,有固磷的作用,从而产生较多的炭。而纳米分散在聚合物中MMT的量对于APP IFR 和 AM IFR 展现出两种完全相反的作用。在 PPg-n/AM IFR 样品中,随MMT含量(PPg-n中MMT的含量)的增加,样品PHRR的降幅出现先增后减的现象,最大的 PHRR 降幅出现在 PPg-n1/20% AM IFR。与之相反,在PPg-n/APP IFR 样品中,随MMT含量(PPg-n中MMT的含量)的增加,样品PHRR的降幅出现先降后增的情况。根据以上对热重分析和PPg-n的锥形量热仪数据分析,出现如图 5-33 所示的变化趋势,主要是由于聚丙烯中的MMT促使聚丙烯成炭,影响熔体黏度,进而影响炭层形貌结构所致。

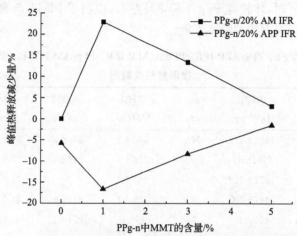

图 5-33　PPg-n/APP IFR 和 PPg-n/AM IFR 样品的 PHRR 减幅随聚合物中
纳米蒙脱土量的变化曲线

5.1.4　结论

　　在 I 类 APP 纳米复合阻燃剂中,APP-MMT 纳米复合阻燃剂是结构最为明确,研究较为系统的一种。通过 APP-MMT 纳米复合阻燃剂中 MMT 影响 APP的结晶机理,明确了二氧化硅、海泡石和 MMT 对于 APP 晶型的控制主要是通过硅氧六元环的尺寸效应,通过自组装来实现。此外,随着纳米材料维数的增加,纳米填料对 APP 的热稳定性和以 APP 为主的膨胀阻燃体系影响规律增强,且能够明显提高 APP 的阻燃效率。借助 APP-MMT 纳米复合阻燃剂,更是发展了多相纳米复合阻燃聚丙烯技术,这种新型拓扑阻燃体系,展现出更高的阻燃效率,必将为无卤阻燃聚烯烃技术做出巨大的贡献。

5.2　II 类 APP 纳米复合阻燃剂

　　I 类 APP 纳米复合阻燃剂中的纳米填料只是发生聚集态形式的变化,而纳米填料本身的结构并不发生变化。与Ⅰ类 APP 纳米复合阻燃剂不同,在 APP 纳米复合阻燃剂的制备过程中,APP 与填料间发生不同程度的化合反应,使填料不但发生聚集态形式的变化,而且使填料的结构也发生变化,形成一种或多种全新结构的填料,并以纳米形态分散在 APP 当中的这类阻燃剂称为Ⅱ类 APP 纳米复合阻燃剂。本节将以 APP 分别与氢氧化镁、氢氧化铝和层状双羟化物反应形成的纳米复合阻燃剂为例,讲述Ⅱ类 APP 纳米复合阻燃剂的结构、热稳定性和阻燃性能及影响规律。

氢氧化镁(MDH)与氢氧化铝(ATH)是两种重要的无机阻燃剂。虽说 MDH和 ATH 阻燃效率较低,为了达到特定的阻燃级别,添加量通常需在 50% 以上。但由于它们的价格相对于其他阻燃剂相对低廉,使它们目前的使用量仍占全球阻燃剂消费总量的 40% 左右。

层状双羟化物(layered double hydroxides,LDH),是类水滑石类多层黏土,化学式为 $[M_{1-x}^{2+}M_x^{3+}(OH)_2]^{x+}[A_{x/m}^{m-}]^{x-} \cdot nH_2O$,其中 M^{2+} 可以是 Zn^{2+}、Mg^{2+}、Ca^{2+}、Cu^{2+}、Co^{2+}、Ni^{2+} 或 Mn^{2+};M^{3+} 可以是 Al^{3+}、Cr^{3+}、Fe^{3+} 或 Co^{3+}。LDH 中双羟化物的片层厚度为 0.5nm,层间距则与在层间的阴离子种类有关[31]。

层间阴离子为 NO_3^- 的 Mg-Al 型 LDH 被认为是以纳米片层形式存在的ATH 与 MDH 的混合物,是实现 MDH 和 ATH 在聚合物中纳米分散,并提高阻燃效率的多层纳米材料。

5.2.1　APP-金属氢氧化物复合物的结构[32]

由于Ⅱ类纳米复合阻燃剂结构上的多样性,使其结构随添加时机而变化,如在制备 APP 的过程中,分别在反应温度为 50℃ 和 300℃ 加入 MDH 和 ATH,制备了APP-MDH、APP-MDH(300℃)、APP-ATH 和 APP-ATH(300℃)四种纳米复合阻燃剂,其 XRD 谱图如图 5-34 所示。如图 5-34(a)所示,通过对比结晶Ⅰ型和结晶Ⅱ型的标准谱图,APP-MDH 在 $2\theta=16.4°$、$23.3°$ 和 $39.3°$ 的衍射峰表明其主要晶型为结晶Ⅰ型 APP,而 APP-MDH(300℃)在 $2\theta=15.5°$、$22.2°$、$29.2°$ 和 $30.6°$ 的衍射峰表明其主要晶型为结晶Ⅱ型 APP[14,18],说明在 APP 的制备过程中在低温时加入 MDH,倾向于制得结晶Ⅰ型 APP,而在高温段加入 MDH,则倾向于制得结晶Ⅱ型 APP。此外,区别于结晶Ⅰ型和结晶Ⅱ型 APP 的衍射峰,在 APP-MDH和 APP-MDH(300℃)的 XRD 谱图中均出现 $2\theta=9.2°$ 和 $18.5°$ 的衍射峰,其中 $2\theta=9.2°$ 归属于形成的聚磷酸镁[33],$2\theta=18.5°$ 则属于 MDH 的衍射峰[34]。并且,APP-MDH(300℃)的 XRD 谱图中 MDH 的衍射峰要较 APP-MDH 强,而 APP-MDH 的 XRD 谱图中该峰非常微弱,说明在制备 APP-MDH 的过程中,无论是低温还是高温阶段加入 MDH,都会有部分的 MDH 与 APP 反应,生成聚磷酸镁,在高温段加入 MDH 则更易于保持 MDH 的晶体结构。

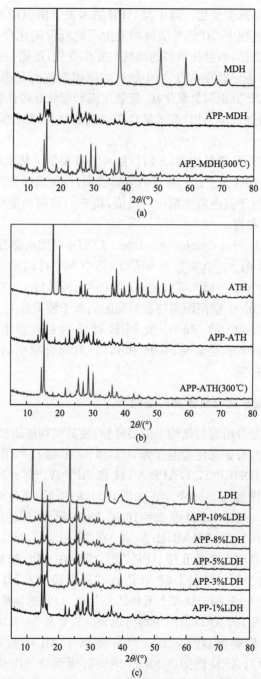

图 5-34 不同的 APP-氢氧化物复合物的 XRD 谱图

（a）APP-MDH 复合物的 XRD 谱图；（b）APP-ATH 复合物的 XRD 谱图；（c）APP-LDH 复合物和
LDH 的 XRD 谱图

如图 5-34(b)所示,是 ATH、APP-ATH 和 APP-ATH(300℃)的 XRD 谱图。与 APP-MDH 展现的规律相同,在 APP 的制备过程中,在低温段加入 ATH 倾向于制得结晶 I 型 APP,而在高温段加入 ATH 则能制得纯度较高的结晶 II 型 APP。与 APP-MDH 不同,在 APP-ATH 和 APP-ATH(300℃)的 XRD 谱图中,并未出现 $2\theta=9.2°$ 的衍射峰。说明 ATH 更倾向于自身的分解反应,而较难与 APP 发生反应。

图 5-34(c)是不同 LDH 含量的 APP-LDH 复合物和 LDH 的 XRD 谱图。通过对比结晶 I 型 APP 在 $2\theta=16.4°$、$23.3°$ 和 $39.3°$ 的特征衍射峰和结晶 II 型 APP 在 $2\theta=15.5°$、$22.2°$、$29.2°$ 和 $30.6°$ 的特征衍射峰,可以看出随着 LDH 含量的增加,APP 的晶型逐步由结晶 II 型转变为结晶 I 型。这一现象与 APP-MMT 纳米复合阻燃剂的变化规律一致。同时,发现 LDH 在 $2\theta=11.6°$ 的(003)晶面衍射峰并未出现在制备的 APP-LDH 复合物中。在 $2\theta=9.2°$ 有新的衍射峰出现,并且随着 LDH 含量的增加,该峰的强度逐渐增强。通过对比制备的 APP-MDH 的 XRD 谱图可以发现,该峰是 LDH 与 APP 反应生成的聚磷酸镁的特征衍射峰,说明在制备的 APP-LDH 复合物中,有部分的 LDH 参与反应,即有部分 LDH 片层遭到破坏。根据文献的报道,LDH 片层在 500℃时仍然可以保持其片层结构,这种失去部分羟基的 LDH 片层在水溶液中又会恢复其原有的片层结构。所以我们坚信,在制备的 APP-LDH 中,仍然有以片层形式存在的 LDH。在 APP-LDH 纳米复合阻燃剂的 XRD 谱图中未发现 LDH 的(003)晶面衍射峰,则表明 LDH 片层被剥离,在 APP 中达到了纳米分散。我们试图通过 TEM 来寻找剥离分散在 APP 中的 LDH 纳米分散,但由于 LDH 片层较 MMT 更薄,且不易聚焦,所以并未得到理想的结果,不得不试图用其他的测试方法来说明 LDH 在 APP 中的纳米分散。

图 5-35(a)是制备的四种 APP-氢氧化物纳米复合阻燃剂的红外谱图。APP-MDH 和 APP-ATH 在 $682cm^{-1}$ 的吸收峰较强,而 APP-MDH(300℃)和 APP-ATH(300℃)的 $682cm^{-1}$ 吸收峰较弱。通过对比 $800cm^{-1}$ 和 $682cm^{-1}$ 处的吸收峰强度,说明在低温段加入 MDH 和 ATH,制得的复合物中 APP 主要为结晶 I 型,在高温段加入 MDH 和 ATH 时,制得的复合物中 APP 则主要为结晶 II 型,这与 XRD 的测试结果一致。

如图 5-35(b)所示,是 APP-LDH 复合物和 LDH 的红外谱图。通过比较 $800cm^{-1}$ 和 $682cm^{-1}$ 处的吸收峰强度,发现随着 LDH 含量的增加,制备的 APP-LDH 中 APP 逐步转化为 I 型,这与 XRD 的结果一致。但由于 LDH 是一种无机的片状金属氢氧化物,并未有特征的片层结构吸收峰存在,在 $1360cm^{-1}$ 处的吸收峰则主要来自于 LDH 层间无机酸根阴离子的吸收峰,因此,不能从红外谱图中看到 LDH 的相关信息。

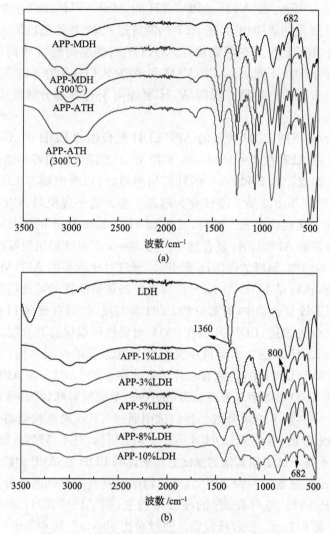

图 5-35　不同的 APP-氢氧化物复合物的红外谱图

(a) 制备的四种 APP-氢氧化物纳米复合阻燃剂的红外谱图；(b) APP-LDH 复合物和 LDH 的红外谱图

以层间为 NO_3^- 的 LDH 为例，其化学式为 $[M_{1-x}^{II} M_x^{III} (OH)_2]^{x+} [NO_3]^{x-}$ · nH_2O，可改写为 $[M^{II}(OH)_2]_{1-x} [M^{III}(OH)_3]_x [HNO_3]_x \cdot (n-x)H_2O$。由此 LDH 也被理解为纳米片层化的 MDH 和 ATH 的一种水合物。虽说组成相似，但是由于结构的变化，使 LDH 与 MDH 和 ATH 相比，LDH 的片层结构更易起到模板的作用，使 APP 转化为结晶 I 型。相信这种组织结构的变化，也将对其性质产生质的影响。

5.2.2　APP-金属氢氧化物复合物的热稳定性

制备的四种 APP-金属氢氧化物的纳米复合阻燃剂，以及 MDH 和 ATH 的热重分析曲线如图 5-36 所示。样品的起始分解温度（5％热失重时的温度，$T_{5\%}$）、$T_{50\%}$ 和 900℃时的残炭量如表 5-17 所示。结晶 Ⅱ 型 APP 主要有两个热分解阶段，第一阶段在 250~400℃，主要是由于 APP 受热分解出 NH_3 和 H_2O 所致；第二阶

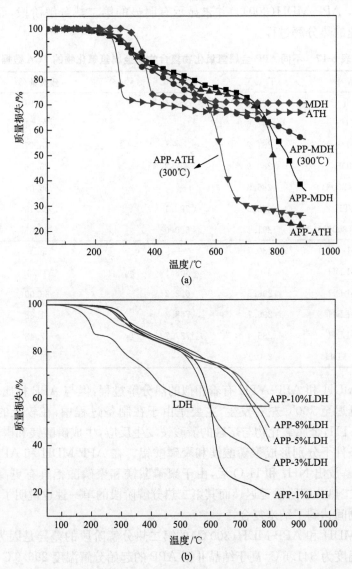

图 5-36　不同 APP-金属氢氧化物复合物及金属氢氧化物的 TGA 曲线图
(a) APP 与 MDH、ATH 纳米复合物的 TGA 曲线；(b) APP 与 LDH 纳米复合物的 TGA 曲线

段在 500～700℃，主要是由于聚磷酸链断裂放出磷酸和磷氧化物所致；在两个热分解阶段间，即 400～500℃，是一个缓慢的恒速分解过程。从热重分析数据可看出，四种 APP-金属氢氧化物复合物样品具有与结晶Ⅱ型 APP 相似的第一热分解阶段，在 250～330℃，而第二热分解阶段因为金属氢氧化物的不同和同种氢氧化物加入时间的不同，产生了明显的差异。其中，APP-ATH(300℃)的第二热分解阶段在 500～700℃，APP-MDH 和 APP-ATH 的第二热分解阶段主要发生在700℃以后，APP-MDH(300℃)并未显示有明显的第二热分解阶段，而主要展现为一种恒速的热分解过程。

表 5-17　不同 APP-金属氢氧化物复合物及金属氢氧化物的 TGA 数据

样品	$T_{5\%}/℃$	$T_{50\%}/℃$	残炭量/%
APP Ⅱ	296.9	554.4	19.91
MDH	341.6	—	70.51
ATH	261.2	—	66.77
APP-MDH	280.9	837.3	35.86
APP-MDH(300℃)	286.5	—	56.07
APP-ATH	288.5	790.1	22.15
APP-ATH(300℃)	301.1	620.0	26.05
LDH	180.7	—	56.6
APP-1%LDH	310.1	608.1	19.3
APP-3%LDH	296.5	622.2	33.09
APP-5%LDH	296.7	768.3	41.38
APP-8%LDH	285.4	787.7	47.43
APP-10%LDH	250.1	—	56.87

　　APP-MDH 和 APP-ATH 有着相似的热分解过程，但与 APP 相比，其第二热分解阶段延迟至 700℃左右发生，主要是由于在制备过程中，在较低的温度加入MDH 和 ATH，金属氧化物与熔融的磷酸铵发生反应，生成磷酸镁和磷酸铝，在不断加热的条件下分别形成聚磷酸镁和聚磷酸铝。在 APP-MDH 和 APP-ATH 中的 APP 分解放出 NH_3 和 H_2O 后，由于聚磷酸镁和聚磷酸铝具有更高的热稳定性，致使第二热分解阶段延迟。而其第二热分解阶段的单一性也说明了 APP 与金属氢氧化物间达到了纳米复合。

　　APP-MDH 和 APP-MDH(300℃)的第二热分解阶段的差异是因为 MDH 的起始分解温度为 341.6℃，高于结晶Ⅱ型 APP 的起始分解温度 296.9℃，说明在热分解过程中，APP 首先分解放出 NH_3 和 H_2O，并形成聚磷酸。熔融的聚磷酸与未分解的 MDH 反应，生成聚磷酸镁，同时，有部分 MDH 分解形成 MgO。MgO 和聚磷酸镁进一步反应，易于形成一种类水泥的玻璃体，其具有更高的热稳定性，所以在 APP-MDH(300℃)的热重分析曲线中未显示第二热分解阶段，而展现出一种恒速分解的过程。

APP-ATH 和 APP-ATH(300℃)的第二热分解阶段产生如此大的差异，是因为 ATH 的热分解温度要低于 APP 的热分解温度所致。如图 5-36 和表 5-17 数据所示，MDH 的起始分解温度为 261.2℃，而Ⅱ型 APP 的起始分解温度为296.9℃。说明当在 50℃向体系添加 ATH 时，部分的 ATH 与熔融的磷酸铵反应，生成聚磷酸铝，由于聚磷酸铝具有较好的热稳定性，所以使 APP-ATH 的第二热分解阶段趋向于高温方向。而当 300℃添加 ATH 进反应体系时，ATH 受热分解，生成惰性的 Al_2O_3，不易与熔融的聚磷酸反应，使 APP-ATH(300℃)的热分解过程更接近结晶Ⅱ型 APP 的热分解过程。

一般来说，两种物质混合或者纳米复合，且两种物质有自己独特的热分解性质时，在该样品的热重分析曲线中会明显地看到属于两种物质的特征分解信息，并可以此来判断物质的组成。

如图 5-36(b)所示，是制备的 APP-LDH 复合物，以及纯的 LDH 的 TGA 曲线。可以看出，LDH 有三个特征的热分解阶段，分别为 50～200℃(第一阶段)，是其层间脱水造成；200～300℃(第二阶段)，是由 LDH 片层上的羟基脱除造成；300～700℃(第三阶段)，是因为脱除 LDH 片层层间的酸根离子所致[35]。这与APP 在 250～400℃和 500～700℃的两个热分解阶段是截然不同。从图 5-36 可以看出，在制备系列 APP-LDH 复合物的热重分析曲线中，其第一热分解阶段随着LDH 的添加量的增加逐步提前，当 LDH 的含量为 10％时，第一热分解阶段明显区别于 APP 的热分解过程，而更接近于 LDH 的第一热分解阶段。但是随着热分解的逐步进行，几种 APP-LDH 复合物样品在 400℃左右重合，完成其第一热分解阶段。APP-LDH 复合物第一热分解阶段的变化，特别是当 APP-10％LDH 的第一热分解阶段的变化，说明在该复合物样品中，仍然有 LDH 的片层结构存在。结合 XRD 数据，可以说，在 APP-LDH 样品中，未反应的 LDH 片层是以剥离存在的。

比较 APP-LDH 复合物的第二热分解阶段可以看出，APP-1％LDH 和 APP-3％LDH 的第二热分解阶段在 500～700℃，这与结晶Ⅱ型 APP 的第二热分解阶段相同。但随着 LDH 的含量继续增加，其第二热分解阶段移至 700℃以后，并且随着 LDH 含量的增加，在 800℃时的残炭量也逐步增加，APP-10％LDH 有最高的残炭量，为 56.8％。说明 APP-5％LDH、APP-8％LDH 和 APP-10％LDH 在经过第一热分解阶段后，LDH 与熔融的聚磷酸反应，片层完全遭到破坏，生成热稳定性更好的聚磷酸铝和聚磷酸镁，从而使第二热分解阶段后移，并且使残炭量显著增加。这与制备的 APP-ATH(300℃)不同，是由于 APP-ATH(300℃)的第一热分解过程中,ATH 首先分解,使 Al 主要以惰性的 Al_2O_3 形式存在,而在 LDH 片层中,由于 Mg 和 Al 之间的相互作用,并未形成这种惰性的 Al_2O_3。

通过热重分析数据,可以进一步解释 APP-MDH 和 APP-ATH 纳米复合阻燃剂的组成与结构。APP-MDH 和 APP-MDH(300℃)主要是 APP、聚磷酸镁和 MDH 的纳米复合物,两者的差别主要是 MDH 的含量不同;APP-ATH 主要是 APP、聚磷酸铝和 ATH 的纳米复合物,而 APP-ATH(300℃)主要是 APP、聚磷酸铝、ATH 和 Al_2O_3 的纳米复合物。

当 MDH 和 ATH 参与聚合过程时,易于形成结晶Ⅰ型 APP,而当 MDH 和 ATH 在 300℃加入反应体系时,由于 MDH 和 ATH 的热分解生成 H_2O,并增加无定形态聚磷酸盐的量,致使生成的 APP 能够快速转化为结晶Ⅱ型 APP。

5.2.3　不同复合物阻燃 PP 的热稳定性

不同阻燃 PP 的 TGA 曲线如图 5-37 所示,其 $T_{5\%}$、$T_{50\%}$ 和 800℃时的残炭量数据如表 5-18 所示。从中可看出,采用相同氢氧化物的样品中,微米复合物的 APP 与金属氢氧化物阻燃 PP 的样品具有更高的起始分解温度,如 $T_{5\%(APP-MDH)} = 347.3℃$,$T_{5\%[APP-MDH(300)]} = 342.5℃$,而 $T_{5\%(APP/MDH)} = 359.3℃$;$T_{5\%(APP-ATH)} = 339.7℃$,$T_{5\%[APP-ATH(300)]} = 347.6℃$,而 $T_{5\%(APP/ATH)} = 355.0℃$;$T_{5\%(APP-3\%LDH)} = 342.1℃$,$T_{5\%(APP-5\%LDH)} = 342.9℃$,$T_{5\%(APP-10\%LDH)} = 340.2℃$,而 $T_{5\%(APP/5\%LDH)} = 357.6℃$,$T_{5\%(APP/10\%LDH)} = 347.2℃$。对于阻燃 PP 的起始分解温度,不同于阻燃剂的热分解温度,并不认为是越高越好。因为阻燃 PP 样品在其中的树脂基材 PP 热

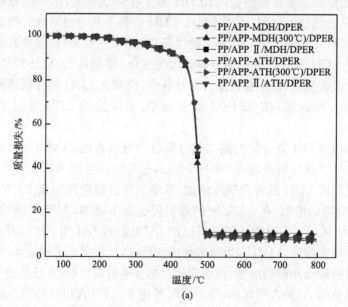

(a)

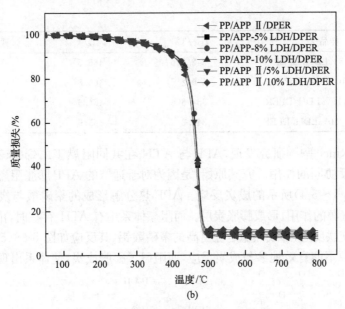

图 5-37　不同阻燃 PP 的 TGA 曲线图

分解之前,经历的是一个相对缓慢的热分解过程,该分解过程是膨胀阻燃体系反应成炭的过程。在 TGA 曲线相当的情况下,能够更快的成炭,将使阻燃 PP 具有更好的阻燃性能。出于这种考虑,认为微米复合物阻燃 PP 样品展现出更高的起始分解温度,并不认为其就具有更好的阻燃性能。此外,各阻燃 PP 样品具有相似的 $T_{50\%}$ 值,并不随样品中金属氢氧化物含量的变化而变换,而 LDH 样品的 $T_{50\%}$ 要略低于 MDH 和 ATH 样品,并与 APP Ⅱ 样品一致。含有 MDH 和 ATH 的阻燃 PP 样品在 800℃时的残炭并未发现有明显的规律,其中 APP-MDH(300℃)样品具有最高的残炭量,为 10.66%,较其他样品高约 2%。在 LDH 样品中,随着 LDH 含量的增加,样品的残炭量则逐渐增加。

表 5-18　不同阻燃 PP 的 TGA 数据

样品	$T_{5\%}$/℃	T_{max}/℃	残炭量/%
PP/APP Ⅱ/DPER	346.0	467.3	7.15
PP/APP-MDH/DPER	347.3	472.4	8.22
PP/APP-MDH(300℃)/DPER	342.5	470.0	10.66
PP/APP Ⅱ/MDH/DPER	359.3	471.9	8.28
PP/APP-ATH/DPER	339.7	472.7	7.99
PP/APP-ATH(300℃)/DPER	347.6	472.9	7.18
PP/APP Ⅱ/ATH/DPER	355.0	472.2	7.45
PP/APP-5%LDH/DPER	342.1	466.1	8.00

样品	$T_{5\%}/℃$	$T_{max}/℃$	残炭量/%
PP/APP-8%LDH/DPER	342.9	466.5	9.20
PP/APP-10%LDH/DPER	340.2	466.8	9.88
PP/APP Ⅱ/5%LDH/DPER	357.6	464.6	8.54
PP/APP Ⅱ/10%LDH/DPER	347.2	465.9	10.78

Castrovinci 等[36]研究发现，APP 与 ATH 在共同阻燃丁二烯-苯乙烯嵌段共聚物时，有反协同的作用。究其原始，是因为对于通常的 APP 膨胀阻燃体系，具有如图 5-38(5-1～5-4)所示的成炭反应。APP 热分解形成的聚磷酸与炭源缩合，形成炭，经由气源的作用，形成膨胀炭层。而阻燃体系中有 ATH 存在时，由于 APP 与 ATH 间的交联反应，形成热稳定性更高的聚磷酸铝，其反应如图 5-38(5-5～5-8)所示，使其酸源不能有效地参与成炭反应，而阻碍了膨胀成炭，使体系出现反协同。

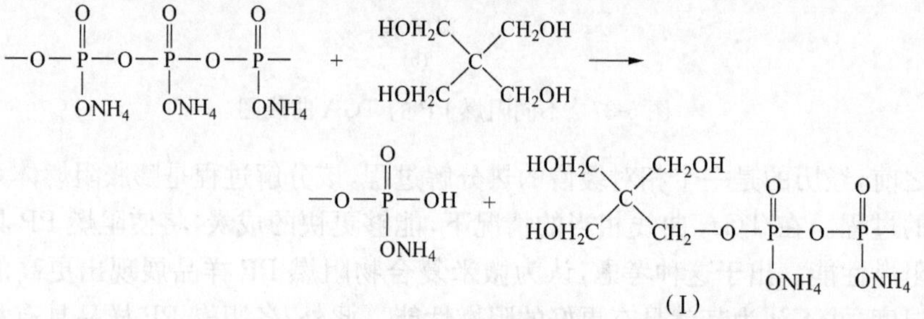

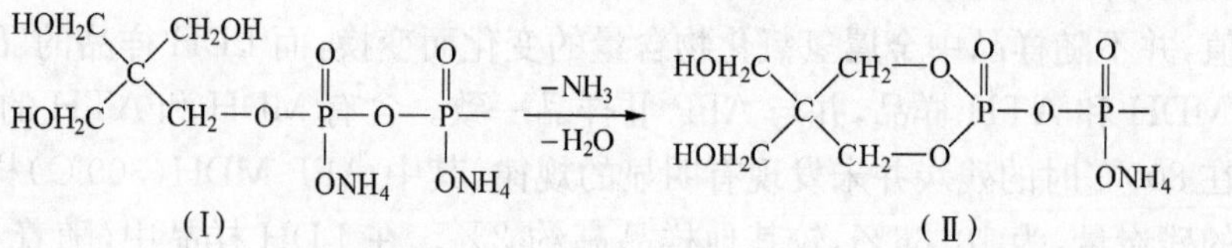

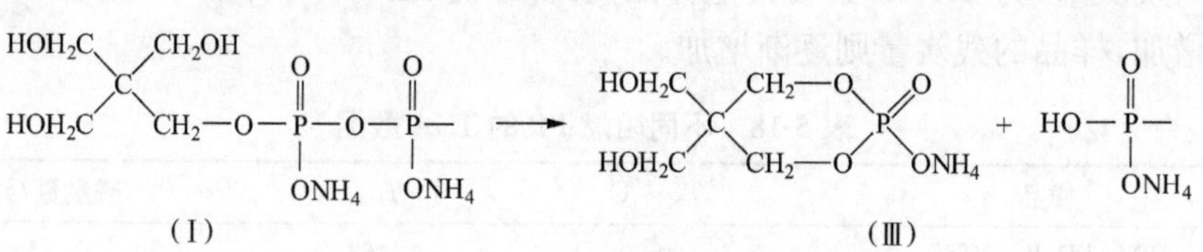

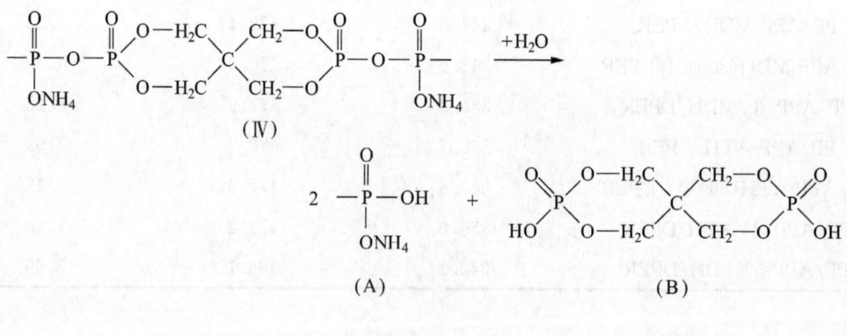

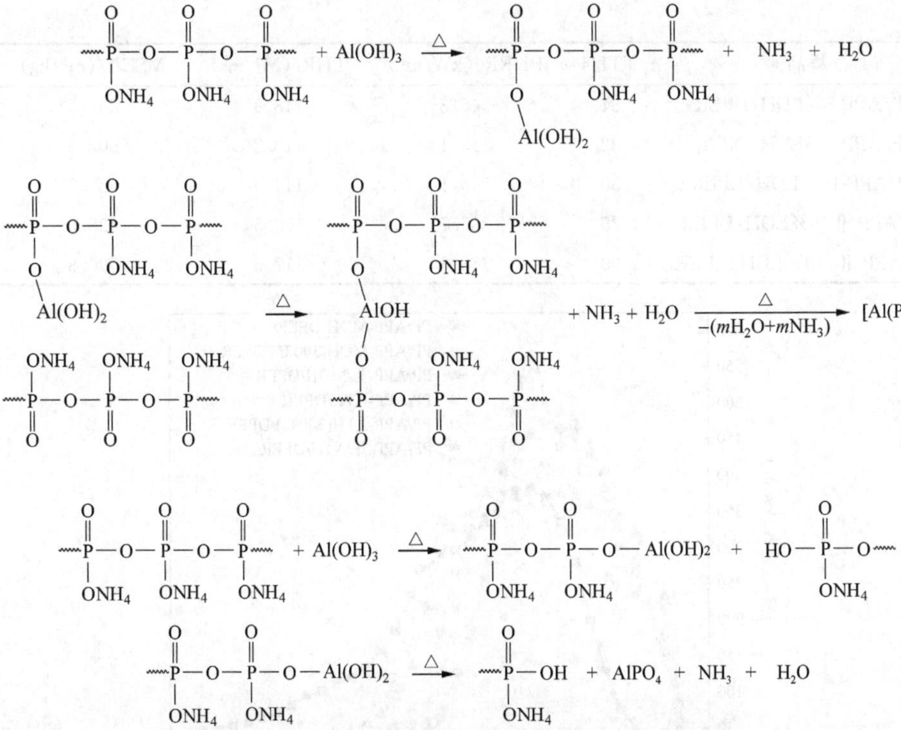

$$\cdots P-O-P-O-P\cdots + Al(OH)_3 \xrightarrow{\triangle} \cdots P-O-P-O-P\cdots + NH_3 + H_2O \tag{5-5}$$

$$\text{(5-6)}$$

$$\cdots P-O-P-O-P\cdots + Al(OH)_3 \xrightarrow{\triangle} \cdots P-O-P-O-Al(OH)_2 + HO-P-O\cdots \tag{5-7}$$

$$\cdots P-O-P-O-Al(OH)_2 \xrightarrow{\triangle} \cdots P-OH + AlPO_4 + NH_3 + H_2O \tag{5-8}$$

图 5-38　APP/PER 膨胀机理和 APP 与 ATH 的反应

5.2.4　不同复合物阻燃 PP 的锥形量热仪测试

锥形量热仪(CONE)数据在热通量为 50kW/s 下测定,在此热通量下样品表面的温度在 800℃左右,被认为是最接近真实火灾现场温度的测试,其结果更具有借鉴意义。阻燃 PP 样品的热释放速率(HRR)随时间的变化曲线如图 5-39 所示,各样品的点燃时间(TTI)、峰值热释放速率(PHRR)、总热释放(THR)和平均比烟消光面积(MSEA)如表 5-19 所示。

表 5-19　阻燃 PP 的锥形量热仪测试数据

样品	TTI/s	PHRR/(kW/m²)	THR/(MJ/m²)	MSEA/(m²/kg)
PP/APP Ⅱ/DPER	31	601.9	124.7	621.9
PP/APP-MDH/DPER	32	570.0	96.2	551.2
PP/APP-MDH(300℃)/DPER	30	563.2	118.3	636.0
PP/APP Ⅱ/MDH/DPER	33	378.0	115.9	608.0
PP/APP-ATH/DPER	33	453.9	119.6	635.3
PP/APP-ATH(300℃)/DPER	27	478.4	125.6	621.3
PP/APP Ⅱ/ATH/DPER	34	373.6	85.1	618.1

续表

样品	TTI/s	PHRR/(kW/m²)	THR/(MJ/m²)	MSEA/(m²/kg)
PP/APP-5%LDH/DPER	31	545.3	118.8	561.5
PP/APP-8%LDH/DPER	32	413.1	118.2	602.9
PP/APP-10%LDH/DPER	30	346.1	114.9	554.2
PP/APP Ⅱ/5%LDH/DPER	25	385.7	106.5	498.0
PP/APP Ⅱ/10%LDH/DPER	30	363.6	117.5	590.8

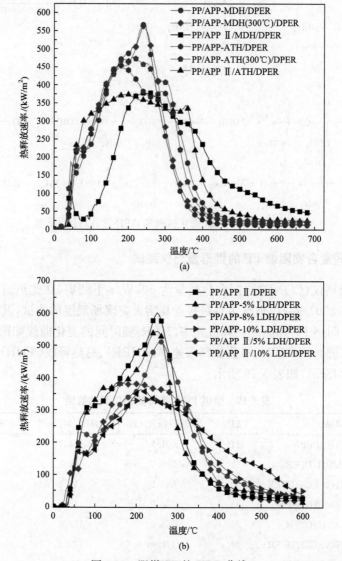

图 5-39　阻燃 PP 的 HRR 曲线

影响阻燃样品 TTI 值的因素是目前阻燃研究的一个热点。由表 5-19 数据可以看出,APP 与 MDH、ATH 和 LDH 复配使用,或用 APP-金属氢氧化物纳米复合物阻燃 PP,并不能改善其 TTI 值,说明金属氢氧化物与 APP 复合情况并不是构成树脂基材 TTI 值发生变化的因素。也可以从侧面说,影响树脂基材的因素在于填料在树脂中的分散情况,以及填料是否可以改变树脂的热分解过程。

此外,APP 与 MDH 和 ATH 的微米混合阻燃 PP 样品展现出比纳米复合物更低的 PHRR,对比它们的 HRR 曲线,发现 APP-MDH 和 APP-ATH 阻燃 PP 样品具有一个平台式的 HRR 曲线,而纳米复合物则显示出明显的峰值,说明 APP-MDH 形成了更好的膨胀炭层。

与 APP-MDH 和 APP-ATH 不同,APP-LDH 纳米复合物的 PHRR 展现出较强的规律性。随着 LDH 含量的增加,PHRR 逐渐降低,PP/APP-10%LDH/DPER 具有最小的 PHRR 值,为 346.1kW/m²。可以说,在相同的添加量下,由于 LDH 较 MDH 和 ATH,成为纳米片层,其片层结构富有了这种类 MDH 和 ATH 物质更强的阻燃效能。

比较不同阻燃 PP 样品的 THR 值,除 APP-MDH 和 APP-ATH 样品较小外,其他样品并无明显的差别。而所有阻燃 PP 的 MSEA 值均在 550~650m²/kg 之间,说明 APP 与金属氧化物也并不明显影响膨胀阻燃 PP 在燃烧过程中的产烟量。

5.2.5　不同复合物阻燃 PP 的 LOI 和 UL-94 垂直燃烧测试

LOI 和 UL-94 是两种在实验室尺度模拟研究阻燃材料测试方法。如表 5-20 所示,是添加 20% 的膨胀阻燃剂和部分添加 25% 膨胀阻燃剂的 PP 样品的 LOI 和 UL-94 检测数据。

表 5-20　阻燃 PP 的 LOI 与 UL-94 测试结果

样品	20%		25%	
	LOI/%	UL-94(3.2mm)	LOI/%	UL-94(3.2mm)
PP/APP Ⅱ/DPER	22.7	NR	—	—
PP/APP-MDH/DPER	25.7	NR	28.9	V-0
PP/APP-MDH(300℃)/DPER	26.5	NR	29.2	NR
PP/APP Ⅱ/MDH/DPER	26.0	NR	—	—
PP/APP-ATH/DPER	25.9	NR	30.1	V-0
PP/APP-ATH(300℃)/DPER	26.5	V-1	29.7	V-0
PP/APP Ⅱ/ATH/DPER	24.8	NR	—	—

续表

样品	20%		25%	
	LOI/%	UL-94(3.2mm)	LOI/%	UL-94(3.2mm)
PP/APP-5%LDH/DPER	26	NR	—	—
PP/APP-8%LDH/DPER	27.2	V-0	—	—
PP/APP-10%LDH/DPER	26.9	V-0	—	—
PP/APP Ⅱ/5%LDH/DPER	25.3	NR	—	—
PP/APP Ⅱ/10%LDH/DPER	26.1	NR	—	—

由表 5-20 数据可以看出,所有的含 MDH 和 ATH 的阻燃 PP 样品在添加量为 20% 时,除 APP-ATH(300℃)达到 UL-94 V-1 级以外,其他样品均未能通过 UL-94 测试。而当添加量增至 25% 时,APP 与 MDH 和 ATH 的三种纳米复合物阻燃 PP 样品均能通过 UL-94 V-0 级。由此可以断定,这四种阻燃 PP 能否通过 UL-94 V-0 级的添加量阀值在 20%～25% 之间。

制备的三种 APP-LDH 纳米复合物阻燃 PP 样品,除 LDH 含量较少的 PP/APP-3%LDH/DPER 外,PP/APP-5%LDH/DPER 和 PP/APP-10%LDH/DPER 在添加量为 20% 时,均通过 UL-94 V-0 级。而两种 APP 与 LDH 微米混合物阻燃 PP 样品虽说展现出很好的 TGA 数据和 CONE 数据,均无级别。也说明 APP 与金属氢氧化物的纳米复合物有更高的阻燃效率。

比较 LDH、MDH 和 ATH 可以发现,虽说三者有着相近的化学组成,但因为组织结构的不同,使三者与 APP 纳米复合物阻燃效率产生了明显的差异,而产生这种差异的原因即发生在制备过程中,也发生在热分解过程中。

5.2.6 阻燃 PP 炭层分析

对于 APP-LDH 和 APP-LDH 阻燃样品在 TGA 和 CONE 数据相当的情况下,为何 APP-LDH 样品展现出更好的阻燃效果,在此借助炭层照片和炭层的 SEM 图像来加以解释。

正如我们在 CONE 测试结果中所分析的那样,如图 5-40(c)和(f)所示,APP-LDH 样品具有更好的膨胀炭层,其炭层的内部结构与 APP Ⅱ 样品相比[图 5-40 (d)],展现出分布均一的膨胀炭层。但 APP-LDH 阻燃 PP 样品未能通过 UL-94 测试,是在阻燃过程中,APP 膨胀成炭和抑制 APP 成炭的 APP 与 LDH 之间反应的相互竞争导致。由添加量为 20% 的含有 MDH 和 ATH 的阻燃 PP 样品未能通过 UL-94 测试,是由于在制备 APP-MDH 和 APP-ATH 过程中,更多的 MDH 和 ATH 与 APP 反应生成聚磷酸镁和聚磷酸铝。虽说形成的玻璃态聚磷酸镁和聚磷酸铝具有更高的热稳定性和隔热作用,但使膨胀成炭过程受阻,反协同和协同作用共同作用的结果,使其阻燃效率增长缓慢。APP-ATH(300℃)阻燃 PP 样品能在添加量为 20% 时能 UL-94 测试,恰是因为 ATH 在 APP 之前分解,形成惰性的 Al_2O_3 所致。而 APP-LDH 的结果分析表明,在其纳米复合物中有更多的 LDH 保持了片层结构,即与 APP 反应生成聚磷酸镁和聚磷酸铝的部分较少,使其展现出更好的阻燃效率。如图 5-40(b)所示,虽说 APP-LDH 的宏观炭层结构与 APP Ⅱ 和 APP-LDH 膨胀炭层类似,但其膨胀炭层的微观结构[图 5-40(e)],其与 APP Ⅱ 和 APP-LDH 的炭层结构有明显差异,是一种光滑的,致密的,且分散均匀的炭层。这类膨胀炭层显然具有更好的隔热和隔气的功能,这也是为何 APP-LDH 阻燃 PP 样品能够通过 UL-94 V-0 级的原因。

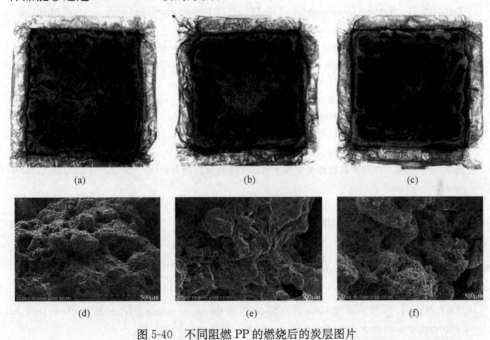

图 5-40 不同阻燃 PP 的燃烧后的炭层图片
(a) PP/APP Ⅱ/DPER;(b) PP/APP-5%LDH/DPER;(c) PP/APP Ⅱ/5%LDH/DPER;
(d) PP/APP Ⅱ/DPER;(e) PP/APP-5%LDH/DPER;(f) PP/APP Ⅱ/5%LDH/DPER

5.2.7 结论

Ⅱ类 APP 纳米复合阻燃剂在制备过程的不同阶段加入填料,使纳米填料与 APP 间的反应进入不同的化学通道,并最终影响产物产生巨大的差异。Ⅱ类 APP 纳米复合阻燃剂这种结构和性质的多样性,使其对 APP 的晶型控制,APP 的热稳定性和 APP 纳米复合对于阻燃性能的影响更具有操作性。结合在 APP 纳米复合阻燃剂形成的具有新型拓扑结构的阻燃体系,将极大地丰富阻燃策略和阻燃效率,具有很好的市场前景。

参 考 文 献

[1] Davies P J, Horrocks A R, Alderson A. The sensitisation of thermal decomposition of ammonium polyphosphate by selected metal ions and their potential for improved cotton fabric flame retardancy. Polym Degrad Stabil, 2005, 88: 114-122.

[2] Levchik S V, Levchik G F, Camino G, et al. Mechanism of action of phosphorus-based flame retardants in nylon 6. Ⅲ. Ammonium polyphosphate/manganese dioxide. Fire Mater, 1998, 20: 183-190.

[3] Bourbigot S, Bras M L, Bréant P, et al. New synergistic agents for intumescent fire retardant thermo-plastic formulations-criteria for the choice of the zeolite. Fire Mater, 1998, 20: 145-154.

[4] Tartaglione G, Tabuani D, Camino G, et al. PP and PBT composites filled with sepiolite: Morphology and thermal behaviour. Compos Sci Technol, 2008, 68: 451-460.

[5] Bras M L, Bourbigot S. Mineral fillers in intumescent fire retardant formulations-criteria for the choice of a natural clay filler for the ammonium polyphosphate/pentaerythritol/polypropylene system. Fire Mater, 1998, 20: 39-49.

[6] Yi D, Yang R. Ammonium polyphosphate/montmorillonite nanocompounds in polypropylene. J Appli Polym Sci, 2010, 118(2): 834-840.

[7] 叶春雪, 仪德启, 杨荣杰. 钙基纳米蒙脱土/聚磷酸铵复合物的结构与性质. 复合材料学报, 2013, 30(3): 1-6.

[8] 杨荣杰, 仪德启. 一种聚磷酸铵与蒙脱土纳米复合物及其制备方法: CN, 200810222210 X, 2008-09-11.

[9] 丁超, 杨荣杰. 聚磷酸铵纳米复合物的制备及应用研究. 北京: 北京理工大学硕士学位论文, 2010.

[10] 仪德启, 杨荣杰. 结晶Ⅱ型聚磷酸铵的制备及晶体结构研究. 北京: 北京理工大学博士学位论文, 2010.

[11] Pinnavaia, T J, Beall G W. Polymer-clay Nanocomposites. New York: Wiley, 2000.

[12] Zhu J, Uhl F M, Morgan A B, et al. Fire properties of polystyrene-clay nanocomposites. Chem Mater, 2001, 12: 4649-4654.

[13] Du J, Wang J, Su S, et al. Additional XPS studies on the degradation of poly(methyl methacrylate) and polystyrene nanocomposites. Polym Degrad Stabil, 2004, 83: 29-34.

[14] Drevellea C, Lefebvrea J, Duquesnea S, et al. Thermal and fire behaviour of ammonium polyphos-phate/acrylic coated cotton/PESFR fabric. Polym Degrad Stabil, 2005, 88: 130-137.

[15] Camino G, Luda M P. Mechanistic study on intumescence//Bras M L, Camino G, Bourbigot S, et al. Fire Retardancy of Polymers: The Use of Intumescence. Cambridge: The Royal Society of Chemistry, 1998: 48-73.

[16] Brühne B, Jansen M. Kristallstrukturanalyse von ammonium-catena-polyphosphat Ⅱ mit röntgen-pulvertechniken. Z Anorg Allg Chem, 2004, 620(5): 931-935.

[17] Waerstad K R, Mcclellan G. Process for producing ammonium polyphosphate. J Agric Food Chem, 1976, 24(2): 412-415.

[18] Shen C Y, Stahlheber N E, Dyroff D R. Preparation and characterization of crystalline long-chain am-monium polyphosphates. J Am Chem Soc, 1969, 91(1): 61-67.

[19] Camino G, Costa L, Trossarelli L. Study of the mechanism of intumescence in fire retardant polymer:

Part Ⅰ—Thermal degradation of ammonium polyphosphate-pentaerythritol mixtures. Polym Degrad Stabil,1984，6：243-252.

[20] Camino G，Costa L，Trossarelli L. Study of the mechanism of intumescence in fire retardant polymer：Part Ⅴ—Mechanism of formation of gaseous products in the thermal degradation of ammonium polyphosphate. Polym Degrad Stabil, 1985，12：203-211.

[21] Greenwood N N, Earnshow A. 元素化学(中册). 李学同,孙玲,单辉,等译. 北京：人民教育出版社,1996：198.

[22] Callis C F, Wazer J R, Shoolery J N, et al. Principles of phosphorus chemistry：Ⅲ. Structure proofs by nuclear magnetic resonance. J Am Chem Soc, 1957, 78：2719-2726.

[23] Yi D, Yang R, Wilkie C A. Full scale nanocomposites：Clay in fire retardant and polymer. Polym Degrad Stabil, 2014, 105：31-41.

[24] Podsiadlo P, Kaushik A K, Arruda E M, et al. Ultrastrong and stiff layered polymer nanocomposites. Science,2007, 318：80-83.

[25] Zhu J, Morgan A B, Lamelas F J, et al. Fire properties of polystyrene-clay nanocomposites. Chem Mater,2001, 13：3774-3780.

[26] Jang B N, Costache M, Wilkie C A. The thermal degradation of polystyrene nanocomposite. Polymer, 2005, 46：2933-2942

[27] Kawasumi M, Hasegawa N, Kato M, et al. Preparation and mechanical properties of polypropylene-clay hydrides. Macromolecules，1997, 30：6333-6338.

[28] Wang K H, Choi M H, Koo C M, et al. Synthesis and characterization of maleated polyethylene/clay nanocomposites. Polymer,2001, 42：9819.

[29] Marosi G, Marton A, Szep A, et al. Fire retardancy effect of migration in polypropylene nanocomposites induced by modified interlayer. Polym Degrad Stabil,2003, 82：379-385.

[30] Dubnikova I L, Berezina S M, Korolev Y M, et al. Morphology, deformation behavior and thermomechanical properties of polypropylene/maleic anhydride grafted polypropylene/layered silicate nanocomposites. J Appl Polym Sci,2007, 105：3834-3850.

[31] Aradi T, Hornok V, Dekany I. Layered double hydroxides for ultrathin hybrid film preparation using layer-by-layer and spin coating methods. Colloids Surf A：Physicochem Eng Aspects, 2008, 319：116-121.

[32] 叶春雪,杨荣杰. 聚磷酸铵(APP)纳米复合物的制备与性质研究. 北京:北京理工大学硕士学位论文, 2012.

[33] Sarkar A K. Hydration/dehydration characteristics of struvite and dittmarite pertaining to magnesium ammonium phosphate cement systems. J Mater Sci, 1991, 26：2514-2518.

[34] Ranaivosoloarimanana A, Quiniou T, Meyer M, et al. X-ray diffraction analysis for isothermal annealed powder $Mg(OH)_2$. Physica B, 2009, 404：3655-3661.

[35] Kameda T, Fubasami Y, Uchiyama N, et al. Elimination behavior of nitrogen oxides from a NO_3^--intercalated Mg-Al layered double hydroxide during thermal decomposition. Thermochim Acta, 2010, 499：106-110.

[36] Castrovinci A, Camino G, Drevelle C, et al. Ammonium polyphosphate-aluminum trihydroxide antagonism in fire retarded butadiene-styrene block copolymer. Eur Polym J, 2005, 41：2023-2033.

第6章　聚磷酸铵在阻燃聚丙烯中的应用

6.1　膨胀阻燃聚丙烯发展概况

6.1.1　典型膨胀阻燃剂

膨胀阻燃聚丙烯(PP)中,最典型的膨胀阻燃剂是聚磷酸铵(APP)和季戊四醇(PER)[1]。在化学膨胀阻燃体系中,组分 APP 是典型的酸源(兼有气源功能),组分 PER 是典型的炭源。APP 与 PER 的化学式及主要性能指标见表 6-1 和表 6-2。表中数据显示,APP 有很高的含磷量及大于 250℃的分解温度;PER 有丰富的羟基及可以利用的热稳定性。实现化学膨胀阻燃最基本的条件应该是热性质的匹配和组分的匹配。下述 APP 的热分解行为、APP 与 PER 热性质及组分的匹配可清楚说明这一基本规律。

表 6-1　高聚合度低水溶性聚磷酸铵的主要性能

性能	指标	性能	指标
外观	白色,流动性粉末	水溶性/(g/100mL H_2O)	～0.5
化学式	$(NH_4PO_3)_n$	密度/(kg/L)	1.9
P_2O_5/%	～72	pH(10%悬浮液)	5.5～7.0
热分解温度/℃	>250	H_2O/%	≤0.25

表 6-2　季戊四醇的主要性能

化学式	相对分子质量	外观	羟值/% (质量分数)	熔点/℃	热性能
$C(CH_2OH)_4$	136.15	白色结晶或粉末	48.50	252	220～330℃挥发而不分解

热失重分析(TGA)研究表明[2],氮气保护下 APP 的热失重分为三个阶段:260～420℃、420～500℃以及 500～680℃。各阶段对应的失重质量分数分别为13%、4%和78%。红外光谱研究表明,500℃前的两个热失重阶段中释放的气体仅有 NH_3 和 H_2O。第一台阶(260～420℃)对应着 APP 脱出 NH_3 生成聚磷酸,继而聚磷酸脱 H_2O 交联形成 P_2O_5,见图 6-1 中式(a)。该阶段释放的 NH_3 占总量的50%。由于 APP 中的 NH_3 不能完全脱除,因而阻碍聚磷酸进一步丢失 H_2O形成 P_2O_5 的反应进程。第二台阶(420～500℃)对应着 APP 直接脱水生成多磷

酸胺,见图 6-1 中式(b)。

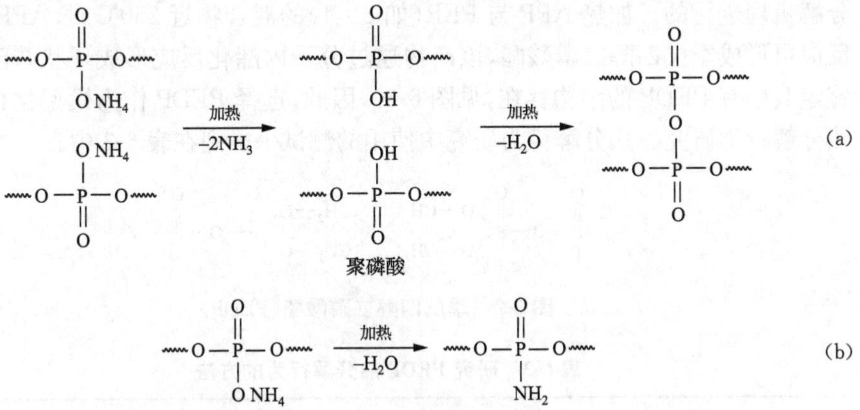

图 6-1　APP 的热分解机理

APP 的热分解机理表明,它可释放聚磷酸、NH_3 和 H_2O 的温度区间(260～420℃)与多羟基 PER 挥发而不分解的区间(220～330℃)部分交叠,即具有膨胀阻燃体系组分热性质匹配的条件。

组分配比是实现化学膨胀阻燃的另一必要条件。当 APP/PER 添加质量分数为 30％用于阻燃 PP 时,APP 与 PER 的质量比对膨胀阻燃 PP 的氧指数(LOI)有很大影响。APP：PER 的质量比分别为 1：1、2：1、3：1 或 4：1,PP/APP/PER 体系的 LOI 分别为 25.5％、26.5％、30.0％、27.0％。由此可知,APP 与 PER 质量比为 3：1 是最佳配比,达到了膨胀阻燃体系组分比例匹配的条件。

6.1.2　膨胀阻燃剂作用机理研究

以 Camino 为代表的研究群体在揭示化学膨胀阻燃机理研究方面做了大量有意义的工作,为当今膨胀阻燃聚合物的发展奠定了基础,同时对化学膨胀阻燃体系商业化应用起到了积极的推动作用。最具典型意义的是以聚磷酸铵/季戊四醇(APP/PER)体系为切入点,以季戊四醇二磷酸酯(PEDP,pentaerythritol diphosphate)为模型化合物,对体系热分解过程中的化学反应的研究[3]。

研究阻燃机理通常从研究热分解行为入手,热分解行为与燃烧性能之间密切相关。由于燃烧是快速的、复杂的热氧化过程,材料在该过程中的化学与物理行为难以捕捉。而热分解研究通过对实验条件(试样量、加热速率与方式、气氛、气体流速等)的控制,利用 TGA 可研究对复杂燃烧过程的初始阶段,从中寻找规律性的联系。例如,TGA 给出的热分解残炭量(CR)与 LOI 存在线性关系[4,5]：LOI ＝ (17.5＋0.4 CR)/100(适用于不含卤素的聚合物)。由聚合物结构单元热分解成炭倾向估算聚合物的残炭量,进而推算聚合物的 LOI。

　　揭示典型的 APP/PER 体系的化学膨胀阻燃机理是通过研究模型化合物的热分解机理进行的。加热 APP 与 PER(如 3:1)的混合物近 250℃时,APP 与 PER 反应可形成季戊四醇二磷酸酯,该产物通过分子内酯化反应形成环状磷酸酯。经鉴定其中有 PEDP 的结构存在,见图 6-2。因此,选择 PEDP 作为模型化合物进行热分解行为研究。热分解行为研究中使用的测试手段列在表 6-3 中。

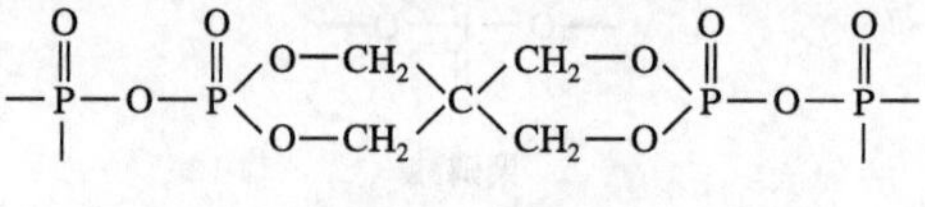

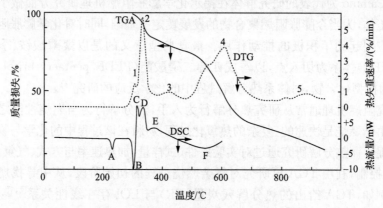

图 6-2　季戊四醇二磷酸酯(PEDP)

表 6-3　研究 PEDP 热分解行为的方法[4]

研究手段	可提供的主要信息
热失重分析(TGA)	样品初始分解温度;样品失重质量分数或残余量随温度的变化规律
微分热失重分析(DTG)	样品的热失重速率随温度的变化规律(微分 TGA 曲线)
差热扫描量热法(DSC)	样品的吸热、放热量随温度的变化规律
热机械分析(TMA)	样品的膨胀倍率随温度的变化规律
低温热挥发分析(SA-TVA)	将样品热分解,挥发组分在低温下凝结分离,然后通过红外(IR)或色-质连用(GC-MC)技术鉴定组分,即热分解挥发组分的指认
逸出气体分析(EGA)	利用水敏探头在线分析热分解过程中水的释放量随温度的变化规律

　　从室温到 950℃,PEDP 的 TGA、DTG 及 DSC 的研究结果由图 6-3 给出。其中 TGA、DTG 研究指出,PEDP 的热分解过程主要分为 5 个阶段。各阶段对应的热分解温度范围、最大热失重速率对应的温度(T_m)、分段质量损失分数及累计质

图 6-3　PEDP 的 TGA、DTG 及 DSC 曲线

注:样品质量 10mg,加热速率 10℃/min,高纯氮气保护,气流速率 60cm³/min

量损失分数分别列在表 6-4 中[1]。在 PEDP 热分解的各阶段中均有挥发性产物生成。第一、二阶段质量损失约 15%，热分解过程的化学反应发生在这两个阶段。PEDP 的羟基缩合、脱水[见图 6-4 中式(a)]，主要释出的挥发性产物为 H_2O。同时，酯缩合产物在酸催化下，通过正碳离子机理完成酯键断裂，单键转移，释出含有烯烃的磷酸酯和磷酸的一系列化学反应[见图 6-4 中式(b)]。含有烯烃的磷酸酯进一步由图 6-4 式(c)给出的 D-A 反应(Diels-Alder reaction)生成芳香结构的产物。通过 D-A 反应的反复进行，可进一步生成芳香结构的泡沫状碳质炭(foamed carbonaceous char)[6-9]。

表 6-4　PEDP 热分析数据(加热速率 10℃/min，氮气保护，气流速率 60cm³/min)

分解阶段	温度范围/℃	T_{max}/℃	分段质量损失分数/%	累计质量损失分数/%	主要热分解产物
1	280~320	305	4	4	H_2O
2	320~350	330	11	15	
3	350~500	425	10	25	H_2O、C_1~C_5 碳氢化合物、醛
4	500~750	550 600	45	70	H_2O,CO_2,PH_3,P_2O_5
5	>750	875	>14	>84	H_2O,CO_2,PH_3,CO,H_2

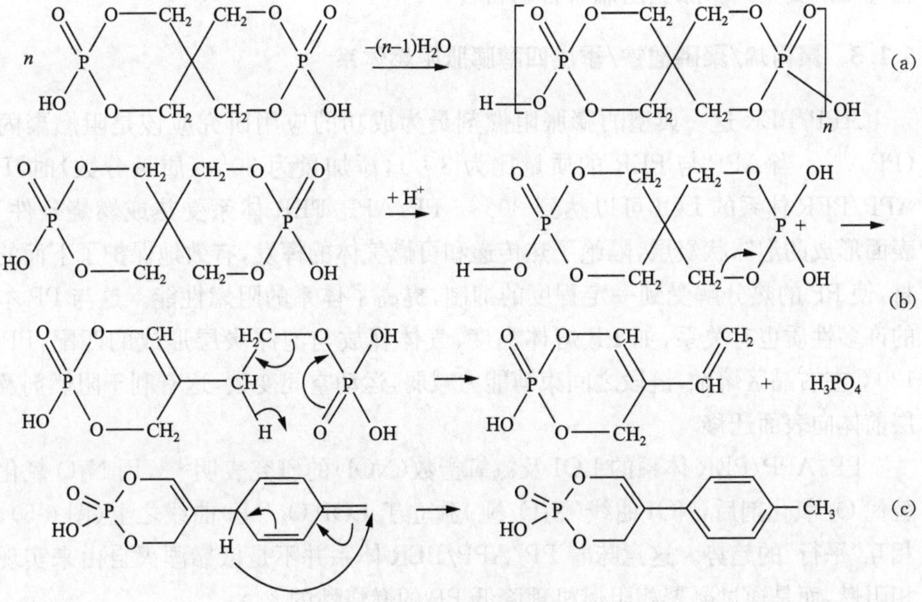

图 6-4　PEDP 成炭机理

在 PEDP 的前两步热分解过程中有两个方面值得注意。一是动态热机械分析(DMA)研究指出,膨胀效应发生在 $280\sim350℃$,最大膨胀峰出现在 $325℃$。这一结果为膨胀型阻燃体系的设计与研究提供了基础信息,即成炭过程的化学反应与膨胀过程应当匹配。二是 DSC 研究结果(图 6-3)指出,除吸热峰 A(释放 H_2O)、B(PEDP 熔融)外,出现了明显的放热峰 C、D。C、D 对应于热分解膨胀成炭过程的一系列化学反应,即膨胀成炭过程是放热过程,但并不影响 PEDP 的阻燃效果。

PEDP 的第三个热失重阶段($350\sim500℃$)对应着膨胀炭层隔热、隔质发挥阻燃效果的阶段。由 TGA 或 DTG 曲线(图 6-3)可看出,该段曲线相对平缓,主要热分解挥发性产物仍是 H_2O。第四步对应于膨胀炭层的热分解失重,产物主要是磷酸物种,导致 $500℃$ 以上膨胀炭层失去了隔热、隔质的阻燃作用。

对于 PEDP 热分解行为及热分解过程中化学反应的研究,一方面揭示了传统化学膨胀型阻燃体系凝聚相阻燃的机理,提出了"三源"匹配的概念:在加热条件下酸源放出无机酸作为脱水剂,使炭源中的多羟基发生酯化、交联、芳基化及炭化反应,过程中形成的熔融态物质在气源产生的不燃气体的作用下发泡、膨胀,形成致密和闭合的多孔泡沫状炭层,获得隔热、隔质的阻燃效果。另一方面为化学膨胀型阻燃体系的研究与设计提出了问题:在热性质与组分匹配的条件下,如何提高膨胀炭层的耐热能力。如果能够提高膨胀炭层的耐高温、抗氧化能力,则完全可以获得阻燃级别更高的膨胀型阻燃聚合物材料。

6.1.3　聚丙烯/聚磷酸铵/季戊四醇膨胀阻燃体系

APP/PER 这一典型的膨胀阻燃剂最为成功的应用研究应该是阻燃聚丙烯(PP)[10]。当 APP 与 PER 的质量比为 3:1,添加量为 30%(质量分数)时,PP/APP/PER 体系的 LOI 可以达到 30%。PP/APP/PER 体系受热或燃烧条件下,表面形成的泡沫状炭层,隔绝了热传递和可燃气体的挥发,有效地保护了下面的基材,使 PP 的热分解受到一定程度的抑制,提高了体系的阻燃性能。这与 PP 本身的许多性质也有关系,如 PP 熔体黏度、气体释放与泡沫炭层形成的匹配,PP 在 $120℃$ 左右晶区熔融,链段之间束缚能力减弱,运动空间变大,这有利于阻燃剂及炭层前体向表面迁移。

PP/APP/PER 体系的 LOI 及氮氧指数(NOI)的研究表明[11],用 N_2O 氧化剂替代 O_2 氧化剂后,NOI 曲线(N_2O/N_2)独立于 LOI(O_2/N_2)曲线之上(图 6-5),呈相互"平行"的趋势。这意味着 PP/APP/PER 体系并不是依靠湮灭自由来实现气相阻燃,而是通过凝聚相阻燃机理降低 PP 的燃烧性的。

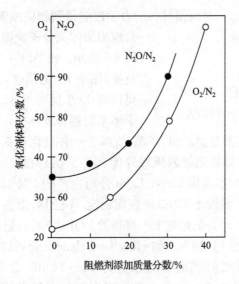

图 6-5　膨胀阻燃 PP(APP∶PER＝3∶1)体系的氧指数和氮氧指数

6.1.4　酸源的改进和新型炭源的研究进展

目前,普通Ⅱ型结晶 APP 应用于膨胀型阻燃聚合物材料时主要存在四个方面的问题:①初始热分解温度尚不能满足工程塑料的加工温度需求;②水中溶解度需进一步降低,以满足制品抗吸湿的需求;③改善无机聚合物 APP 与有机聚合物基材界面的相容性,提高阻燃制品的力学性能;④pH＞7 的 APP 不适合热加工,易导致 NH$_3$ 的释放。提高 APP 的 pH 以保证加工温度下 APP 的热稳定性及制品在潮湿环境下的抗水解稳定性。

解决上述四方面的问题是膨胀型阻燃体系应用研究所关注的热点。改进Ⅱ型 APP 的合成方法和工艺[12-14],可获得更高聚合度的Ⅱ型 APP。对普通Ⅱ型 APP 进行微胶囊化包覆或表面偶联处理[15-18],可改善 APP 与聚合物基材的界面相容性,提高制品的力学性能,同时也可影响 APP 的热分解温度、降低水中溶解度、提高 pH。

传统化学膨胀型阻燃体系中使用的炭源,如季戊四醇(PER)、甘露醇(manni-tol)或山梨醇(sorbitol)等,或称之为第一代炭源,其共同缺点是:在与聚合物基材共混的加工过程中易于发生反应,或由于水解导致添加剂在材料表面迁出,以及与聚合物基材不相容造成材料力学性能严重损失等问题。这些问题的存在阻碍了传统膨胀型阻燃体系的工业化应用。具有成炭作用的聚合物,如酚醛树脂[19-21]、尼龙 6[22,23]、热塑性聚氨酯[24,25]、PA6-clay 纳米复合物[26,27],均被尝试用作化学膨胀型阻燃体系的炭源,在克服上述传统炭源的缺陷方面获得了进展,使膨胀型阻燃材

料的阻燃性能更持久,同时也使材料的力学性能得到相应改善。李斌等[28]近几年

NH₂CH₂CH₂OH

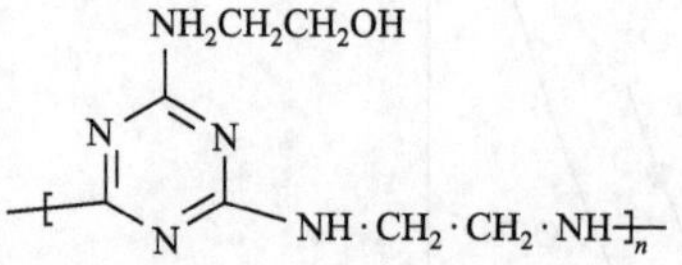

图 6-6 大分子炭源(CFA)

合成出来的大分子炭源(CFA),结构简式如图 6-6 所示。按 APP:CFA=4:1(质量比)复配,用于 PP 的阻燃,在 20%的添加量下,可以将 LOI 提高到 31.4%,同时大大降低了体系的热释放速率。

复合型膨胀阻燃剂是集炭源、酸源、气源于一体的阻燃剂,这类阻燃剂在高分子材料中具有相容性好和阻燃效果好等优点[29]。国外很早就开始了复合型膨胀阻燃剂的研究与开发,如美国 Great Lake 公司生产的 CN-329 对 PP 有很好的阻燃作用,在 PP 的加工温度下 CN-329 性能稳定、不迁移,阻燃 PP 具有极好的电性能,CN-329 添加量为 30%的阻燃 PP,材料的 LOI 达 34%,阻燃等级达 UL-94 V-0级,而生烟性与未阻燃 PP 相当。如 Hoechst Celanese 公司的 AP750、AP760 等系列膨胀阻燃剂,该系列阻燃剂平均粒径为 12~14 μm,含磷 19%~21%、含氮16%~18%,密度约为 1.7 g/cm³,分解温度为 240~270℃,用于阻燃 PP 时,对物理机械性能影响很小,阻燃性能优于十溴二苯醚[30]。

6.1.5 催化膨胀阻燃聚丙烯的研究进展

提高阻燃效率、降低阻燃剂的添加量是各类阻燃体系,包括化学膨胀阻燃体系研究及追求的目标。对于化学膨胀型阻燃体系基本组分"三源"凝聚相热分解酯化、酯分解、芳香化及膨胀成炭的研究,使人们意识到加快化学膨胀型阻燃体系热分解交联、成炭的速率能够提高阻燃效果。通过"协同剂""成炭剂"或"催化剂"的协同阻燃作用,可以实现降低阻燃剂添加量的目的。

Bourbigot 等[31-33]研究了分子筛(zeolite)对 APP/PER 化学膨胀型阻燃体系的协同作用。如 1%~1.5%分子筛可以使添加 30%膨胀型阻燃剂的聚丙烯体系(PP/APP/PER)的 LOI 由 30%提高到 45%(PP/APP/PER/zeolite)。这类分子筛参与的协同膨胀型阻燃体系在聚烯烃中应用,导致 LOI 可以上升 2~20 个单位(表 6-5)。其意义不仅在于为降低膨胀型阻燃剂的添加量提供了广阔的空间,同时也为利用协同或催化手段加速体系组分的酯化、交联及成炭过程,获得更高效率的膨胀型阻燃体系提供了理论依据。

郝建薇[34]等研究了 4Å 分子筛对 APP/PER 膨胀阻燃剂协同作用。研究表明,在 APP/PER 体系中加入分子筛,可形成新型的膨胀阻燃剂,当质量分数为1.5%~2%时,聚合物具有优良的阻燃效果,温度低于 250℃ 时 4Å 分子筛对APP/PER 体系具有催化酯化作用,加速 NH₃、H₂O 等气相挥发成分的产生,从而影响了 APP/PER 体系的膨胀行为,改善了气源与熔体黏度的匹配,进而导致高质量多孔炭层的生成,而后者是提高聚合物阻燃性能的关键。高温时,4Å 分子筛在

表 6-5　分子筛对膨胀型阻燃体系阻燃性能的影响[31]

膨胀型阻燃体系[a]	LOI/%	UL-94	膨胀型阻燃体系[a]	LOI/%	UL-94
PP/APP/PER	30	V-0	PP/APP/PER-13X[c]	45	V-0
LDPE/APP/PER	24	V-0	LDPE/APP/PER-4A[d]	26	V-0
PP/PY/PER	32	V-0	PP/PY/PER-13X	52	V-0
PS/APP/PER	29	V-0	PS/APP/PER-4A	43	V-0
LRAM3.5[b]/APP/PER	29	V-0	LRAM3.5/APP/PER-4A	39	V-0

a. 体系膨胀阻燃剂总体添加质量分数 30%；分子筛的添加质量分数为 1%～1.5%；APP：PER＝3：1。

b. 乙烯-丁基丙烯酸酯马来酸酐四元共聚物（ethylene-butylacrylate-maleic anhydride terpolymer）。

c. 13X 为 $Na_{86}[(AlO_2)_{86}(SiO_2)_{106}] \cdot 264H_2O$，Si：Al＝1（摩尔比）。

d. 4A 为 $Na_{12}[(AlO_2)_{12}(SiO_2)_{12}] \cdot 27H_2O$，Si：Al＝1.23（摩尔比）。

APP/PER 凝聚相中自身分解成 SiO_2 和 Al_2O_3，最终生成 Si-P-Al-C 结构，起到了促进成炭及稳定成炭的作用。

　　二价金属离子，如 Zn^{2+}、Ca^{2+} 和 Mg^{2+} 可以作为树脂交联、脱氢反应的催化剂[35]；多价金属离子可用作氧化催化剂[36,37]。研究指出，少量（0.1%～2.5%，质量分数）二价或多价金属化合物（Mn 或 Zn）与 APP/PER 膨胀型阻燃剂复合，可明显提高 PP/APP/PER 体系的阻燃效果[38]。对于 PP/APP/PER 体系，从 LOI 与金属化合物添加质量分数的关系曲线上看，Mn 或 Zn 的化合物对膨胀阻燃效果具有协同作用。图 6-7 和图 6-8 分别给出了 Mn 的三种化合物和 Zn 的四种化合物添加量对 PP/APP/PER 膨胀阻燃体系 LOI 影响的规律。表 6-6 列出了最佳协同点（或称为最优浓度点）金属化合物的用量及对应的最大氧指数（LOI_{max}）。如果按

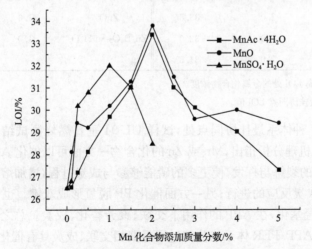

图 6-7　Mn 化合物对 PP/APP/PER 体系 LOI 的影响
（质量分数：PP 75%、APP 16.6%、PER 8.4%）

摩尔催化阻燃效率,即最优浓度点处每摩尔金属离子增加的 LOI 值进行比较,应该有如下顺序:

$MnSO_4 \cdot H_2O > Zn_3B_4O_9 \cdot 5H_2O > MnAc \cdot 4H_2O > ZnO > ZnSO_4 \cdot 7H_2O > ZnAc \cdot 2H_2O > MnO$

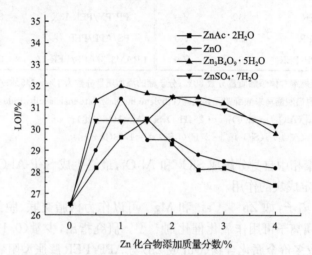

图 6-8　Zn 化合物对 PP/APP/PER 体系 LOI 的影响
(质量分数:PP 75%,APP 16.6%,PER 8.4%)

表 6-6　最佳协同点 LOI 及金属化合物的用量

金属化合物	CMC[a]/%	LOImax[b]/%	金属化合物	CMC[a]/%	LOImax[b]/%
$MnAc \cdot 4H_2O$	2.0	33.4	$ZnAc \cdot 2H_2O$	1.5	30.5
MnO	2.0	33.8	ZnO	1.0	31.4
$MnSO_4 \cdot H_2O$	1.0	32.0	$Zn_3B_4O_9 \cdot 5H_2O$	1.0	32.0
$ZnSO_4 \cdot 7H_2O$	2.0	31.5			

a. CMC 为最高 LOI 处的金属化合物浓度。

b. LOImax 为最佳协同点 LOI 值。

同时,这 7 种体系最佳协同点处,试样 UL-94 垂直燃烧测试结果均达到 V-2 级(1.6mm)。机理分析指出,Mn 或 Zn 的化合物一方面可以催化 APP 链的交联,减少磷氧化物的裂解与挥发,使更多的磷能够参与成炭过程,增加熔融态下体系的黏度,有利于成炭反应的进行;另一方面催化 PP 脱氢形成双键。也可通过氧化作用使 PP 主链羟基化,在 APP 的作用下交联、聚芳香化、成炭。总之,Mn 或 Zn 的化合物对 PP/APP/PER 体系热分解过程凝聚相交联、成炭具有催化作用。

近年,金属化合物协同催化聚烯烃阻燃的研究逐渐展开。例如,在体系中加入锌或锰的金属盐(Zn^{2+}、Mn^{2+} 含量在 0.11%～0.5%,质量分数),能使材料的 LOI

提高 7～9 个单位,材料的 UL-94 阻燃级别由 V-2 提高至 V-0。另外,此类阳离子还能改善炭层的热氧化稳定性,提高成炭率,降低 APP 的挥发性[39]。在 PP/APP/PER 系统中加入纳米级的铜微粒 0.01％～0.05％即具有阻燃催化作用[40]。Chen 等[41]采用甲酸镍作为协效剂,用于 APP/PER 阻燃的 PP 中,发现其具有催化效果,用量为 0.1％～5％(质量分数)时,提高了体系的 LOI,导致体系稳定性增加和燃烧残余物微观结构的改变。Li 等[42]将 La_2O_3 作为协效剂,用于 APP 阻燃的 PP 中,采用 TGA、LOI、UL-94 和 CONE 进行研究,发现在添加量为 20％时,少量 La_2O_3 就能提高体系的 LOI,达到 UL-94 V-0 级,增加了体系的热稳定性和高温时的残炭量,此外还能降低热释放速率(HRR)、总热释放(THR)、烟释放速率(SPR)、烟生成总量(TSP)。Lewin 等[43-45]研究了二价和多价的金属化合物对以 APP 为酸源、PER 为炭源的 PP 膨胀阻燃体系的催化作用。实验发现金属化合物的催化效率先随金属化合物的浓度增加而增加,达到最大值后随着金属化合物浓度的增加阻燃效率开始下降,一些样品中还伴随有分解和变色现象。胡源等[46,47]将催化剂负载在蒙脱土上,考察了其在膨胀阻燃 PP 中的协效作用。

协同阻燃作用的研究推动了化学膨胀型阻燃体系工业化、商业化应用的进程。从 20 世纪 80 年代开始,先后有 Montedison 集团所属的 Montefluos 公司推出的有机氮和 APP 协同的 Spinflam 系列(MF80、MF82)化学膨胀型阻燃剂,Hoechest 公司特种化学部(后改名为 Clariant 公司)的 Exolit 系列磷-氮协同的化学膨胀型阻燃剂,以及 DSM 公司的 Melapur P46、Melapur 200 等。上述膨胀型阻燃剂中除 Melapur 200 外,其余多数用于聚烯烃的阻燃。

6.1.6　目前膨胀阻燃聚丙烯存在的问题和研究热点

实际应用中,膨胀型阻燃剂还是存在添加量大,有一定的析出性和吸潮性,还不能满足一些阻燃要求严格的场合,特别是薄膜类材料。理论研究上,人们对凝聚相中发生的一些高温化学反应的动力学仍知之甚少,因而目前对凝聚相阻燃机理提出的解释也只是定性的和粗略的。在这方面,有待深化或开展研究的问题有:①主要以凝聚相阻燃发挥作用的膨胀型阻燃系统中所发生的反应顺序及它们与温度的关系,这些反应对温度的敏感程度,反应顺序和比例的改变对总反应产物性质的影响等;②膨胀型阻燃剂各组分的作用,组分间的催化和协同效应;③膨胀型阻燃系统的炭层网络究竟是如何形成,它作为炭层的前体是如何转变为炭层的,怎样通过阻燃剂的配方来改善炭层的质量等。诸如这些问题对阐明膨胀型阻燃剂的凝聚相阻燃机理,对提高膨胀型阻燃剂的阻燃效率和研发新的膨胀型阻燃剂都是至关重要的。对于膨胀型阻燃系统,尽管已发表了很多研究结果,但还有很多问题没有解决。

提高化学膨胀阻燃剂的阻燃效率,改善阻燃剂组分的耐潮湿、抗迁出性能,增进阻燃剂与聚合物基材界面相容性等,至今仍是化学膨胀型阻燃聚丙烯材料应用研究与开发过程中普遍关注的问题。

在阻燃系统中采用催化剂,用量少、成本低、对基材性能的负面影响小、收效高[48,49]。不仅对凝聚相阻燃系统,而且对气相阻燃系统,催化剂的作用都是特别引人注目的。目前,人们对这方面的研究仍处于初始阶段,催化剂类型、形态(粒度、晶型、孔隙结构等)与催化效能的关系,不同催化剂与不同高聚物及不同阻燃系统的匹配,催化机理等方向均有待探索。尤其是,新型纳米催化剂及沉淀于纳米颗粒表面的催化剂,可能会极其有效。有机金属化合物及大分子金属配合物也可能在适当阻燃系统中产生出人意料的阻燃协效作用。今天,阐明金属化合物在阻燃高聚物(特别是膨胀阻燃系统和含吸热氢氧化物的阻燃系统)中催化活性的机理,是阻燃领域内一个富有挑战性的研究课题[50,51]。

6.2　金属氧化物对膨胀阻燃聚丙烯的催化协效作用

为了实现阻燃材料的无卤化,多年来,膨胀阻燃聚丙烯是一个研究热点。寻找合适的阻燃催化协效剂,以提高膨胀阻燃剂的阻燃效率、降低其添加量,是近几年正在研究的焦点。文献中已经报道了一些这方面工作:Lewin 等[43-45]研究了镁、锌、锰等一系列金属化合物对于 APP/PER 体系的催化协效作用,其中 ZnO 在添加 1% 时,氧指数可以从 26.5% 提高到 31.4%,MnO 在添加 2% 时,氧指数最高可以达到 33.8%。Chen 等[41]将甲酸镍添加到 PP/APP/PER 体系中,当添加量在 2% 时,样品氧指数提高了 8 个单位。李斌、胡源等采用 La_2O_3、分子筛、蒙脱土等作为膨胀阻燃体系的催化剂,在最佳用量 1% 时,可显著提高阻燃效果[28,42,51,52]。

显然,在膨胀阻燃系统中采用催化剂,有用量少、成本低、对基材性能的负面影响小和收效高等优点。因此,本节就三种主族金属氧化物(Bi_2O_3、Sb_2O_3、SnO_2)和六种过渡金属氧化物(MnO、MnO_2、ZnO、Ni_2O_3、NiO 和 TiO_2)对膨胀阻燃聚丙烯体系的催化协效作用进行分析与研究。

6.2.1　基础体系的确定

在膨胀阻燃聚丙烯(IFR-PP)中,研究最多的阻燃剂是聚磷酸铵(APP)和季戊四醇(PER)按一定比例复配的混合物。炭源 PER 在 210℃左右会升华,成炭反应和气化是两个竞争过程,降低了成炭反应的效率,同时 PER 还存在水溶性大、易吸潮和迁出等缺点。文献报道的其他炭源,像尼龙 66、聚氨酯、纤维素以及淀粉等,阻燃效率都相对较低[19,25,53],有关这几类炭源反应机理的研究报道也较少,难以进行系统化比较和深入的理论分析。吴娜和本书著者采用 PER 的二聚体——双季戊四醇(DPER),代替 PER 作为炭源,对 PP/APP/DPER 体系进行了系统的研究[54]。尽管 DPER 的活性要比 PER 小,羟基的数量也少,但是 DPER 在 200℃左右可以熔融,挥发温度在 250℃ 以上。DPER 的水溶性也比 PER 低得多,仅为 PER 的 1/10[55],可以在一定程度上减少膨胀阻燃剂吸潮和迁出。

表 6-7 给出 APP 和 DPER 比例变化对 IFR-PP 氧指数的影响。从表中数据可以看出,APP 和 DPER 的最佳比例范围是 4∶1∼2∶1,当两者质量比为 3∶1 时(样品编号 A-4),氧指数最大,其值为 23.3%,所以选择 PP∶APP∶DPER＝80∶15∶5 作为后期实验的基础配方体系。垂直燃烧实验表明,阻燃剂添加量 20% 时,不管 APP 和 DPER 比例为多少,UL-94 都没有级别。

表 6-7　APP/DPER 比例的变化对 IFR-PP 阻燃性能的影响

样品编号	添加量/%			LOI/%	UL-94
	PP	APP	DPER		
A-1	80	20	—	21.1	
A-2	80	16.7	3.3	21.9	
A-3	80	16	4	23.2	
A-4	80	15	5	23.3	NR
A-5	80	13.3	6.7	23.1	
A-6	80	10	10	22.4	

6.2.2　金属氧化物对 IFR-PP 氧指数和垂直燃烧的影响

在保持 PP/APP/DPER 质量比(80∶15∶5)不变的情况下,外添加 3 种主族金属氧化物 Bi_2O_3、Sb_2O_3、SnO_2(0.05%∼1%)和 6 种过渡金属氧化物 ZnO、TiO_2、MnO_2、Ni_2O_3、NiO、MnO(0.5%∼2.5%),分别考察它们的含量对体系阻燃性能的影响,比较各种金属氧化物之间作用的异同,尤其是主族金属氧化物和过渡金属氧化物之间的差异,并进一步探讨了造成这种差异的原因。

表 6-8 给出了不同质量分数的金属氧化物对 IFR-PP 氧指数的影响,不含金属氧化物的基础体系氧指数为 23.3%。由表中数据可见,添加少量的金属氧化物,体系氧指数增加,表明金属氧化物是 IFR-PP 体系的催化协效剂。所有的金属氧化物,不管是主族金属氧化物还是过渡金属氧化物,对氧指数的影响有一个共同的特征:随着金属氧化物添加量的增加,氧指数先变大,达到最大值之后,随着添加量的进一步提高,氧指数又呈现下降趋势。但主族金属氧化物与过渡金属氧化物作用存在明显的差别:一是氧指数达到最大值,所需的金属氧化物添加量不同,主族金属氧化物的最佳添加量要比过渡金属氧化物的低很多,尤其是 Bi_2O_3 最典型,最佳添加量仅为 0.1%;二是能提高到的氧指数最大值不同,添加过渡金属氧化物所能提高氧指数的值要比添加主族金属氧化物的大,尤其以含镍的金属氧化物作用效果最显著,含有 1% 的 Ni_2O_3 的 IFR-PP 氧指数可以达到 28.2%,比不含催化剂的体

系约提高了 5 个单位,其次是含有 NiO 的体系,当含量为 2% 时,氧指数达到 28.1%。

表 6-8　添加有主族金属氧化物和过渡金属氧化物的 IFR-PP[a] 样品的氧指数

主族金属氧化物	添加量/%						
	0	0.05	0.1	0.3	0.5	0.7	1
Bi_2O_3	23.3	24.0	25.2	25.1	23.7		23.2
Sb_2O_3	23.3	—	25.0	26.0	26.5	25.9	25.1
SnO_2	23.3	—	24.4	25.3	24.9		24.3

过渡金属氧化物	添加量/%					
	0	0.5	1	1.5	2	2.5
ZnO	23.3	24.6	26.2	25.1	24.8	—
TiO_2	23.3	26.2	26.8	26.1	25.5	—
MnO_2	23.3	26.6	27.6	26.9	26.4	—
Ni_2O_3	23.3	27.3	28.2	27.9	27.6	—
NiO	23.3	26.7	27.8	28.0	28.1	27.2
MnO	23.3	25.2	25.8	26.5	27.4	26.5

a. 膨胀阻燃体系配方 PP:APP:DPER=80:15:5(质量比)。

同是主族金属氧化物或过渡金属氧化物,对氧指数的影响规律也不尽相同。在主族金属氧化物中,Sb_2O_3 可以在相对宽一些的添加量范围使氧指数提高,提高的数值也较大。在过渡金属氧化物中,氧指数达到最大时,高价的金属氧化物(ZnO、TiO_2、MnO_2、Ni_2O_3)所需的添加量为 1%,而低价的金属氧化物(NiO、MnO)添加量大一些,为 2%;变价的金属元素(Ni、Mn)要比没有变价的金属元素(Ti、Zn)的氧化物使氧指数提高的数值大一些。

讨论金属氧化物的催化活性,首先应该考虑到它们最外层电子的结合状态。镍-氧是八面体结构,这种结构的电子轨道,有很强的配位络合能力。八面体择位能(OSPE)可以作为衡量金属元素静电场的稳定性参数之一。离子的电负性是另一个表征金属元素接受电子能力强弱的参数。由表 6-9 可见,过渡金属元素镍具有较高的 OSPE 和电负性,相较于其他金属氧化物更容易形成配位络合结构。

表 6-9　金属原子的物理和化学性质[56]

金属	Bi	Sn	Ni	Zn	Ti	Mn
	d 轨道排布					
外层电子排布	$6s^2 6p^3$	$5s^2 5p^2$	$3d^8 4s^2$	$3d^{10} 4s^2$	$3d^2 4s^2$	$3d^5 4s^2$
OSPE/(J/mol)			95.46	0		0
电负性/eV	0.946	1.112	1.156	不稳定	0.079	不稳定

	键长					
与氧原子的特征键长/Å	2.42~2.52	2.09~2.62	1.98~2.10	2.0~2.15	2.01~2.26	1.66~2.10
共价键/Å	1.52	1.40	1.15	1.25	1.32	1.17
离子半径/Å	1.03(3+)	0.71(4+)	0.69(2+) 0.56(3+)	0.74(2+)	0.61(4+)	0.67(2+) 0.53(4+)

OSPE 可以作为过渡金属元素形成固相结构能力的一个指示标准。也就是说,金属元素的 OSPE 越大,它形成配位络合结构的能力就越强。显然,这些不同是与金属原子本身的物化性质相关联的(表 6-9),对于主族金属元素(Bi、Sb、Sn等),不用考虑这方面的影响,因为它们的外层电子缺少 d 轨道。

另外,过渡金属元素(Ni、Zn、Ti 和 Mn)与氧元素形成的 M—O 键要更短一些,并且它们的共价键和离子半径都要比主族金属元素(Bi 和 Sn)的小。这些特征说明,过渡金属元素与—OH 和 NH_4^+ 基团有更强的络合能力,在阻燃剂脱水、脱氨以及磷酸化时,有更好的催化效果,有利于形成更稳定的交联网络结构。

在最佳添加量时,添加 Bi_2O_3、Sb_2O_3 和 SnO_2 体系比添加 ZnO、TiO_2、Ni_2O_3 和 MnO 体系的氧指数低,可能就是因为主族金属氧化物的配位络合能力较弱,形成的交联结构在高温时稳定性较差。

表 6-10 给出了不同阻燃剂含量下,添加或不添加 Ni_2O_3 的 IFR-PP 氧指数和垂直燃烧性能。由表 6-10 可见,当阻燃剂添加量达到 25% 时,添加 1% Ni_2O_3,3.2mm 厚的样条可以通过 UL-94 V-0 级,在不添加 Ni_2O_3,即使阻燃剂的添加量达到 30%,样品(3.2mm)也仅能通过 UL-94 V-2 级。显然,金属氧化物可以降低阻燃剂的添加量,具有实际应用价值。

表 6-10　Ni_2O_3 对 IFR-PP 样品 UL-94 的影响

IFR-PP/(质量比)	Ni_2O_3/%	LOI/%	UL-94(3.2mm)
PP:IFR=80:20	0	23.3	NR
PP:IFR=80:20	1	28.2	NR
PP:IFR=75:25	0	25.6	NR
PP:IFR=75:25	1	30.4	V-0
PP:IFR=70:30	0	27.5	V-2
PP:IFR=65:35	0	30.2	V-0

6.2.3　金属氧化物对阻燃效率与协同效率的影响

APP/DPER 复配的膨胀阻燃剂中,APP 为主阻燃剂,DPER 为协效剂。表 6-

11 中计算了 APP/DPER 复配的 IFR-PP 中外添加 Ni_2O_3 和 ZnO 的阻燃效率 (EFF)与协同效率(SE)。阻燃效率为阻燃体系中单位质量阻燃元素对 LOI 的贡献,即 $\Delta LOI/\%FR$($\%FR$ 是阻燃聚合物中阻燃元素含量),ΔLOI 为阻燃聚合物 LOI 值与未阻燃聚合物 LOI 值之差。对于 APP,阻燃元素以磷来计算。协同效率为阻燃剂与协效剂混合体系阻燃效率与单一阻燃剂阻燃效率的比值,此值的高低反映协效剂对阻燃剂协效作用的优劣,是混合阻燃体系的重要参数之一,也是提高阻燃性的重要途径之一。PP 的氧指数为 17.4%,PP/APP 体系,APP 含量为 15%时 LOI 为 19.3%,含磷量为 4.75%,阻燃效率为 0.4。

表 6-11　含 Ni_2O_3 和 ZnO 体系的阻燃效率与协同效率

金属氧化物 /%	P /%	$\Delta LOI/\%$		$EFF(\Delta LOI/\%FR)$		SE	
		Ni_2O_3	ZnO	Ni_2O_3	ZnO	Ni_2O_3	ZnO
0.0	4.75	5.9	5.9	1.24	1.24	3.10	3.10
0.5	4.72	8.9	7.2	1.88	1.52	4.70	3.80
1.0	4.70	10.8	8.8	2.31	1.87	5.76	4.68
1.5	4.68	10.5	7.9	2.24	1.64	5.60	4.10
2.0	4.65	10.2	7.4	2.19	1.59	5.48	3.98

　　由表 6-11 可以看出 APP/DPER 复配的 IFR-PP 中,加入 Ni_2O_3 和 ZnO 后阻燃效率与协同效率均有不同幅度提高。结果表明在 IFR-PP 中,外添加少量的金属氧化物可促进 APP 与 DPER 之间的协同作用,提高了体系的阻燃效果。阻燃效率与协同效率的变化规律与氧指数变化规律保持一致。外添加 1%(质量分数)的 Ni_2O_3 时,获得最大阻燃效率与协同效率,其值分别为 2.31 和 5.76,不添加金属氧化物时,这两个值仅为 1.24 和 3.10。

6.2.4　金属氧化物对 IFR-PP 热老化性能的影响

　　材料的老化性能决定其使用寿命,是实际应用中一个很重要的指标。聚丙烯是自由基引发链反应的降解机理,活性基团或金属的加入很可能促进这个反应,加快老化速率,缩短材料的使用寿命,这是我们所不愿看到的。材料的老化需要一个很漫长的过程,不利于配方的选取。而这个反应的速率与温度是指数增长关系,所以可以在高温下加速老化速率,以考察金属氧化物对体系老化性能的影响。

　　选取金属氧化物在最佳添加量时的配方,将样品在 100℃烘箱中放置 168h,然后测试样品热老化前后的拉伸强度(σ_m),数据列在表 6-12 中。热老化一周,添加 20%阻燃剂的样品,拉伸强度下降 8%,老化速率最快。除了添加 NiO 的样品,添加其他金属氧化物的样品的力学性能没有降低。说明金属氧化物的添加不但没有为体系带来负面的影响,反而降低了 IFR-PP 的热老化速率。

表 6-12　金属氧化物对聚丙烯热老化前后的机械性能的影响

样品(质量比)	σ_m(热老化前)/MPa	σ_m(热老化后)/MPa
PP	34.3	33.3
PP：IFR=80：20	29.7	27.3
PP/IFR/Bi$_2$O$_3$(0.1%)	28.2	28.1
PP/IFR/Bi$_2$O$_3$(1%)	27.0	27.0
PP/IFR/TiO$_2$(1%)	27.6	27.5
PP/IFR/Ni$_2$O$_3$(1%)	27.3	27.4
PP/IFR/NiO(2%)	26.9	25.8
PP/IFR/ZnO(1%)	27.8	27.9

6.2.5　金属氧化物对体系热降解行为的影响

1. 金属氧化物对 IFR-PP 热降解的影响

图 6-9 分别给出 PP、PP/APP/DPER、PP/APP/DPER/ZnO、PP/APP/
DPER/Bi$_2$O$_3$ 和 PP/APP/DPER/Ni$_2$O$_3$ 的热失重曲线。PP 的降解是一步完成
的,在 370~485℃有一个快速的失重峰。PP/APP/DPER 有两个热失重峰,第一
个在 200~350℃,失重 5%左右。第二个热失重峰在 400~500℃,失重约为 85%。
添加了阻燃剂的体系最大热失重速率对应温度提高了 20℃左右。

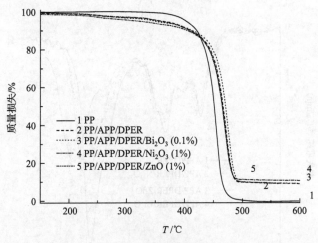

图 6-9　热失重曲线(N$_2$)

与未添加金属氧化物的 IFR-PP 比较,添加了 Bi$_2$O$_3$ 和 ZnO 的体系,高温时的
残炭量没有增加,都在 9%左右;只有添加了 1%Ni$_2$O$_3$ 的体系,残炭量增加了 2%。
且添加金属氧化物后,体系的热失重曲线没有发生变化,说明在氮气气氛中,少量

金属氧化物添加,没有影响 PP 的热降解。

2. 金属氧化物对 APP/DPER 热失重的影响

图 6-9 的结果表明,金属氧化物并没有影响 PP 的热降解过程,其主要作用对象应该为膨胀阻燃剂。因此,按照相应比例,单独对阻燃剂和催化剂进行热失重分析。

图 6-10 和表 6-13 表明,添加了 Bi_2O_3、ZnO 和 Ni_2O_3 后,膨胀阻燃剂在 700℃时的残炭均有不同程度的增加。这个结果说明,金属氧化物可以催化膨胀阻燃剂

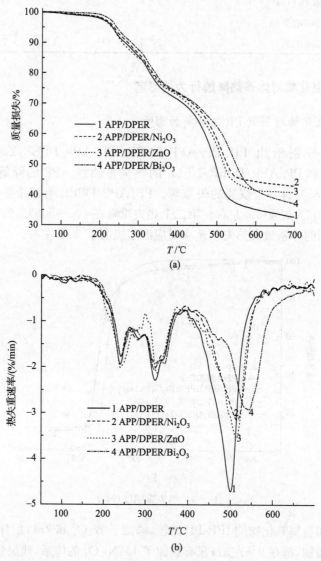

图 6-10　APP/DPER 与 Bi_2O_3(0.5%),ZnO(4.7%)和 Ni_2O_3(4.7%)的 TGA(a)和 DTG(b)曲线

形成稳定性更好的炭,进而提高了阻燃剂的阻燃效率。其中添加 Ni_2O_3 的体系残炭量最高。

表 6-13　700℃时金属氧化物对 APP/DPER 残炭含量的影响

样品	APP/DPER	APP/DPER/Bi_2O_3	APP/DPER/Ni_2O_3	APP/DPER/ZnO
残炭量/%	32.9	37.1	43.1	40.9
金属氧化物/%	0	0.5	4.7	4.7
Δ[a]/%	0	3.8	5.5	3.3

a. Δ= 残炭量－金属氧化物量－32.9。

由图 6-10 中的 TGA 和 DTG 曲线可以看出,第一个热失重阶段发生在 200～250℃,这是因为 APP 与 DPER 发生醇解反应,形成磷酸酯,同时释放出水和氨气。第二阶段发生在 300～350℃,在这个阶段,阻燃剂进一步脱水、脱氨和酯化,形成交联的网络结构。最后在 450～550℃时,聚磷酸酯的 P—O 键发生断裂,已形成的交联结构开始分解,最后形成可以耐高温的类石墨炭。聚丙烯在 237～270℃时,相对分子质量开始快速降低,在 380～450℃时,迅速分解为气体,膨胀炭层在此时已经形成,可以隔绝热的传递和可燃性气体的挥发,有效地阻止燃烧的进行。从 TGA 曲线上看,金属氧化物对交联结构在高温下的分解有明显的影响。金属氧化物的添加可以提高交联结构耐高温性能,降低其在高温时的降解,从而有效地提高体系的阻燃性能。

综合比较图 6-9、图 6-10 和表 6-13 发现,正是因为交联网络结构的形成可以有效地抑制气体的释放,所以添加 APP/DPER 的 IFR-PP 体系最大热失重温度会后移。按添加的比例计算最后的残炭量发现,IFR-PP 体系的实际残炭量仅比理论计算的残炭量高 2%,说明 APP/DPER 只能促进极少部分的 PP 参与成炭。

3. 金属氧化物对 APP 热失重的影响

为了进一步研究金属氧化物对膨胀阻燃体系的作用机理,分别考察了它们对膨胀阻燃剂中的成分 APP 和 DPER 的热降解行为的影响。图 6-11 给出了纯的 APP 和添加了不同金属氧化物的 APP 的热失重曲线。从图 6-11 中可以看出,APP 的分解是分两个阶段的:第一阶段从 300～500℃,主要是失氨;第二阶段在 500～700℃,主链开始断裂,逐步开始降解为 P_2O_5。在第一阶段,Bi_2O_3 对 APP 的降解曲线没有明显的影响,ZnO 和 Ni_2O_3 的添加令脱氨反应略有提前;在第二个失重阶段,金属氧化物均不同程度地降低了 APP 的失重速率,尤其 Ni_2O_3 的影响最突出。

APP 和添加三种金属氧化物的 APP 在 700℃的残炭量列在表 6-14 中。由图 6-11 和表 6-14 可以看出,添加 Bi_2O_3 的 APP 体系的热失重曲线与纯 APP 的失重曲线相比,变化不大,且 700℃时的残炭量仅增加了 3.0%,而添加 ZnO 和 Ni_2O_3

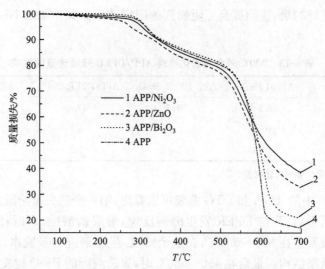

图 6-11　纯 APP 以及 APP 与 Bi$_2$O$_3$(0.7%)，ZnO(6%)和 Ni$_2$O$_3$(6%)混合物的 TGA 曲线

后，明显降低了 APP 在 500℃以上时的热失重速率，增加了高温时的残炭量。添加 Ni$_2$O$_3$ 体系的残炭量增加了 15.6%，比添加 ZnO 体系的残炭量多(9.7%)。在催化 APP 之间的交联反应上，ZnO 和 Ni$_2$O$_3$ 可能有相同的催化作用机理。显然，Ni$_2$O$_3$ 的催化作用优于 ZnO。

表 6-14　700℃时金属氧化物对 APP 残炭含量的影响

样品	APP	APP/Bi$_2$O$_3$	APP/ZnO	APP/Ni$_2$O$_3$
残炭量/%	17.2	20.9	32.9	38.8
金属氧化物/%	0	0.7	6	6
Δ[a]/%	0	3.0	9.7	15.6

a. Δ＝残炭量－金属氧化物量－17.2。

第 1 章中已经介绍了 APP 的降解机理，首先是发生失水失氨的反应。ZnO 和 Ni$_2$O$_3$ 可以在脱氨、脱水时，与 APP 配位，增加 APP 交联结构的稳定性，降低第二阶段 APP 的热失重速率。根据表 6-9，与 Ni$_2$O$_3$ 比，ZnO 的八面体择位能低、电负性小、共价键和离子半径长，配位形成的络合物稳定性差，更容易在高温时分解。Bi$_2$O$_3$ 中的 Bi 因为没有 d 轨道，不容易与 APP 形成络合结构，它的作用机理，则更倾向于在 APP 的第二个分解阶段中，对交联结构分解出的碎片吸附，降低挥发速率，促进成炭方向的发展。

4. 金属氧化物对 DPER 热失重的影响

没有文献报道过 DPER 的热失重过程及其降解机理，为了进一步研究金属氧化物对 DPER 热失重行为影响的机理。我们首先对 DPER 的失重过程进行了理论分析。图 6-12 给出了 DPER 的失重过程以及在这个过程中的差热分析曲线。由 DTA 曲线可以看出,DPER 有两个吸热峰,217℃左右一个尖锐的峰,390℃一个宽峰。从 TGA 曲线看,DPER 在 217℃并有失重,而 DPER 中存在的 C—C、C—O(醚)、C—O(醇)和 O—H 键的键能分别是 334kJ/mol、330kJ/mol、364kJ/mol 和 430kJ/mol,没有键会在这个温度下断裂,推测这个尖锐的吸热峰是由于 DPER 熔融导致,也就是说 DPER 在 217℃左右熔融。

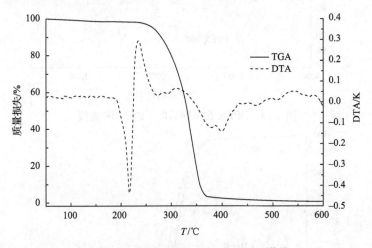

图 6-12　纯 DPER 的 TGA 和 DTA 曲线

　　为了进一步了解 DPER 的失重过程,在 TGA 实验中,将 DPER 加热到不同温度(320℃和 360℃),冷却到常温,取出剩余产物,进行 FTIR 分析,结果见图 6-13。由图 6-13 可见,DPER 失重过程中,残余物的红外谱图与室温时 DPER 的谱图是一致的,结合其失重温度比 C—C、C—O 键断裂所需的温度低,判断 DPER 的失重是因为其气化造成的。

　　图 6-14 和表 6-15 分别给出了 DPER 和 DPER 添加了三种金属氧化物的热失重曲线和它们在高温时的残炭量。由图 6-14 可以看出,ZnO 和 Bi_2O_3 只是略微地加快了 DPER 的热失重速率,并没有影响其初始失重温度和整个失重过程,在 500℃时残余物的量与所添加的金属氧化物的量相等。但是添加了 Ni_2O_3,体系的初始分解温度提前,失重速率变小,并且出现两个热失重阶段。Ni_2O_3 具有氧化性,可以失去一个氧,变为添加 NiO,而—OH 容易被氧化成醛或酸,推测 DPER/Ni_2O_3 失重提前的原因,可能是—OH 脱水导致的。DPER/Ni_2O_3 体系在高温时的残炭量出现了一个负增长,因为 Ni_2O_3 失去氧变成 NiO。热失重曲线表明 ZnO 和 Bi_2O_3 与 DPER 之间没有作用,不影响它的失重过程,而 Ni_2O_3 可能与 DPER 有相互作用,改变了它的失重过程。三种金属氧化物最终都没有提高 DPER 高温时的残炭量。

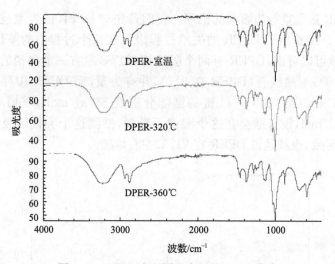

图 6-13　DPER 在不同温度下的 FTIR 曲线

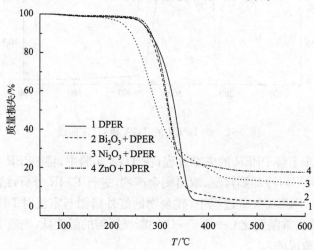

图 6-14　纯 DPER 以及 DPER 与 Bi₂O₃(2%)、ZnO(17%)和 Ni₂O₃(17%)混合物的 TGA 曲线

表 6-15　600℃时金属氧化物对 DPER 残炭含量的影响

样品	DPER	DPER/Bi₂O₃	DPER/ZnO	DPER/Ni₂O₃
残炭量/%	0.7	2.3	17.8	12.5
金属氧化物/%	0	2	17	17
Δ^a/%	0	−0.4	0.1	−5.2

a. Δ=残炭量－金属氧化物－0.7。

综上所述,Ni₂O₃ 改变了 DPER 的失重过程,提高了 APP 在高温时的残炭量;ZnO 仅催化 APP 的交联反应,与 DPER 之间没有作用,ZnO 催化活性比 Ni₂O₃

弱；而 Bi_2O_3 因为其物化性质和电子能力（没有 d 轨道，较长的离子半径和共价键），形成的炭层在高温时稳定性较差，并且被进一步分解。APP/DPER 膨胀阻燃剂在添加金属氧化物后，残炭量的增加，则主要取决于催化剂与 APP 之间的反应。

6.2.6　金属氧化物对膨胀阻燃剂气体释放过程的影响

对膨胀阻燃体系来说，形成膨胀炭层的质量直接影响其阻燃效果。而形成何种多孔分布的炭层与基材熔融时的黏度和气体释放的过程有密切的关系。下面采用 TGA-FTIR 联用的手段，分析金属氧化物的加入对气体释放过程的影响。图 6-15 给出了 APP/DPER、APP/DPER/Bi_2O_3 和 APP/DPER/Ni_2O_3 在热失重过程中释放气体的红外光谱图。图 6-16 给出了三种体系在 340℃时分解出气体的红外谱图。与红外吸收峰相对应的气体产物的种类列在表 6-16 中。通过红外检测，三种体系在分解过程中释放的气体主要是 H_2O、NH_3 和磷氧化合物。

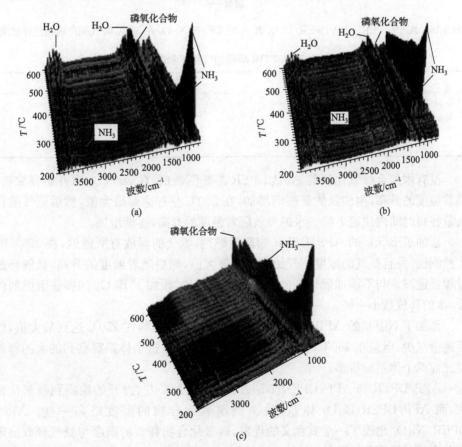

图 6-15　APP/DPER(a)、APP/DPER/Bi_2O_3(b)和 APP/DPER/Ni_2O_3(c)在热失重过程中释放气体的红外光谱图

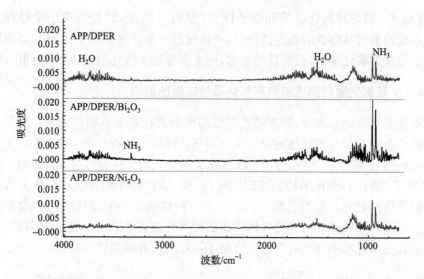

图 6-16　APP/DPER、APP/DPER/Bi₂O₃ 和 APP/DPER/Ni₂O₃ 在 340℃时气相产物的红外谱图

表 6-16　由 TGA-FTIR 所得的气相产物的红外光谱图

波数/cm⁻¹	气体种类
930, 960, 1610, 3320	NH_3
1300, 2000, 3500～4000	H_2O
1200～1300	磷氧化合物

　　没有添加金属氧化物的 APP/DPER 膨胀阻燃剂,在 200℃左右开始释放氨,随着温度的升高,生成氨的量逐渐增加,在 300℃左右达到最大值,然后氨气的释放量在短时间内快速下降。水的释放随着温度的升高,逐渐增加。

　　添加了 Bi_2O_3 的 APP/DPER 膨胀阻燃剂,氨气的释放有所延迟,在 290℃时才检测到,并且氨气的浓度一开始就达到最大值,然后随着温度的升高,氨气释放量缓慢递减。与不添加催化剂的膨胀阻燃剂相比,添加了 Bi_2O_3 的膨胀阻燃剂体系,水的释放量小一些。

　　添加了 Ni_2O_3 的 APP/DPER 膨胀阻燃剂,氨气大约在 250℃达到最大值,然后逐渐减少,但是在 460℃时再次出现一个峰值,并且这个体系观察到的水的释放要比前两个体系弱得多。

　　APP/DPER 和 APP/DPER/Ni₂O₃ 都是在 470℃左右,开始检测到磷氧化合物,而 APP/DPER/Bi₂O₃ 体系,检测到磷氧化合物的温度略高一些。APP/DPER/Ni₂O₃ 出现了一个有意义的现象,磷氧化合物释放的温度与氨气释放出现第二个峰的温度是一致的。

　　从图 6-15 可以看出,不添加金属氧化物的 APP/DPER 膨胀阻燃剂,在很短的时间内,氨气就释放完全,而水的失去却有一个逐渐的过程。氨气这种瞬间的大量释放,可能会导致生成的炭层尺寸的不均一性,并且容易在表面形成大的气孔或不明显的膨胀现象,表面膨胀炭层的这些缺陷,导致热和氧容易向内部传递,引起内部基材的进一步降解,燃烧得以继续。

添加 Bi_2O_3 体系氨气释放的滞后,可能是因为 Bi_2O_3 可以吸附初始反应释放的氨气,在高温时再脱吸附,所以会开始就出现一个最大峰值。Bi_2O_3 也可能会与 APP 上的 NH_4^+ 基团形成配位结构,所以氨气随着温度的升高缓慢释放。

添加 Ni_2O_3 体系出现两个氨气的释放峰,这可能是因为 Ni_2O_3 可以催化 APP 之间的交联反应,所以一部分氨气先释放出来,而且交联的结构很稳定,所以少部分的 NH_4^+ 保留在了 APP 的主链上,直到温度升高到交联结构被破坏,氨气才进一步释放出来,所以第二个氨气释放的峰值与磷氧化合物几乎是同时出现的。

6.2.7　金属氧化物对 IFR-PP 膨胀炭层形貌的影响

为了研究催化剂对膨胀炭层形貌的影响,IFR-PP 被切成小片压在铝箔纸上,然后放入 400℃的马弗炉中,5min 后取出。之所以选择 400℃,是因为从图 6-9 和图 6-10 可以看出,交联结构形成的温度在 400℃左右,温度过高,形成的膨胀炭层就会被破坏掉。等样品冷却到常温后,脱去铝箔纸,可以同时观察燃烧后炭层的表面和内部。

图 6-17 给出了实验所得膨胀炭层的形貌图。未添加催化剂的 IFR-PP 体系,表面有很多地方没有明显的膨胀起来,导致其隔热隔质的作用差,底层会进一步降解,其炭层的内部出现较大缺陷,并且孔洞形状也不规则,说明这个体系气体的释放过程和基材的黏度没有达到很好的匹配。添加 Bi_2O_3 的体系,可以在表面观察到膨胀的炭层,但是膨胀炭层孔洞的尺寸不均匀,这是气体突然大量的释放造成的,大的炭层孔洞内气体可以产生对流,不利于隔热,所以炭层内部除了会出现一

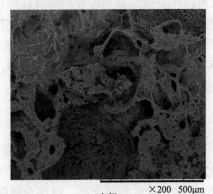

表面　　×1.0k　100μm　　　　　内部　　×200　500μm

(a) PP/APP/DPER

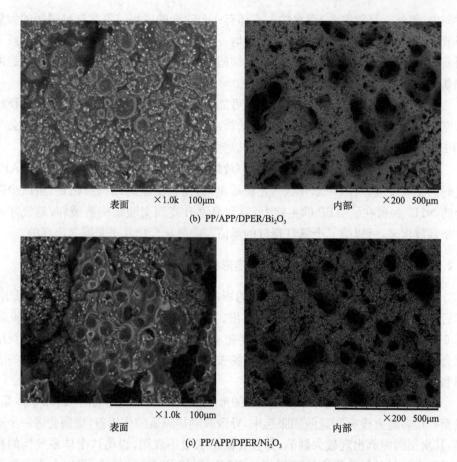

表面　　　　×1.0k　100μm

(b) PP/APP/DPER/Bi₂O₃

表面　　　　×1.0k　100μm

内部　　　　×200　500μm

(c) PP/APP/DPER/Ni₂O₃

图 6-17　PP／APPP／DPER 与不同催化剂的残炭形貌

系列大小不一的孔洞外，其连续相上也分散有小的孔洞。而添加有 Ni_2O_3 的 IFR-PP，可以在表面观察到较好的蜂窝状膨胀炭层，膨胀炭层的孔径相对更均匀，可以起到很好的隔热隔质作用；炭层内部除了小的孔洞外，其连续相是均一的、致密的。结果表明，所研究的金属氧化物，尤其是 Ni_2O_3，可以帮助 IFR-PP 体系形成更好的膨胀炭层。这可能是因为添加了 Ni_2O_3 后，气体的释放、阻燃剂交联反应和基材的黏度更匹配。

6.2.8　结论

金属氧化物可以提高 IFR-PP 的阻燃性能，是一种有效的催化协效剂。金属氧化物可以很大程度地提高体系的氧指数，所需要的添加量和氧指数能达到的最大值，取决于选取的氧化物。过渡金属氧化物最佳添加量大，能提高的氧指数值更高。这些差别与金属元素的物化性能有关。过渡金属氧化物，如 Ni_2O_3、ZnO 等，因为它们电子外层有 d 轨道,比较容易与—OH 和 NH_4^+ 配位络合。而主族金属氧化物,如 Bi_2O_3 等,不太可能形成配位络合物,因为其外层电子缺少 d 轨道。

Bi_2O_3、Ni_2O_3 和 ZnO 可以提高 APP/DPER 在高温时的稳定性,降低膨胀阻燃剂在第三阶段的失重速率,增加高温时的残炭量。APP/DPER 高温时残炭量的增加,主要是因为金属氧化物可以催化 APP 的交联反应,增加交联结构在高温时的热稳定性。其中,Ni_2O_3 的催化效果最显著。三种金属氧化物的加入都没有增加 DPER 高温时的残余物,但是 Ni_2O_3 改变了 DPER 的失重过程。

在 APP/DPER 的失重过程中,添加 Bi_2O_3 或 Ni_2O_3,可以延迟氨的释放过程,有助于形成更紧实的炭层。随着温度的升高,APP/DPER 快速失氨;添加 Bi_2O_3 后,氨的释放有一个相对平缓的过程;Ni_2O_3 的加入,使得氨的释放出现了两个峰,第二个峰与磷氧化合物的释放在同一个温度。SEM 观察到添加 Ni_2O_3 体系的膨胀炭层最致密,表明带有 Ni_2O_3 的 IFR-PP 体系,气体释放过程与膨胀炭层形成和基体黏度最匹配。

值得一提的是,LOI、TGA、TGA-FTIR 和 SEM 测试所得的结果及我们上述结论一致,是可以相互佐证的。

6.3　金属盐与膨胀阻燃体系的协同效应

6.2 节研究了不同的金属氧化物对 IFR-PP 的影响,结果表明金属氧化物可以提高体系的阻燃性能,是体系的催化协效剂。催化协效的效能及机理取决于所选择的氧化物种类,它们主要的作用对象是 APP。副族的金属氧化物是通过 d 轨道配位络合作用增加膨胀炭层高温时的热稳定性,而主族金属氧化物则更偏向于吸附的机理。其中,氧化镍不仅可以与 APP 反应,还可以改变 DPER 的降解过程,催化效果最显著。催化剂使气体释放过程与膨胀炭层形成和基体黏度更匹配,形成隔热隔质性能更好的膨胀炭层[57-59]。

影响催化剂效能的不仅是金属元素的性质,其配位体也很重要[44,51,60]。研究表明金属盐类,如硼酸锌等,也对膨胀阻燃聚丙烯体系有很好的催化协效作用,所以考察金属元素的配位基团对催化效果的影响,对揭示阻燃机理,寻求更高效率的阻燃剂是很有意义的。

本节选取金属镍、锌的几种有机和无机盐作为膨胀阻燃剂的催化剂。采用 LOI、UL-94、TGA、FTIR、CONE 和 SEM 等手段考察它们对体系阻燃性能的影响,研究它们的作用机理。为了便于比较,将氧化物的一些数据也列在这里。

6.3.1　镍、锌金属盐对体系阻燃性能的影响

1. 镍、锌金属盐对氧指数的影响

在保持 PP/APP/DPER 质量比(80∶15∶5)不变的情况下,分别外添加四种锌、镍的金属盐及其氧化物 0.5%～3%(质量分数),考察它们的含量对体系阻燃性能的影响,分析了各种金属化合物之间作用的异同,研究阴离子对催化协效作用的影响,并进一步探讨造成这些差异的原因。

从表 6-17、表 6-18 和图 6-18、图 6-19 可知镍、锌金属盐对 IFR-PP 具有催化协效作用,表现在镍、锌金属盐的加入明显提高了体系的氧指数(LOI)。

表 6-17　Zn 类化合物对 IFR-PP 氧指数(LOI)的影响[51]

添加量/%(质量分数)	LOI/%				
	$Zn(Ac)_2 \cdot 2H_2O$	$ZnCl_2$	$ZnSO_4 \cdot 7H_2O$	$ZnCO_3 \cdot H_2O$	ZnO
0.0	23.3	23.3	23.3	23.3	23.3
0.5	26.0	25.4	26.1	25.8	24.6
0.75	—	—	27.8	—	—
1.0	26.2	26.7	29.1	27.7	26.2
1.5	26.4	27.0	28.4	27.2	25.1
2.0	27.4	27.5	28.2	26.7	24.8
2.5	27.1	27.2	—	—	—
3.0	26.9	27.0			

表 6-18　Ni 类化合物对 IFR-PP 氧指数(LOI)的影响

添加量/%(质量分数)	LOI/%				
	$Ni(HCOO)_2 \cdot 2H_2O$	$NiCl_2 \cdot 6H_2O$	$NiSO_4 \cdot 6H_2O$	$NiCO_3$	NiO
0.0	23.3	23.3	23.3	23.3	23.3
0.5	25.9	25.2	26.6	26.4	26.7
1.0	26.2	25.8	28.4	28.4	27.8
1.5	27.0	27.5	27.6	27.8	28.0
2.0	27.4	28.2	27.4	27.7	28.1
2.5	26.8	27.6	—	—	27.2
3.0	26.5	27.4	—	—	26.9

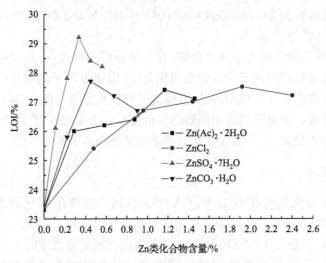

图 6-18　Zn 类化合物种类及含量对 IFR-PP 氧指数的影响

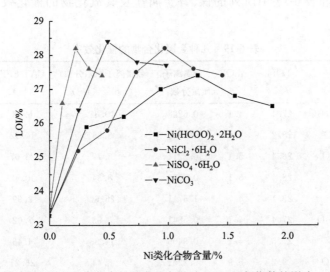

图 6-19　Ni 类化合物种类及含量对 IFR-PP 氧指数的影响

　　所有的镍、锌金属盐,与 6.2 节考察的金属氧化物一样,对氧指数的影响表现出一个共同的特征:氧指数先随金属盐含量增加而增加,直到达到最大氧指数,继续添加金属盐,氧指数开始下降。不同点在于:一是氧指数达到最大所需要的金属盐添加量不同;二是能提高到的氧指数最大值不同。镍、锌金属有机酸盐和盐酸盐,外添加 2.0% 时,体系氧指数达到最大:Ni(HCOO)$_2$·2H$_2$O 达到的最大氧指数为 27.4%,Zn(Ac)$_2$·2H$_2$O 为 27.4%,NiCl$_2$·6H$_2$O 为 28.2%,ZnCl$_2$ 为 27.5%;镍、锌金属硫酸盐和碳酸盐,外添加 1.0% 时,体系氧指数达到最大:NiSO$_4$·6H$_2$O

达到的最大氧指数为 28.4%，$ZnSO_4 \cdot 7H_2O$ 为 29.2%，$NiCO_3$ 为 28.4%，$ZnCO_3 \cdot H_2O$ 为 27.7%。

比较镍、锌几种不同的金属化合物，有一个特别的现象：一般含镍的金属化合物所能提高的氧指数要大于含锌的金属化合物，说明镍离子的催化效率要高于锌离子。这符合我们 6.2 节得出的结论，镍离子有更高的络合能力，从而更有利于催化膨胀成炭反应。但是硫酸锌能提高的氧指数却大于硫酸镍，在所有化合物中，它能提高的氧指数最大，比不添加催化剂的体系氧指数高了 6 个单位。

2. 催化效率

催化效率分为质量催化效率[CAT-EFF(%)]和摩尔催化效率[CAT-EFF(mol%)]。其中 CAT-EFF(%)定义为催化剂最佳浓度时 LOI 增量与金属离子质量分数的比值，同样 CAT-EFF(mol%)定义为催化剂最佳浓度时 LOI 增量与金属离子摩尔分数(mol%)的比值。CAT-EFF 可以作为单位金属离子催化活性的表征。表 6-17 和表 6-18 中所列的镍、锌金属盐及其氧化物的催化效率列于表 6-19 中。

表 6-19　几种金属化合物的催化效率

金属化合物	LOI /%	ΔLOI /%	金属离子质量分数/%	金属离子摩尔分数/(mol%×10^3)	CAT-EFF (%)	CAT-EFF (mol%/10^3)
$Ni(HCOO)_2 \cdot 2H_2O$	27.4	4.1	0.6228	10.61	6.58	0.3864
$NiCl_2 \cdot 6H_2O$	28.2	4.9	0.4842	8.25	10.12	0.5939
$NiSO_4 \cdot 6H_2O$	28.4	5.1	0.2211	3.77	23.07	1.3528
$NiCO_3$	28.4	5.1	0.4896	8.34	10.42	0.6115
NiO	28.1	4.7	1.5711	26.67	2.99	0.1762
$Zn(Ac)_2 \cdot 2H_2O$	27.4	4.1	0.5841	8.93	7.02	0.4591
$ZnCl_2$	27.5	4.2	0.9406	14.38	4.46	0.2921
$ZnSO_4 \cdot 7H_2O$	29.2	5.9	0.2251	3.44	26.21	1.7151
$ZnCO_3 \cdot H_2O$	27.7	4.4	0.4515	6.90	9.74	0.6377
ZnO	26.2	2.9	0.8034	12.29	3.61	0.2360

由表 6-19 可见，尽管镍的几种金属盐和氧化物能提高的氧指数数值相近，如 $NiCl_2 \cdot 6H_2O$、$NiSO_4 \cdot 6H_2O$、$NiCO_3$ 和 NiO 之间，提高的氧指数的数值仅差 0.3 个单位，但是催化效率相差却很大。除了盐酸盐，镍和锌的其他盐，酸根相同时，镍离子和锌离子的催化效率相差不大。镍、锌的硫酸盐的催化效率远高于其他几种，依次为碳酸盐、有机盐和氧化物。这个结果表明，阴离子可以很大程度上影响金属离子的催化作用。

3. 金属盐的物化性能

镍、锌金属盐的物化性能列于表 6-20 中。$ZnSO_4 \cdot 7H_2O$ 的熔融温度为 100℃，低于体系的共混加工温度。而 $NiSO_4 \cdot 6H_2O$ 失去结晶水的温度较低，不含结晶水的 $NiSO_4$ 熔点在 848℃，所以 $ZnSO_4 \cdot 7H_2O$ 要比 $NiSO_4 \cdot 6H_2O$ 在 IFR-PP 中有更好的分散。这可能是 $ZnSO_4$ 可以得到更高氧指数的原因之一。镍、锌的有机酸盐和碳酸盐在较高的温度下，都可以分解为其氧化物，所以它们的催化效率要高于金属氧化物。镍、锌的有机酸盐在分解过程中释放出氢气、甲烷或丙酮等可燃性气体，它们的碳酸盐则释放出二氧化碳，所以镍、锌碳酸盐的催化效率要高于其有机酸盐。而氯化锌极容易吸湿，所以它的催化效率偏低，与氯化镍的催化效率没有可比性。

表 6-20 金属化合物的物化性质[61]

金属化合物	性质
$ZnSO_4 \cdot 7H_2O$	熔点 100℃，脱水温度 240℃
$NiSO_4 \cdot 6H_2O$	熔点 98℃（848℃无水），脱水温度 103℃
$NiCO_3$	＞300℃，分解产物：CO_2 和 NiO
$ZnCO_3 \cdot H_2O$	＞300℃，分解产物：CO_2 和 ZnO
$Zn(Ac)_2 \cdot 2H_2O$	＞237℃，分解产物：丙酮、CO_2 和 ZnO
$Ni(HCOO)_2 \cdot 2H_2O$	分解产物：NiO、CO、CO_2、H_2、H_2O 和 CH_4（210℃）
$NiCl_2 \cdot 6H_2O$	加热过程中逐步脱除结晶水
$ZnCl_2$	易吸湿
ZnO	熔点＞1800℃
NiO	在 400℃转化为 Ni_2O_3（空气）

由表 6-20 可见，镍、锌的有机酸盐和碳酸盐最终都降解为氧化物，而盐酸盐和硫酸盐中镍、锌是以离子状态参加反应的。选择硫酸盐和氧化物作为代表，进一步研究催化机理。图 6-20 给出了 $PP/ZnSO_4 \cdot 7H_2O$ 和 PP/ZnO 两相体系的扫描电镜图片，图中箭头指向表示 $ZnSO_4 \cdot 7H_2O$ 和 ZnO 颗粒。由断面的图片可以观察到，ZnO 在 PP 中的分散尺寸约为 500nm，而 $ZnSO_4 \cdot 7H_2O$ 的分散尺寸在 50nm 以下，说明 $ZnSO_4 \cdot 7H_2O$ 在体系中的分散要优于 ZnO。

4. UL-94 垂直燃烧

垂直燃烧性能是产品实际应用中的一个重要指标。表 6-21 给出了阻燃剂添

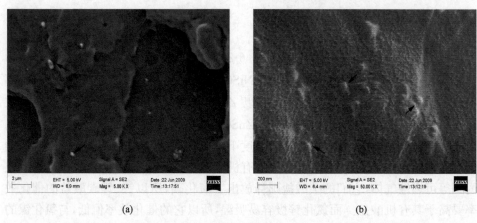

(a)　　　　　　　　　　　　　　　　　　　(b)

图 6-20　PP/ZnO (3%)(a)和 PP/ ZnSO₄ · 7H₂O (3%)(b)的 SEM

加量分别为 20%、25%和 30%时,添加和不添加 $ZnSO_4 \cdot 7H_2O$ 体系的垂直燃烧和氧指数的结果。阻燃剂含量为 20%时,尽管添加催化剂后,体系的氧指数提高明显,达到了难燃的级别,但是垂直燃烧没有级别。当阻燃剂含量提高到 25%时,添加 1%的催化剂后,3.2mm 厚的样品可以过 UL-94 V-0 级。当阻燃剂含量达到30%时,3.2mm 厚的样品可以通过 UL-94 V-2 级,但是 1.6mm 厚的样品仍然没有级别,添加 1%的 $ZnSO_4 \cdot 7H_2O$ 后,3.2mm 厚和 1.6mm 厚的样品都可以通过UL-94 V-0 级。表 6-21 的结果表明,少量 $ZnSO_4 \cdot 7H_2O$ 就可以较大幅度地提高膨胀阻燃剂的阻燃效率,有很好的实际应用价值。

表 6-21　$ZnSO_4 \cdot 7H_2O$ 对 IFR-PP 的阻燃性能的影响

IFR-PP(质量比)	$ZnSO_4 \cdot 7H_2O$/%	LOI/%	UL-94	
			3.2mm	1.6mm
PP：IFR=80：20	0	23.3	NR	NR
PP：IFR=80：20	1	29.2	NR	NR
PP：IFR=75：25	0	25.1	NR	NR
PP：IFR=75：25	1	30.6	V-0	NR
PP：IFR=70：30	0	27.5	V-2	NR
PP：IFR=70：30	1	32.7	V-0	V-0

表 6-22 给出了 30%阻燃剂添加量下,添加不同比例的 $ZnSO_4 \cdot 7H_2O$ 对体系阻燃性能的影响。由表中数据可见,当 $ZnSO_4 \cdot 7H_2O$ 的添加量在 2%时,体系的LOI 和 UL-94 得到最优的结果。结合表 6-17 和表 6-21 的结果,说明随着膨胀阻燃剂的加入,催化剂的含量也应该适当提高,可见催化剂的主要作用对象是膨胀阻燃剂。

表 6-22　ZnSO$_4$ · 7H$_2$O 对 IFR-PP(PP ∶ IFR＝70 ∶ 30)的阻燃性能的影响

ZnSO$_4$ · 7H$_2$O/%	LOI/%	UL-94	
		3. 2mm	1. 6mm
0. 0	28. 2	V-2	NR
0. 5	30. 4	V-0	V-2
1. 0	32. 7	V-0	V-0
1. 5	34. 1	V-0	V-2
2. 0	34. 8	V-0	V-0
2. 5	34. 3	V-0	V-2

5. 力学性能

选取 NiSO$_4$ · 6H$_2$O、ZnSO$_4$ · 7H$_2$O 的体系，从拉伸强度上考察催化剂对 IFR-PP 力学性能的影响，数据列在表 6-23 和表 6-24 中。拉伸强度是指在规定的实验温度、湿度和实验速度下，在标准试样上沿轴向施加拉伸载荷，直到试样被拉断为止，断裂前试样承受的最大载荷与试样的宽度和厚度乘积的比值。拉伸测试时，弹性模量（即杨氏模量），表征材料抵抗变形能力的大小，模量越大，越不容易变形，表示材料刚度越大。

表 6-23　NiSO$_4$ · 6H$_2$O 对 IFR-PP(PP ∶ IFR＝80 ∶ 20)力学性能的影响

NiSO$_4$ · 6H$_2$O/%	σ_m/MPa	ε/%	E/MPa
0. 0	29. 70	27. 39	—
0. 5	29. 52	23. 99	931. 14
1. 0	30. 88	16. 60	973. 02
1. 5	31. 95	14. 73	1016. 08
2. 0	30. 34	14. 26	941. 86

注：σ_m 为拉伸强度，ε 为断裂伸长率，E 为弹性模量。

表 6-24　ZnSO$_4$ · 7H$_2$O 对 IFR-PP(PP ∶ IFR＝80 ∶ 20)力学性能的影响

ZnSO$_4$ · 7H$_2$O/%	σ_m/MPa	ε/%	E/MPa
0. 00	29. 70	27. 39	—
0. 50	28. 65	11. 87	871. 09
0. 75	29. 18	23. 62	895. 36
1. 00	28. 68	11. 67	873. 08
1. 50	28. 39	12. 95	858. 11
2. 00	29. 03	15. 56	900. 99

注：σ_m 为拉伸强度，ε 为断裂伸长率，E 为弹性模量。

由表 6-23 可见,随着 $NiSO_4 \cdot 6H_2O$ 含量的增加,样条的力学性能的变化呈现出一定的规律性,即拉伸强度和弹性模量随着 $NiSO_4 \cdot 6H_2O$ 含量的增加先逐渐增大,直到一个最大值,然后开始下降;断裂伸长率一直随着 $NiSO_4 \cdot 6H_2O$ 含量的增加而逐渐下降。

由表 6-24 可以看出,添加 $ZnSO_4 \cdot 7H_2O$ 样条的力学性能变化不像添加 $NiSO_4 \cdot 6H_2O$ 样条的力学性能变化那么规律,对体系的增强作用也没有那么明显,这与它们自身的物化性质有关。研磨时发现 $NiSO_4 \cdot 6H_2O$ 的硬度要远大于 $ZnSO_4 \cdot 7H_2O$ 的硬度,所以 $NiSO_4 \cdot 6H_2O$ 有更好的补强作用。

力学性能产生上述现象的原因可能是镍、锌金属化合物是一种活性填料,在加工过程中会引起 PP 少量交联,有利于力学性能改善,但过多的金属盐加入则会出现与 PP 相容不良的问题,使力学性能下降。添加少量的镍、锌金属盐作为协效剂后,PP 的阻燃性能大幅提高,而机械性能损失较少,甚至有所增强,有一定的应用前景。

6.3.2　热分析

表 6-25 给出 PP、PP/APP/DPER、PP/APP/DPER/金属盐(氧化物)的热失重数据。与上一节得到的结果一样,添加催化剂后,IFR-PP 体系高温时的残炭量没有明显增加,体系的热失重曲线没有发生变化,说明在氮气气氛中,少量金属盐的添加,也没有影响 PP 的热降解。催化剂的主要作用对象应该为膨胀阻燃剂。

表 6-25　PP/APP/DPER/金属化合物(MC)体系的 TGA 和 DTG 数据

金属化合物(MC)	PP/APP/DPER/ MC (质量比)	$T_{5\%}$/℃	残炭量/%	DTG 峰高/(%/min)	DTG 峰值温度/℃
—	80:15:5	360.8	6.02	−24.71	469.1
$ZnSO_4 \cdot 7H_2O$	80:15:5:1	352.8	8.16	−24.67	472.4
$NiSO_4 \cdot 6H_2O$	80:15:5:1	361.6	9.86	−23.95	470.3
NiO	80:15:5:1	343.5	8.89	−24.17	471.4
ZnO	80:15:5:1	324.5	9.35	−23.87	469.8

图 6-21 给出了 APP/DPER 及 APP/DPER 添加有 $NiSO_4 \cdot 6H_2O$、$ZnSO_4 \cdot 7H_2O$、ZnO 和 NiO 的热失重曲线,数据列在表 6-26 中。由图 6-21 和表 6-26 可见,添加催化剂后,体系初始失重温度(分解 5% 时对应的温度)很相近,说明催化剂的添加,不会影响膨胀阻燃剂的热稳定性。值得注意的是,添加金属氧化物的膨胀阻燃剂,在高温时的残炭量(650℃)增加,尤其是添加了 NiO 的阻燃剂。但是添加金属盐的膨胀阻燃剂,其高温时的残炭量却比不添加催化剂的体系要少。

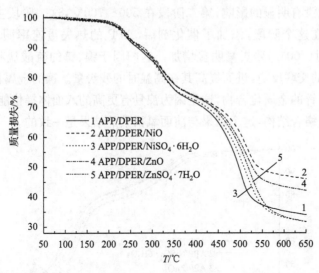

图 6-21　APP/DPER 与 ZnO、NiO、NiSO$_4$·6H$_2$O 和 ZnSO$_4$·7H$_2$O（4.7%）的 TGA 对比曲线

表 6-26　APP/DPER/金属化合物体系的 TGA 和 DTG 数据

金属化合物	$T_{5\%}$/℃	残炭量/% (650℃)	DTG					
			峰1		峰2		峰3	
			峰高 /(%/min)	峰值 温度/℃	峰高 /(%/min)	峰值 温度/℃	峰高 /(%/min)	峰值温度 /℃
—	232.2	34.0	−1.94	239.2	−2.29	322.3	−4.72	500.2
ZnSO$_4$·7H$_2$O	231.9	30.0	−1.56	236.5	−2.50	301.0	−3.96	520.0
NiSO$_4$·6H$_2$O	232.4	30.6	−1.65	233.2	−2.18	302.6	−3.77	516.2
ZnO	236.2	42.1	−1.77	240.6	−1.92	322.4	−3.16	515.5
NiO	231.3	46.0	−1.68	230.0	−2.18	319.4	−3.40	515.6

　　不论是 APP/DPER 体系，还是添加有催化剂的 APP/DPER 体系，都有多个热失重阶段：第一个失重阶段，是否添加有金属盐或金属氧化物对体系的失重速率和失重峰值对应的温度影响不大；第二个失重阶段，金属氧化物的添加也没有产生明显的影响，但是金属盐的添加令峰值温度提前了 20℃；第三个失重阶段，添加催化剂后，阻燃剂的热失重速率下降，对应的峰值温度后移。

　　为了进一步研究催化剂的作用机理，分别考察了膨胀阻燃剂的各组分与催化剂的热失重行为。图 6-22 给出了 APP 以及 APP 添加有 NiSO$_4$·6H$_2$O、ZnSO$_4$·7H$_2$O、ZnO 和 NiO 的热失重曲线。由图 6-22 可见，APP 的降解分为两个阶段：第一阶段从 300～500℃，主要是失水和失氨引起的，在这一阶段，四种催化剂对 APP

的热降解曲线没有明显的影响；第二阶段在 500～700℃，这一阶段主要是磷氧化合物的释放，在这个阶段，添加了催化剂后，APP 的热失重速率明显降低，并且 APP 在高温时(700℃)残炭量明显增加。这归因于镍、锌的硫酸盐和氧化物均可以催化 APP 的交联反应，进而提高其在高温时的残炭量。镍的金属化合物的催化效果要优于含锌的金属化合物，这是因为镍具有更高的八面体择位能和电负性，比锌更容易形成络合结构，这个结果与前面氧指数的结果是一致的。

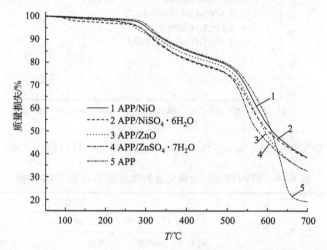

图 6-22　APP 与 NiO、ZnO、NiSO$_4$·6H$_2$O 和 ZnSO$_4$·7H$_2$O (6%)的 TGA 对比曲线

　　另一个需要注意到的现象是，在 700℃ 时，添加有 NiO 和 NiSO$_4$·6H$_2$O 的 APP，残炭量一致，添加 ZnO 和 ZnSO$_4$·7H$_2$O 的 APP 也有相同的残炭量。这个结果表明，催化剂与 APP 的反应，取决于催化剂所含的金属元素。

　　图 6-23 给出了 DPER 及 DPER 添加有 NiSO$_4$·6H$_2$O、ZnSO$_4$·7H$_2$O、ZnO 和 NiO 的热失重曲线。由图 6-23 可见，ZnO 的添加使 DPER 的失重速率略有提前，NiO 的添加几乎没有对 DPER 的降解产生影响，NiSO$_4$·6H$_2$O 和 ZnSO$_4$·7H$_2$O 的添加改变了 DPER 的热失重过程，出现了两个失重阶段，且高温时的残炭也略有增加。

　　6.2 节研究已证实，DPER 的失重是其在高温下气化造成的，而添加 NiSO$_4$·6H$_2$O 和 ZnSO$_4$·7H$_2$O 后的 DPER 在 320℃ 左右出现了拐点，说明 DPER 与镍、锌的硫酸盐在加热过程中发生了反应。为了进一步弄清两者的反应，用 TGA 将 ZnSO$_4$·7H$_2$O、DPER 和 ZnSO$_4$·7H$_2$O 混合物分别加热到 320℃ 和 500℃，取出加热后的残渣，进行 FTIR 和 XPS 分析。

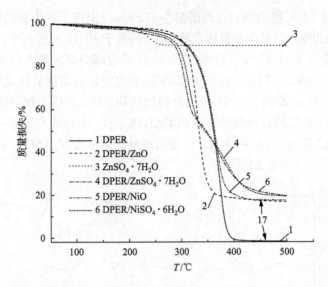

图 6-23 DPER 与 NiO、ZnO、NiSO$_4$ · 6H$_2$O 和 ZnSO$_4$ · 7H$_2$O（17%）的热失重对比曲线

6.3.3 红外和光电子能谱分析

图 6-24 和图 6-25 分别给出了 ZnSO$_4$ · 7H$_2$O、DPER/ZnSO$_4$ · 7H$_2$O 混合物，及其在 320℃和 500℃下的残余物的 FTIR 谱图。各特征吸收峰所对应的基团列在表 6-27 中。由图 6-24 可见，即使加热到 500℃，属于 SO$_4^{2-}$ 的峰没有发生变化，只是 ZnSO$_4$ · 7H$_2$O 中结晶水在 1600cm^{-1} 的吸收峰变弱，说明加热过程中，ZnSO$_4$ · 7H$_2$O 只是失去部分的结晶水。由图 6-25 可见，DPER/ZnSO$_4$ · 7H$_2$O

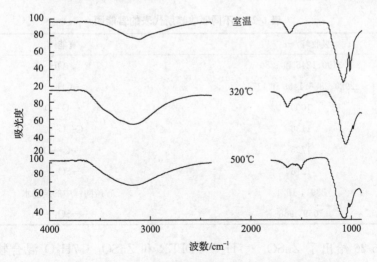

图 6-24 ZnSO$_4$ · 7H$_2$O 在不同温度下分解的气相产物的 FTIR

混合物加热到 320℃残余物的红外谱图在 1725cm^{-1}出现了一个新的特征吸收峰，1245cm^{-1}和 1280cm^{-1}处的特征吸收峰消失，归属于—CH$_2$—的两个特征吸收峰的强度发生改变，—OH、C—C—O 和 C—O—C 吸收峰向高波数方向移动。这些变化说明，因为 ZnSO$_4$·7H$_2$O 的作用，DPER 中的羟基基团被氧化成羰基，同时脱去 H$_2$O。DPER 和 ZnSO$_4$·7H$_2$O 混合物加热到 500℃的残余物谱图与 ZnSO$_4$·7H$_2$O 加热到 500℃的残余物的谱图相类似，除了在 1216cm^{-1}出现一个新的特征吸收峰，这可能是 SO$_3^{2-}$ 的吸收峰。仅通过红外谱图很难判定 SO$_4^{2-}$ 和 SO$_3^{2-}$，所以对残余物做了进一步的 XPS 测试。

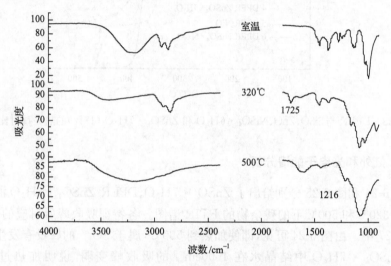

图 6-25　DPER/ZnSO$_4$·7H$_2$O 在不同温度下分解的气相产物的 FTIR

表 6-27　不同吸收峰所代表的官能团

吸收峰/cm^{-1}	官能团
3190、1245 和 1280	—OH
2920、2876、1453 和 1374	—CH$_2$—
1000	—C—O
1136	C—O—C
1725	—C=O
1216	—SO$_3$—
3391，1621	硫酸锌中的结晶水
1059，988	—SO$_4$—

图 6-26 给出了 ZnSO$_4$·7H$_2$O 、DPER 和 ZnSO$_4$·7H$_2$O 混合物及纯的 ZnSO$_4$·7H$_2$O 加热到 500℃后残余物的 XPS 图。室温下 ZnSO$_4$·7H$_2$O 中硫的

结合能在(169±0.2)eV,这个结合能与文献给出的硫酸根中硫的结合能一样[60]。
$ZnSO_4 \cdot 7H_2O$ 加热到 500℃后残余物中硫的结合能也是这个值,说明没有 DPER
的情况下,$ZnSO_4 \cdot 7H_2O$ 加热到 500℃后,硫依然是硫酸根的状态存在。DPER
和 $ZnSO_4 \cdot 7H_2O$ 混合物加热到 500℃后的残余物中,硫元素出现了一个新的结合能
的峰 166.3eV±0.2eV,这一峰值与文献给出的 SO_3^{2-} 的结合能相近(~164eV)[62,63]。

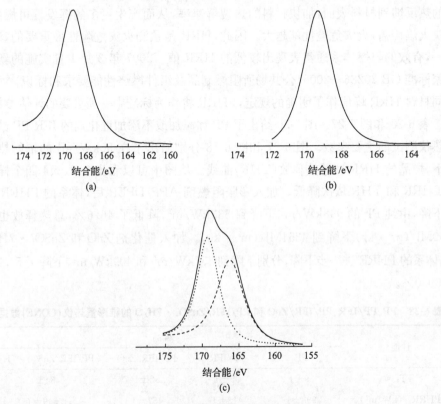

图 6-26　硫的 2p 轨道 XPS 谱图
(a) $ZnSO_4 \cdot 7H_2O$;(b) $ZnSO_4 \cdot 7H_2O$ 在 500℃时的固相产物;
(c) $DPER/ZnSO_4 \cdot 7H_2O$ 在 500℃时的固相产物

综合 TGA、FTIR 和 XPS 的结果,说明 SO_4^{2-} 和 DPER 上的—OH 发生了氧化
还原反应。SO_4^{2-} 被还原成 SO_3^{2-},同时 C—OH 通过脱水变成—C═O,形成半缩
醛或者进一步被氧化成酸,然后通过醇醛缩合或者酯化成环,进一步形成少量的类
石墨炭层,所以添加 $ZnSO_4 \cdot 7H_2O$ 的 DPER 在高温下的残炭量略有增长。
DPER 与 SO_4^{2-} 之间的反应,影响 APP 与 DPER 之间的交联反应,所以图 6-21 中,
添加 $ZnSO_4 \cdot 7H_2O$ 或 $NiSO_4 \cdot 6H_2O$ 的 APP/DPER 混合物高温下的残炭量减少。

6.3.4　锥形量热仪分析

锥形量热仪(CONE)测试被广泛应用于材料阻燃性能的评价中,它可以给出很多有价值的燃烧数据,量化火的大小。热释放速率(HRR)指单位面积样品释放热量的速率,其最大值为峰值热释放速率(PHRR),HRR 或 PHRR 越大,就有越多的热反馈到材料表面,加快材料的热裂解速率,从而产生更多的挥发性可燃物,加快火焰传播,火灾危险性就越大。因此,HRR 是预测火灾危险性最重要的参数之一,有效的阻燃体系通常表现出较低的 HRR 值。2007 年 3 月 1 日实施的新的国家标准 GB 20286—2006《公共场所阻燃制品及组件燃烧性能要求和标识》[64]对不同材料 HRR 峰值作了明确的规定,PHRR 将作为标准中一项重要的评估参数。

表 6-28 和图 6-27～图 6-30 给出了 PP 和添加或不添加催化剂的 IFR-PP 锥形量热仪测试的主要参数。图 6-27 和图 6-28 分别给出了在 $50kW/m^2$ 的辐射热通量下,样品的 HRR 和总热释放(THR)曲线。从图中可以看出 1、2、3、4 四个样品的 PHRR 和 THR 依次降低。加入膨胀阻燃剂 APP/DPER 后,体系的 PHRR 明显下降,由纯 PP 的 $998kW/m^2$ 下降到 $533kW/m^2$,降低了 46.6%,总热释放也由 $5190MJ/(m^2 \cdot kg)$ 下降到 $4354MJ/(m^2 \cdot kg)$。加入催化剂 ZnO 和 $ZnSO_4 \cdot 7H_2O$ 后,体系的 PHRR 进一步下降,分别下降到 $457kW/m^2$ 和 $409kW/m^2$,下降了 54.2% 和 59.0%。

表 6-28　PP、PP/IFR、PP/IFR/ZnO 和 PP/IFR/ZnSO₄ · 7H₂O 的锥形量热仪(CONE)数据

性能	样品			
	PP	PP/IFR	PP/IFR/ZnO	PP/IFR/ZnSO₄ · 7H₂O
TTI/s	39±1	35±1	32±1	34±1
$PHRR_1/(kW/m^2)$	998±1	418±1	457±1	349±1
T_{PHRR1}/s	128±2	141±2	138±3	138±3
$FGI_1/[kW/(m^2 \cdot s)]$	7.80	2.96	3.31	2.53
$PHRR_2/(kW/m^2)$	—	533±1	419±1	409±2
T_{PHRR2}/s	—	224±2	270±2	274±2
$FGI_2/[kW/(m^2 \cdot s)]$		2.38	1.55	1.49
$THR/[MJ/(m^2 \cdot kg)]$	5190±10	4354±5	4032±2	3795±5
$PSPR_1/(m^2/s)$	0.105	0.053	0.048	0.046
T_{PSPR1}/s	125±1	106±2	113±2	132±2
$PSPR_2/(m^2/s)$		0.065	0.043	0.041
T_{PSPR2}/s		209±2	246±2	245±2

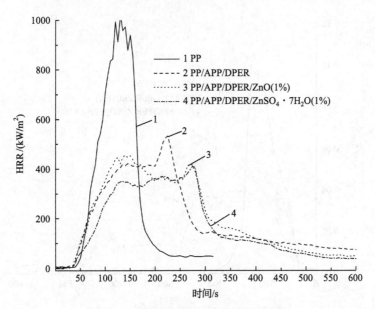

图 6-27　IFR-PP 样品的热释放速率曲线

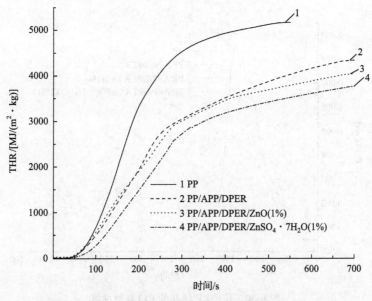

图 6-28　IFR-PP 样品的总热释放曲线

　　从热释放峰的图像来看,纯 PP 的样品热释放峰较窄,说明热量的释放集中在很短的时间范围内。IFR-PP 样品热释放峰变宽,说明热量在较长的时间范围内逐步释放,降低了因为热量快速释放而造成火灾的可能性。另外热释放的过程中出现了一个平台,一致维持到 220s 后,然后 HRR 出现一个新的峰值。加入膨胀阻

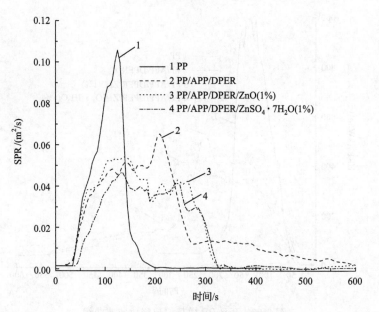

图 6-29　IFR-PP 样品的烟释放速率曲线

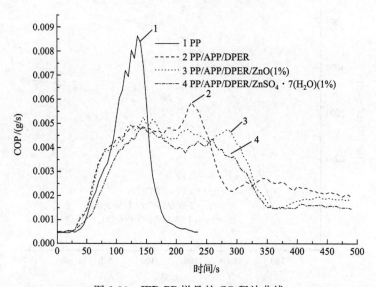

图 6-30　IFR-PP 样品的 CO 释放曲线

燃剂,材料燃烧过程中,表面形成了多孔连续炭层,可以一定程度上隔热隔质,但形成的炭层稳定性不够,随着温度的增加和炭层内部气体压力的升高,保护炭层发生破裂,使得 HRR 出现峰值。加入催化剂 ZnO 或 $ZnSO_4 \cdot 7H_2O$ 后,体系的热释放峰进一步变宽,平台持续时间加大,后期出现的热释放峰出现时间后移、峰值降低。

催化剂的加入增加了 APP/DPER 体系燃烧中形成的多孔炭层的强度和耐热性,有效地阻止了热量的传递以及分解产物向火焰区扩散,减缓了挥发物产生的速率,物理阻隔作用增强,从而使聚合物的 HRR 和 PHRR 降低。在平台形成前,相较于其他体系,添加 $ZnSO_4 \cdot 7H_2O$ 的体系 HRR 曲线的斜率要小得多,也就是说在燃烧初期,添加 $ZnSO_4 \cdot 7H_2O$ 的体系的 HRR 就比其他体系小,这可以归因于 $ZnSO_4 \cdot 7H_2O$ 催化膨胀阻燃体系更早的形成隔热隔质的膨胀炭层,保护了下层的基材。

表 6-28 给出了热释放的其他参数,其中点燃时间(TTI)越长,表明聚合物越难点燃。由表中数据可见,添加阻燃剂样品的 TTI 均有所提前,2、3、4 三个样品分别较纯 PP 提前 4s、7s 和 5s。TTI 的提前是因为阻燃剂的加入使体系降解释放可燃气体提前。T_{PHRR} 是样品达到热释放峰值的时间,将 PHRR/T_{PHRR} 的比值定义为 FGI[65,66],即火势增长指数,它反映了材料对热反应的能力,火势增长指数越大,表明材料在暴露于过强的热环境时,着火燃烧速率越快,火势会迅速蔓延扩大,火灾危险越大。其中纯 PP 的 FGI 值为 $7.80kW/(m^2 \cdot s)$,加入阻燃剂后,样品的 FGI 明显减少,尤其是添加 $ZnSO_4 \cdot 7H_2O$ 的体系,两个热释放峰对应的 FGI 分别为 $2.53kW/(m^2 \cdot s)$ 和 $1.49kW/(m^2 \cdot s)$,较 PP 低了 67.6% 和 80.9%。

烟雾是火灾发生时对人生命威胁最大的因素,与常规的 NBS 烟箱法相比,锥形量热仪测量的烟释放速率(SPR)是流动体系的烟数据。燃烧时 CO 产生量(COP)是衡量烟气毒性的一个重要参数。样品的 SPR 和 COP 与时间的关系如图 6-29 和图 6-30 所示。同 HRR 一样,膨胀阻燃剂的加入,可以很大程度上降低体系的 SPR 和 COP,并且添加催化剂 ZnO 和 $ZnSO_4 \cdot 7H_2O$ 后,这两个参数进一步下降。说明两者都有抑烟的作用,不论是在降低 HRR 还是 SPR 方面,$ZnSO_4 \cdot 7H_2O$ 作用效果都要优于 ZnO。

6.3.5　催化剂对 IFR-PP 膨胀炭层形貌的影响

为了研究催化剂对膨胀炭层形貌的影响,IFR-PP 被切成小片压在铝箔纸上,然后放入 400℃的马弗炉中,5min 后取出。等样品冷却到常温后,脱去铝箔纸,观察燃烧后炭层的底面。

图 6-31 给出了实验所得膨胀炭层的形貌图。未添加催化剂的 IFR-PP 体系,其炭层的内部出现较大缺陷,并且孔洞形状也不规则,说明这个体系气体的释放过程和基材的黏度没有达到很好的匹配。添加 ZnO 后,炭层内部除了一系列大小不一的空洞外,其连续相上也分散有小的孔洞。而添加有 $ZnSO_4 \cdot 7H_2O$ 的 IFR-PP,可以观察到分布和直径都较均匀的孔洞,并且其连续相均一致密。结果表明,所研究的催化剂,尤其是 $ZnSO_4 \cdot 7H_2O$,可以帮助 IFR-PP 体系形成更好的膨胀

炭层。这可能是因为添加了 $ZnSO_4 \cdot 7H_2O$ 后，气体的释放、阻燃剂交联反应和基材黏度的变化更加匹配。

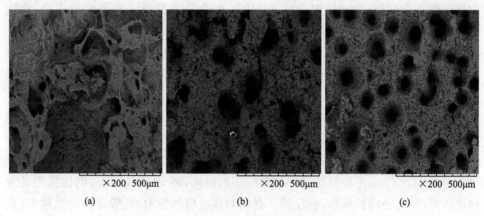

$\times 200$　$500\mu m$　　　　$\times 200$　$500\mu m$　　　　$\times 200$　$500\mu m$

(a)　　　　　　　　　　(b)　　　　　　　　　　(c)

图 6-31　催化剂对 IFR-PP 炭层形貌的影响

(a) PP/IFR；(b) PP/IFR/ZnO；(c) PP/IFR/ZnSO$_4 \cdot 7$H$_2$O

6.3.6　结论

锌、镍的金属盐及其氧化物，都可以提高 IFR-PP 体系的阻燃性能。LOI 所能提高的数值以及达到最大值时所需要的添加量，取决于所应用的金属盐或氧化物，既与选择的金属离子有关，也与配位的阴离子有关。除了硫酸盐外，含金属镍的化合物，都要比含锌的化合物带来更高的氧指数。$ZnSO_4 \cdot 7H_2O$ 的催化效能大于 $NiSO_4 \cdot 6H_2O$，其中的一个原因是其熔点低于 PP 的加工温度，在 IFR-PP 中有较好的分散。碳酸盐和硫酸盐的最佳添加量是 1%，金属有机酸盐和盐酸盐的最佳添加量是 2%，碳酸盐和硫酸盐能提高的氧指数高于有机酸盐和盐酸盐。

DPER 在 217℃左右熔融，300℃以上时开始挥发，NiO 和 ZnO 对其失重过程几乎没有影响。但是 $ZnSO_4 \cdot 7H_2O$ 和 $NiSO_4 \cdot 6H_2O$ 可以与 DPER 发生反应，进而影响 DPER 的失重过程，改变热失重曲线。在 APP 中添加催化剂后，都可以不同程度地降低其第二阶段的热失重速率，增加 700℃时残余物的量，镍的化合物作用效果优于锌的。在 APP/DPER 中，催化剂可以降低高温时的热失重速率，锌、镍金属氧化物的添加可以增加高温时的残炭量，而硫酸盐的添加却令高温时的残炭量下降。这可能同硫酸根与 DPER 的反应有关。

就 IFR-PP 阻燃性能而言，$ZnSO_4 \cdot 7H_2O$ 在所选择的催化剂中催化效果最好，催化效率也最高。外添加 1% $ZnSO_4 \cdot 7H_2O$，含阻燃剂 30%的 IFR-PP 体系，3.2mm 和 1.6mm 厚的样品均可以通过 UL-94 V-0 级。锥形量热仪测试结果表明，$ZnSO_4 \cdot 7H_2O$ 可以进一步降低热释放速率和总热释放，并且有很好的抑烟效果。高温下 $ZnSO_4 \cdot 7H_2O$ 在最佳添加量时，可以使膨胀过程中气体的释放、交联炭层的形成与体系的黏度达到更好地匹配，生成更紧实的膨胀炭层，更好地保护下层基材。从分子水平来说，$ZnSO_4 \cdot 7H_2O$ 可以与 DPER 发生反应，将 DPER 氧化为醛或者酸，SO_4^{2-} 被还原为 SO_3^{2-}，而 PP 中的叔碳氢很容易被氧化为羟基，说明硫酸锌的加入，可以促进更多的 PP 参与成炭。

6.4　海泡石与膨胀阻燃体系的协同效应

近年来，聚合物/黏土纳米复合材料因其具有优异的物理力学性能以及成本低、易加工的特点，一直是材料研究领域的一大热点[67-69]，大多数文献报道的纳米黏土都是指层状的硅酸盐类，如蒙脱土、累托石等[70-73]。

海泡石（sepiolite）[74] 是一种富镁纤维状硅酸盐，化学式 $Mg_8Si_{12}O_{30}(OH)_4$ $(OH_2)_4 \cdot 8H_2O$。其晶体结构如图 6-32 所示。海泡石晶体是由硅氧四面体和镁氧八面体组成，硅氧四面体单元片以氧原子连接在中央镁八面体上而呈连续排列，每隔 6 个硅氧四面体单元，其顶端方向倒转，即相邻条带中四面体顶点的指向相反，且各条带都与一条平行于纤维轴的宽槽相交错。海泡石这种特殊的结构决定了它拥有包括贯穿整个结构的沸石水通道和孔洞以及大的表面积，理论表面积可达 $900m^2/g$，其中内表面积 $500m^2/g$，在通道和孔洞中可以吸附大量的水或极性物质。通过对海泡石结构的研究发现其物理表面存在着三类吸附活性中心：①硅氧四面体中的氧原子；②八面体侧面与镁离子配位的水分子；③四面体表面的 Si—

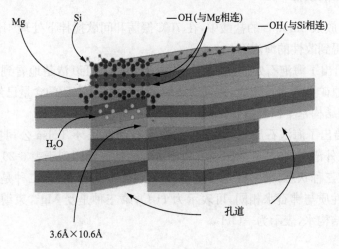

图 6-32　海泡石的结构示意图

OH 离子团,这些特征决定了海泡石具有强吸附能力。由于海泡石具有良好的热稳定性、多孔性、强吸附性以及大的比表面积,使之具备作为催化剂载体的良好条件。

针对海泡石的特殊结构,将海泡石应用在聚合物中的研究刚刚开始,2007 年 Tartaglione 等[75]用含有不同官能团的表面活性剂和偶联剂对海泡石进行吸附改性或表面接枝改性,将改性后的海泡石加入到 PP 和聚对苯二甲酸乙二醇酯 (PET)中,观察改性海泡石对 PP 和 PET 热分解行为的影响;Bilotti 等[76]对海泡石加入到 PP 体系中对力学性能影响进行了深入研究,通过 SEM、TEM、DSC 等测试发现,海泡石应用在 PP/PP-PEO 体系中较 PP/PP-g-MA 体系具有较好的分散性,并且在 PP 结晶过程中,海泡石具有成核作用。海泡石在 IFR-PP 的应用鲜有报道。

前面的工作已经证实,金属氧化物及其盐可以作为 IFR-PP 的协效剂,对 IFR 的成炭反应具有催化作用,增加膨胀炭层的热稳定性和隔热隔质能力,显著提高聚合物的阻燃效果。将海泡石与金属催化剂相结合,以协同提高体系的阻燃性能是需要探讨的一个新方向。

本节首先对海泡石进行了改性处理,并采用微型双螺杆熔融循环挤出共混法制备了 PP/海泡石纳米复合材料,通过 XRD、DSC、CONE 等手段考察了海泡石对 PP 结晶和燃烧性能的影响。然后将海泡石添加到膨胀阻燃 PP 体系中,通过 LOI、CONE、FTIR、XPS、TG 等测试研究考察了其对膨胀阻燃体系的催化协效作用及机理。最后海泡石与几种金属化合物复配,考察了复配型催化剂对 IFR-PP 阻燃性能的影响。

6.4.1　海泡石的改性

将海泡石放入 6mol/L 的盐酸中,在 70℃振荡和间歇搅拌下处理 4h,过滤,干燥除去水分,得到改性的海泡石。

图 6-33 给出了海泡石处理前后的扫描电镜图片。可以清楚地看到海泡石呈纤维状结构,原矿土含大量杂质,并且缠结成束。处理后,杂质的含量已经较少,并且束状的交缠结构基本被打散,纤维直径为 50～100nm。

图 6-34 给出了海泡石原土、处理后的海泡石和西班牙 Tolsa 公司提供的 S9 型海泡石的红外谱图,与红外谱图吸收峰相对应的特征基团列于表 6-29 中。海泡石中的水存在三种状态:第一种是羟基水,以—OH 形式存在;第二种是进入通道的水分子,其性质与沸石水相同,可表示为 H_2O;第三种是受 Mg^{2+} 束缚较强的水分子,又称为结构水,表示为—OH_2。

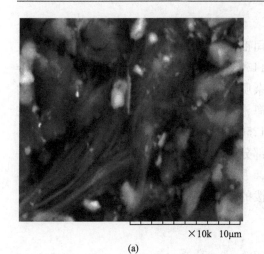 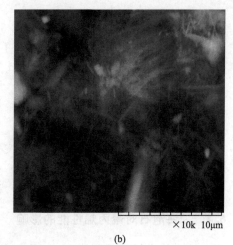

×10k 10μm   ×10k 10μm

(a)   (b)

图 6-33 海泡石颗粒的 SEM

(a)原土海泡石;(b)改性海泡石

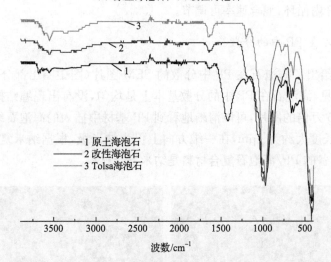

1 原土海泡石
2 改性海泡石
3 Tolsa 海泡石

波数/cm⁻¹

图 6-34 原土海泡石、改性海泡石和 Tolsa 海泡石的红外谱图

表 6-29 海泡石红外光谱特征吸收的频率及归属

波数/cm⁻¹	官能团
3680~3620	—OH
3563	—OH_2
3260~3380	H_2O
1250	Mg—O
1020,1050	Si—O—Si

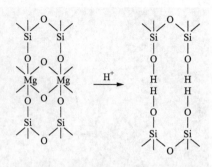

图 6-35　海泡石的酸处理改性示意图

由图 6-34 和表 6-29 可见,与 Tolsa 公司商品化的海泡石相比,海泡石原土在 1450cm^{-1} 处有个杂质峰。酸处理后,这个杂质峰消失。处理后的海泡石与商品化的海泡石红外谱图基本相同,除了在 1250cm^{-1} 的峰,这归因于海泡石表面的小部分 Mg^{2+} 被 H^+ 所取代[74,75],反应如图 6-35 所示。这个反应可以增加海泡石表面活泼的 Si—OH 数量。

6.4.2　海泡石对聚丙烯性能的影响

纳米复合材料的制备:按不同的质量比,将聚丙烯(PP)和海泡石在微型锥形双螺杆上混合挤出,温度 185℃,混合时间 10min(氮气保护气氛)。样品可以通过侧流道在螺杆内循环,混合速率可调节。

1. 海泡石在 PP 中的分散

图 6-36 给出了海泡石在 PP 中分散的 SEM 图片(图中圈出部分为海泡石)。由图 6-36 可见,海泡石在 PP 中的分散基本上是均匀,没有出现缠结抱团的现象。右图是放大 5 万倍的图片,可以清晰地看到 PP 基材中插入的海泡石纤维,直径在 50nm 左右,长度大约为 1μm,在一维方向上仍为纳米级,根据纳米复合材料的定义,此方法制备的 PP/海泡石复合材料是纳米复合材料。

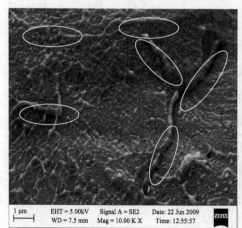
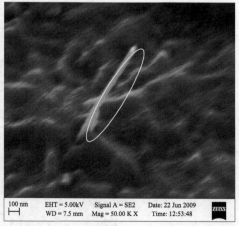

图 6-36　PP/海泡石(3%)复合物的 SEM 图

2. 海泡石对 PP 力学性能的影响

表 6-30 给出了处理前后的海泡石在不同添加量下对体系冲击和弯曲性能的影响。在添加量为 3% 时,样品的冲击强度提高,当添加量达到 5% 时,冲击强度反而有所下降。弯曲强度和弯曲模量随着添加量的增加而增加。改性海泡石的增强作用优于原土海泡石。

表 6-30　PP 复合物的力学性能

样品	PP	PP/原土海泡石		PP/改性海泡石	
		3%	5%	3%	5%
冲击强度/(kJ/m²)	18.9	19.8	18.6	22.3	19.7
弯曲强度/MPa	28.6	31.7	32.3	32.5	33.2
弯曲模量/MPa	1073	1277	1350	1345	1433

3. 海泡石对 PP 结晶性能的影响

PP 的玻璃化转变温度在 -50℃ 左右,而 PP 之所以在室温下显示塑料的特性而不是橡胶,是因为其高度的结晶性能,规整的晶体结构限制了链段的运动。研究填料对结晶性能的影响,对 PP 这类材料来说是非常重要的。

图 6-37 给出了不同降温速率下,PP 和 PP/海泡石的 DSC 曲线。海泡石的加入,PP 结晶温度向高温移动,结晶过冷度减小,结晶度提高。一般来说,结晶过冷度越小,结晶诱导期越短,越容易结晶,结晶速率越大。DSC 结果表明,海泡石在PP 结晶过程中有异相成核作用。并且不同降温速率下,其最大吸热峰对应的温度差值成直线关系,这也从侧面说明了海泡石在 PP 中分散均匀。

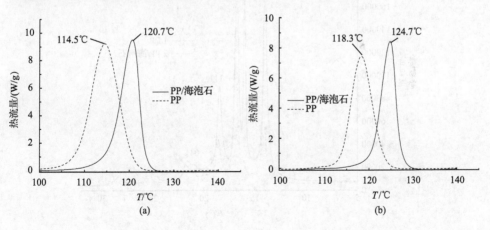

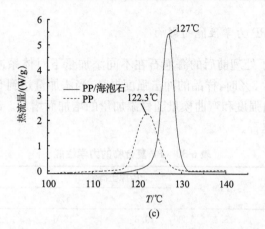

图 6-37　PP 和 PP/海泡石(3%)复合物的 DSC 曲线
(a) 2.5K/min；(b) 5K/min；(c) 10K/min

图 6-38 为 PP 和 PP/海泡石复合材料的 XRD 谱图。PP/海泡石在 $\theta=7.5°$ 处的峰为海泡石晶面的衍射峰,与改性后海泡石的峰位置相同,没有发生改变,说明海泡石不同于蒙脱土,不是完全的片层结构,在复合中没有出现插层现象。$\theta=10°\sim20°$ 的几个强衍射峰都是归属于 PP 晶体的衍射峰,PP/海泡石复合材料中,海泡石的加入,并没有改变 PP (110)等晶面衍射峰的位置,即不改变 PP 的晶型,仍为单斜晶系的 α-PP 晶型结构。根据 Scherver 公式[72],PP 的微晶尺寸：$L_{hkl}=k\lambda/(\beta_0\cdot\cos\theta)$。其中 L_{hkl} 为垂直于反射面(hkl)方向的微晶尺寸；θ 为入射角；λ 为入射 X 射线的波长 ($\lambda=0.115\,42\text{nm}$)；$\beta_0$ 为纯衍射线宽度（以弧度为单

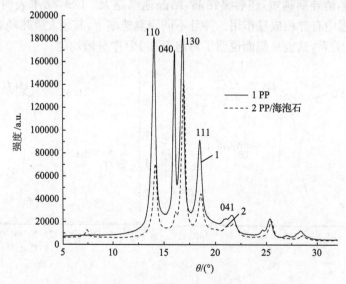

图 6-38　PP 和 PP/海泡石复合物的 XRD 曲线

位);k 为微晶的形状因子,与微晶形状及 β_0、L_{hkl} 定义有关。海泡石加入后,β_0 变小,L_{hkl} 变大,说明海泡石能使 PP 微晶尺寸变大,晶厚度增加。

4. 海泡石对 PP 烟密度的影响

采用 NBS 烟箱法可以得到样品烟密度随时间变化的曲线,根据烟密度曲线可获得最大烟密度(D_m)、单位质量烟密度(D_m^*)、平均发烟速率(R)以及烟雾遮光系数(SOI)等数据。对 PP/海泡石,测试数据列在表 6-31 中。这些数据分别从不同角度给出样品在测试条件下的产烟性能,表中数据是在无焰燃烧条件下的测试结果。

表 6-31　海泡石对 PP 烟密度的影响

样品	质量/g	D_m	D_m^*/g^{-1}	R/min^{-1}	SOI
PP	5.62	372.3	66.2	70.6	122
PP/海泡石	5.50	230.3	41.9	43.3	58.8

从表中数据可见,纯 PP 的最大烟密度为 372.3,平均发烟速率 70.6,添加 1% 的海泡石后,样品最大烟密度降低到 230.3,平均发烟速率降低了 38.7%。这一结果说明海泡石有优异的抑烟性能,这归功于海泡石较高的比表面积,可以吸附 PP 热裂解的碎片,减少烟颗粒的产生。

5. 锥形量热仪数据

热释放速率(HRR)、峰值热释放速率(PHRR)和总热释放(THR)反映了材料在燃烧时放热的性质,是衡量材料在火灾中危险性的重要参数。PP 和 PP/海泡石样品的 HRR 和 THR 随燃烧时间的变化如图 6-39 所示。由图 6-39 可见,加入 1% 海泡石后,样品的点燃时间推后,样品的 PHRR 降低了 162.4kW/m²,出现的时间后移,THR 减少。海泡石在燃烧时可能向表面迁移,对热释放起到一定的阻隔作用。

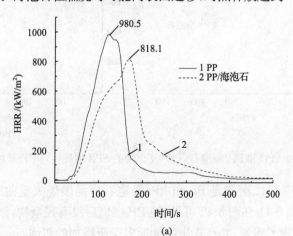

(a)

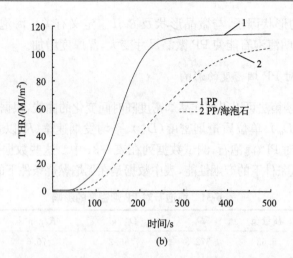

图 6-39　PP 和 PP/海泡石(1%)复合物的 HRR 曲线(a)和 THR 曲线(b)

前面采用常规的 NBS 烟箱法测试,发现海泡石有很好的抑烟作用。这里锥形量热仪给出的烟释放速率(SPR)和烟生成总量(TSR)是流动体系的产烟数据。PP 和 PP/海泡石样品的 SPR 和 TSR 随燃烧时间的变化如图 6-40 所示。与纯 PP 相比,含 PP/海泡石纳米复合材料的 SPR 明显降低,最大烟释放速率还不到纯 PP 的一半,TSR 明显减少。表明海泡石的加入,可以有效地抑制 PP 燃烧时的烟生成总量和烟释放速率。海泡石促进固相成炭,其较高的比表面积,容易吸附 PP 降解产物,减少了生烟量。

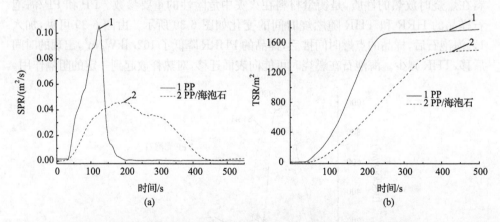

图 6-40　PP 和 PP/海泡石(1%)复合物的 SPR 曲线(a)和 TSR 曲线(b)

图 6-41 和图 6-42 分别是 PP 和 PP/海泡石样品燃烧失重曲线和燃烧后残余物的图片。从图 6-41 和图 6-42 可见,纯 PP 燃烧后没有残余物,添加 1% 海泡石的 PP 样品明显出现了残炭,并且残炭的量远多于所添加的海泡石。说明改性后的海

泡石可以促进 PP 的燃烧成炭。海泡石表面的 Si—OH 基可以催化 PP 叔碳氢的脱除,有利于燃烧成炭[71,76]。

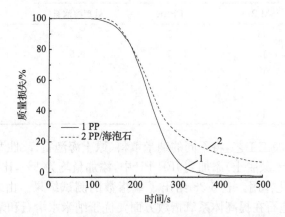

图 6-41　PP 和 PP/海泡石(1%)复合物的 TGA 曲线

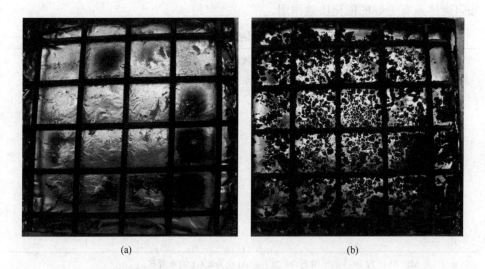

(a)　　　　　　　　　　　　　(b)

图 6-42　PP(a)和 PP/海泡石复合物(b)的残炭照片

6.4.3　海泡石对膨胀阻燃聚丙烯的影响

1. 海泡石与金属化合物复配对膨胀阻燃聚丙烯 LOI 和垂直燃烧的影响

通过双螺杆熔融共混,将前面制备的 PP/海泡石母粒,按一定比例添加到 IFR-PP 中。考察其含量对 IFR-PP 氧指数的影响。由表 6-32 中数据可以看出,随着改性海泡石含量的增加,氧指数先增加后降低。海泡石含量为 1%(外添加)时氧指数出现最大值,为 26.7%,继续增加改性海泡石用量,氧指数下降。

表 6-32　改性海泡石含量对膨胀阻燃 PP 体系氧指数的影响

添加量/%				LOI/%
PP	APP	DPER	处理海泡石	
80	15	5	0	23.3
80	15	5	0.5	25.8
80	15	5	1	26.7
80	15	5	2	25.1
80	15	5	3	24.9

　　采用相同的加工工艺,将不同的纳米填料(原土海泡石、改性海泡石、纳米水滑石和有机改性纳米蒙脱土)添加到 IFR-PP 中,添加量均为 1%,比较不同纳米填料对 IFR-PP 的催化作用。表 6-33 给出了氧指数的测试结果。由表中数据可以看出,改性后的海泡石在提高体系氧指数方面要优于纳米水滑石和蒙脱土,并且改性后的海泡石要比未改性的海泡石效果好。氧指数的结果表明,改性的海泡石对膨胀阻燃体系有更好的催化协效作用。

表 6-33　IFR-PP 与纳米填料复合物的 LOI

PP/APP/ DPER	添加量/phr[c]						LOI/%
	海泡石		水滑石[a]		蒙脱土[b]		
	原土	改性	1#	2#	3#	4#	
80/15/5							23.3
80/15/5	1						24.6
80/15/5		1					26.7
80/15/5			1				23.9
80/15/5				1			25.2
80/15/5					1		23.9
80/15/5						1	24.5

a. 1# 为 Mg/Al 比为 2∶1 的水滑石,2# 为 Mg/Al 比为 3∶1 的水滑石。

b. 3# 为有机化改性 MMT30 蒙脱土,4# 为有机化改性 MMT10 蒙脱土。

c. 表示对 100 份(以质量计)树脂添加的份数。

2. 热失重分析

　　图 6-43 为 PP、PP/IFR 和 PP/IFR/海泡石在氮气和空气气氛下的热失重曲线图。由图 6-43 可见,不论是在惰性气氛还是活性气氛中,添加海泡石后,体系在高温时的残炭都有所增加,说明海泡石在 PP/IFR 热分解过程中,可以促进体系成炭。海泡石一方面可以催化 PP 成炭,另一方面可以促进膨胀阻燃剂之间的反应成炭。尤其值得注意的一点是 PP 在空气气氛下的初始失重温度提前了许多,添

加膨胀阻燃剂后,体系的初始失重温度反而后移,最大热失重阶段也向高温方向移动,400℃后失重明显变缓。添加海泡石后,体系的热稳定性更加优异。

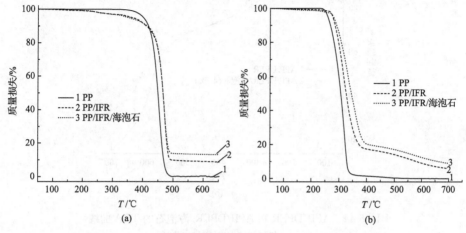

图 6-43　PP、PP/IFR 和 PP/IFR/海泡石(1%)的 TGA 曲线
(a) 氮气气氛;(b) 空气气氛

　　图 6-44 给出了 APP/DPER 以及 APP/DPER/海泡石在氮气和空气气氛下的热失重曲线,主要的数据列在表 6-34 中。由图 6-44 和表 6-34 可见,添加海泡石后,氮气气氛中体系初始失重温度(分解 5%时对应的温度)很相近;空气气氛下,分解温度略有提前,说明海泡石的添加,对膨胀阻燃剂的热稳定性影响不大。空气气氛下,APP/DPER 和 APP/DPER/海泡石体系高温时的残炭量都要低于氮气气氛中的残炭量。炭层在高温时,易被空气中的氧气氧化热解。值得注意的是,添加 4.7%的海泡石后,体系在高温时的残炭量明显增加,尤其是在空气气氛中,700℃时残炭量增加了 18.3%。

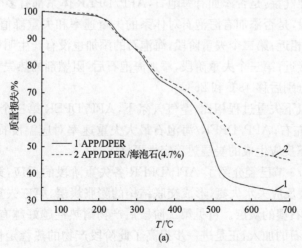

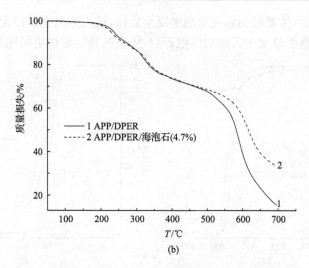

图 6-44　APP/DPER 和 APP/DPER/海泡石的 TGA 曲线

(a) 氮气气氛；(b) 空气气氛

表 6-34　APP/DPER 以及 APP/DPER/海泡石体系的 TGA 和 DTG 数据

气氛	添加物质	$T_{5\%}$/℃	残炭量/% (700℃)	DTG 峰值 h(%/min)/峰值温度 T(℃)		
				峰1	峰2	峰3
N_2	—	232.2	32.9	−1.94/239	−2.29/322	−4.72/500
	海泡石(4.7%)	231.9	45.3	−1.90/236	−2.29/321	−3.10/543
空气	—	232.4	15.9	−1.92/238	−2.22/318	−6.35/589
	海泡石(4.7%)	226.2	34.2	−1.83/230	−2.29/329	−4.22/615

注：第二列括号中数字为所添加的海泡石的质量分数。

　　不论是何种气氛，是否添加有海泡石，APP/DPER 体系都有多个热失重阶段：第一个失重阶段，是否添加有海泡石对体系的失重速率和失重峰值对应的温度都影响不大，数据相近；第二个失重阶段，海泡石的添加也没有产生明显的影响，两种气氛的数据也接近；第三个失重阶段，添加海泡石后，阻燃剂的热失重速率下降，峰值对应的温度分别后移 43℃ 和 26℃。

　　与氮气气氛下失重过程相比，空气气氛下，APP/DPER 第三个失重阶段的温度提高了 90℃ 左右；APP/DPER/海泡石最大失重速率对应温度提高了 72℃，说明在氧气参与下反应生成的炭层热稳定性更好。

　　6.2 节和 6.3 节已经介绍了 APP/DPER 各失重阶段的反应，第一、二失重阶段，APP/DPER 反应失水失氨，形成交联结构的膨胀炭层，第三失重阶段，膨胀炭层分解，生成类石墨的炭层。可见第二阶段后产物耐热性越好越有利于提高体系阻燃性能，海泡石的加入，正是进一步提高了此阶段产物的热稳定性，对膨胀阻燃

PP 体系起到了很好的催化协效作用。空气气氛下生成的膨胀炭层的分解温度,比氮气气氛下炭层的分解温度要高得多,这也就揭示了为什么图 6-43 中,空气气氛下,IFR-PP 体系会在 400℃后出现一个平台,而不是像在氮气气氛下那样迅速降解。

图 6-45 给出了 APP 以及 APP/海泡石在氮气和空气气氛下的热失重曲线。主要的数据列在表 6-35 中。由图 6-45 和表 6-35 可见,添加海泡石后,体系初始失重温度(分解 5%时对应的温度)提前。两种气氛下,相同体系高温时(800℃)的残炭量相接近。值得注意的是,添加 6%的海泡石后,APP 在高温时的残炭量明显增加。海泡石对 APP 第一失重阶段的影响不大,但是可以明显降低后一阶段的热失重速率,说明海泡石可以提高 APP 高温时残余物的耐热性。

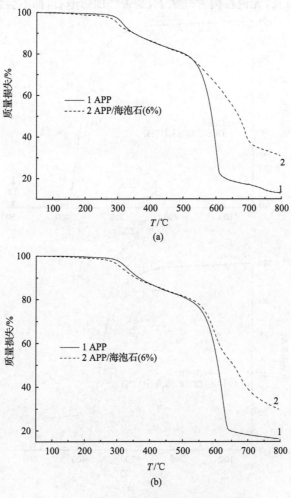

图 6-45　APP 和 APP/海泡石的 TGA 曲线

(a) 氮气气氛;(b) 空气气氛

表 6-35　APP 及 APP/海泡石体系的 TGA 和 DTG 数据

气氛	添加物质	$T_{5\%}$/℃	残炭量/% (800℃)	DTG 峰高 h(%/min)/峰值温度 T(℃)		
				峰 1	峰 2	峰 3
N₂	—	312.2	13.1	−1.76/317	−9.23/603	−0.67/745
	海泡石(6%)	296.1	31.3	−1.73/299	−5.96/688	—
空气	—	324.8	16.7	−1.32/328	−7.48/623	—
	海泡石(6%)	306.4	30.0	−1.13/320	−4.05/595	−2.86/680

注：第二列括号中数字为所添加的海泡石的质量分数。

图 6-46 给出了 DPER 以及 DPER/海泡石在氮气和空气气氛下的热失重曲线。由图 6-46 可见,无论在何种气氛下,是否添加海泡石,都不会影响 DPER 的热

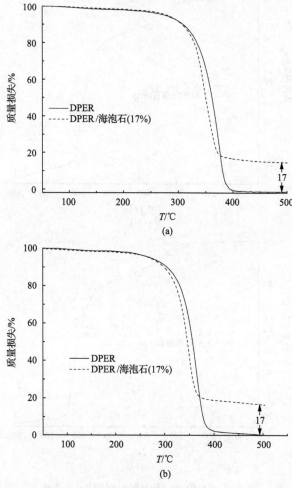

图 6-46　DEPR 和 DPER/海泡石(17%) 的 TGA 曲线
(a) 氮气气氛；(b) 空气气氛

失重过程。根据 DPER 失重的原因是吸热气化,从图中曲线可以判断,海泡石没有和 DPER 发生反应。

综合图 6-42～图 6-46,可以判断海泡石可以增加 IFR-PP 高温时的残炭量,提高阻燃性能。这一方面应该归因于海泡石能促进 PP 成炭,另一方面是得利于海泡石与 APP 的反应。为了进一步揭示其作用机理,提取 APP/海泡石 TG 测试中不同温度下的产物,进行 FTIR 和 XPS 分析。

3. APP/海泡石反应中间产物 FTIR 和 XPS 分析

图 6-47 给出了 APP 和 APP/海泡石在 400℃ 和 680℃ 时的红外谱图。在

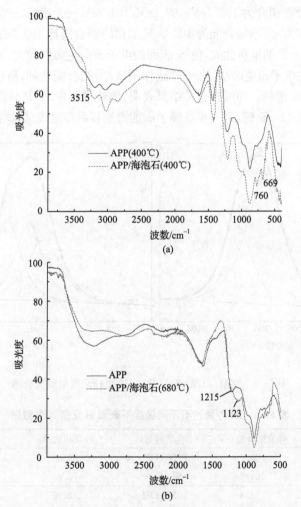

图 6-47　APP 和 APP/海泡石在不同温度下所得残炭的 FTIR 曲线

(a) 400℃；(b) 680℃

400℃时,添加海泡石的体系在 $3515cm^{-1}$ 处多出了一个峰,可能为海泡石的羟基吸收峰,而 $760cm^{-1}$ 和 $669cm^{-1}$ 处,归属于 P—O 键的吸收峰,则要比 APP 本身残余物的峰强得多。在 680℃时,APP/海泡石残余物中 P=O 键的吸收峰($1215cm^{-1}$)向短波数方向移动($1123cm^{-1}$),P—O 键的吸收峰也比 APP 本身残余物的峰强。说明海泡石可以提高 P—O 键的热稳定性,增加 P—O 键的含量。

为了进一步研究 APP 与海泡石在燃烧过程中发生的化学反应,将 APP/海泡石及其 680℃时残余物进行 XPS 分析,通过曲线拟合观察表面硅元素化学价态的变化,如图 6-48 和表 6-36 所示。从图 6-48 和表 6-36 可以看出,室温时 Si_{2p} 拟合为 102.7eV、104.2eV 两个谱峰,分别与 Si—OH 和 Si—O 四面体所对应的结合能相同。680℃残余物中 Si_{2p} 拟合为 102.5eV、103.6eV、104.2eV 三个谱峰,三个谱峰相对比例为 1∶1.02∶1.02。新增结合能为 103.6eV 的谱峰结合能比 102.7eV 的 Si—OH 谱峰结合能大,由于 P 的电负性大,使 Si 表面的电子云向电负性较大的 P 一端偏移,Si 表面原子周围的电子密度减少,电子屏蔽作用减小,结合能增加,所以推测 103.6eV 谱峰为 P—O—Si 谱峰。曲线拟合的结果表明,燃烧过程中 APP 与海泡石发生了化学反应,形成 P—O—Si 键,进一步解释了添加海泡石后高温残炭量增加的原因。

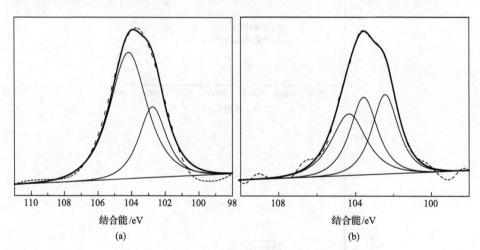

图 6-48　室温(a)和 680℃(b)时表面硅元素曲线拟合图

表 6-36　APP/海泡石不同温度下表面 Si 元素 XPS 数据

热处理温度/℃	峰值结合能/eV	化学键指认	峰面积比/%	峰面积相对比
室温	102.7	Si—OH	29.38	2.4∶1
	104.2	Si—O—Si	70.62	
680	102.5	Si—OH	32.90	1∶1.02∶1.02
	103.6	P—O—Si	33.60	
	104.2	Si—O—Si	33.50	

6.4.4　海泡石与金属化合物复配对膨胀阻燃聚丙烯的影响

1. 海泡石与金属化合物对 IFR-PP LOI 和 UL-94 的影响

金属氧化物及其盐对 IFR-PP 有很好的催化协效作用,海泡石也可以提高体系的阻燃性能,其特殊的结构又可用作催化剂的载体。将金属氧化物及其盐与海泡石复配使用,以期取得更好的催化协效作用。表 6-37 给出了复配催化剂含量对体系氧指数的影响。由表中数据可见,催化剂的添加量总量为 1% 时的阻燃效果优于添加总量 2%。其中海泡石与 ZnO 和 Bi_2O_3 是正协同作用,而与 $ZnSO_4 \cdot 7H_2O$ 和 Ni_2O_3 却是反协同作用。

表 6-37　海泡石和金属化合物对 IFR-PP 氧指数的影响

PP/APP/ DPER	海泡石 /%	ZnO /%	$ZnSO_4 \cdot 7H_2O$ /%	Bi_2O_3 /%	Ni_2O_3 /%	LOI /%
80/15/5	0.5					26.1
80/15/5	1					26.7
80/15/5	0.5	0.5			—	28.9
80/15/5	1	1				28.7
80/15/5	0.5		0.5			26.8
80/15/5	1		1			26.2
80/15/5	0.9			0.1		28.3
80/15/5	0.5				0.5	26.9
80/15/5	1				1	26.5
80/15/5	0.5				0.5	26.1

6.2 节和 6.3 节的研究已经证实 $ZnSO_4 \cdot 7H_2O$ 和 Ni_2O_3 不仅可以与 APP 反应,因为其本身具有氧化性,还可以与 DPER 反应,可以催化氧化聚丙烯向成炭方向发展。海泡石的添加,除可以提高膨胀炭层的稳定性外,还可以起到一定的阻隔作用。这可能影响了 $ZnSO_4 \cdot 7H_2O$ 和 Ni_2O_3 的催化作用,而 $ZnSO_4 \cdot 7H_2O$ 和 Ni_2O_3 与海泡石又有一定的竞争反应,相互影响了各自的作用。ZnO 和 Bi_2O_3 只是与 APP 有作用,Bi_2O_3 更是以吸附作用为主,且存在作用力弱的缺点,海泡石刚好加强了这些作用,所以它们和海泡石有正的协同作用。

表 6-38 给出了阻燃剂在不同添加量下对体系性能的影响。由表 6-38 可见,添加 1% 的复配催化剂可以在 25% 的阻燃剂添加量下,使 3.2mm 厚的样品通过 UL-94 V-0 级;30% 的添加量下,使 1.6mm 厚的样品过 UL-94 V-1 级。并且体系的力学性能与纯 PP 相比,下降并不明显。

表 6-38　海泡石和 Bi₂O₃ 对 IFR-PP 阻燃及力学性能的影响

样品	LOI/%	UL-94		拉伸强度/MPa
		3.2mm	1.6mm	
PP	17.0	NR	NR	34.3
PP/IFR(80∶20)	23.3	NR	NR	29.7
PP/IFR(70∶30)	28.4	V-2	NRg	27.9
PP/IFR/海泡石/Bi₂O₃(80∶20∶0.9∶0.1)	28.3	NR	NR	32.3
PP/IFR/海泡石/Bi₂O₃(75∶25∶0.9∶0.1)	31.5	V-0	NR	30.2
PP/IFR/海泡石/Bi₂O₃(70∶30∶0.9∶0.1)	34.2	V-0	V-1	28.8

2. 膨胀炭层结构

采用高放大倍率光学显微镜观察添加和不添加催化剂的 IFR-PP 膨胀炭层的结构,结果如图 6-49 所示。从图 6-49 放大 350 倍的显微镜照片可以看出,APP/DPER 的样品燃烧后的炭层[图 6-49(a)]内部形成的泡孔比较大,泡孔均为闭孔结构,直径在 80～120μm 范围内,泡孔之间相对疏松,存在很大的间隙;在 APP/DPER 中添加 1% 的海泡石和 Bi₂O₃,样品燃烧后炭层内部形成的泡孔如图 6-49(b)所示,炭层内部的泡孔明显变小,泡孔直径在 20～45μm 范围内,泡孔均匀,排列致密紧实,类似网状结构。催化剂可以明显改善膨胀炭层的质量,使其起到更好的隔热隔质作用,进而提高阻燃效率。

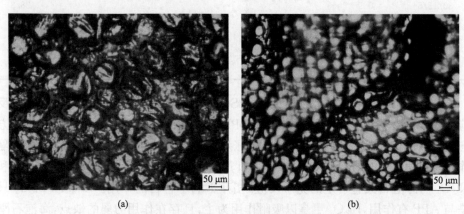

(a)　　　　　　　　　　　　　　(b)

图 6-49　IFR-PP 膨胀炭层显微镜照片(放大 350 倍)

(a) PP/IFR;(b) PP/IFR/Bi₂O₃/海泡石

3. 锥形量热仪分析

图 6-50 给出了 PP、PP/IFR 和 PP/IFR/海泡石样品的 HRR 和 THR 随燃烧

时间的变化曲线,数据列在表 6-39 中。加入 20％膨胀阻燃剂后,体系的 PHRR 明显下降,并且在 100～200s 出现了一个平台,这说明生成的膨胀炭层起到了隔热隔质的作用。但是在 200s 之后,体系的 HRR 又出现了一个峰值,说明生成炭层的强度和耐热性不够,下层材料进一步燃烧放热。加入 1％海泡石,样品的 PHRR 进一步下降,平台持续的时间延长,并且没有再出现较大的 HRR 峰值,说明海泡石可以很好地改善膨胀炭层的强度和耐热性,提高体系的阻燃性能。海泡石与 ZnO 复配催化剂的加入,可以进一步增强炭层的耐热性,体系后期不再出现新的放热峰。

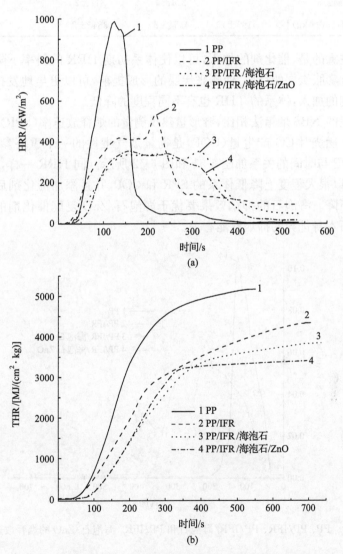

图 6-50　海泡石和 ZnO 对 IFR-PP HRR(a)和 THR(b)的影响

表 6-39　PP、IFR-PP、PP/IFR/海泡石和 PP/IFR/海泡石/ZnO 的锥形量热仪数据

性质	样品			
	PP	PP/IFR	PP/IFR/海泡石	PP/IFR/海泡石/ZnO
TTI/s	39±1	35±1	34±1	34±1
$PHRR_1/(kW/m^2)$	998±1	418±1	355±1	369±1
T_{PHRR1}/s	128±2	141±2	155±3	154±3
$PHRR_2/(kW/m^2)$	—	533±1	352±1	
T_{PHRR2}/s	—	224±2	317±2	—
$THR/[MJ/(m^2 \cdot kg)]$	5190±10	4354±5	3845±2	3396±5

值得注意的是，催化剂的加入，可以使体系初期 HRR 的斜率下降，说明催化剂可以催化膨胀炭层的反应，使膨胀炭层的形成提前，可以更早地发挥阻燃作用。随着催化剂的加入，体系的 THR 也有不同程度的降低。

与常规的 NBS 烟箱法相比，锥形量热仪测量的烟释放速率（SPR）是流动体系的烟数据。燃烧时 CO 产生量（COP）是衡量烟气毒性的一个重要参数。样品的 SPR 和 COP 与时间的关系如图 6-51 和图 6-52 所示。同 HRR 一样，膨胀阻燃剂的加入，可以很大程度上降低体系的 SPR 和 COP，并且添加催化剂后，这两个参数进一步下降。海泡石的抑烟效果要优于海泡石/ZnO 复配催化剂的抑烟效果，这与海泡石本身优异的抑烟性能有关。

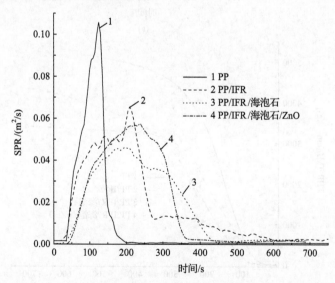

图 6-51　PP、PP/IFR、PP/IFR/海泡石和 PP/IFR/ 海泡石/ZnO 的烟释放速率曲线

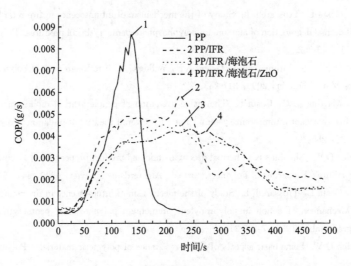

图 6-52　PP、PP/IFR、PP/IFR/海泡石和 PP/IFR/ 海泡石/ZnO 的 CO 释放曲线

6.4.5　结论

（1）盐酸溶液处理改性海泡石，打开了海泡石原始的纤维束状结构，可以使其比较均匀地分散在聚丙烯基材中。

（2）海泡石在聚丙烯的结晶过程中，有异相成核作用，改变微晶的尺寸，提高聚丙烯力学性能。

（3）海泡石可以促进聚丙烯成炭，降低聚丙烯燃烧时热释放和烟释放的速率，减少总热释放和烟生成总量。NBS 烟箱测试结果表明海泡石是非常好的抑烟剂。

（4）海泡石可以提高膨胀阻燃聚丙烯的氧指数，增加体系高温时的残炭量，降低热释放速率，催化体系的膨胀成炭反应，是膨胀阻燃体系的催化协效剂。其主要作用对象是 APP，与之反应生成 P—O—Si 键，提高 APP 高温时残余物的量，进而增加了 APP/DPER 膨胀剂的成炭量及膨胀炭层的热稳定性。

（5）海泡石与氧化锌和氧化铋在催化膨胀阻燃聚丙烯时有协同作用。复配应用比单独使用时，得到更高的氧指数，更低的热释放速率，可以使体系黏度与成炭过程更为匹配，生成更致密紧实的膨胀炭层，起到更好的隔热隔质作用。外添加 1％的海泡石与 Bi_2O_3，APP/DPER 添加量为 25％时，样品可通过 UL-94 V-0 级，还可以改善力学性能。相同添加量下，海泡石单独使用时，有更好的抑烟效果。

参 考 文 献

[1] Lewin M, Atlas S M, Pearce E M. Flame Retardant Polymeric Materials. New York: Plenum Press, 1982.

[2] Camino G, Costa L, Trossarelli L. Study of the mechanism of intumescence in fire retardant polymers: Part Ⅰ—Thermal degradation of ammonium polyphosphate-pentaerythritol mixtures. Polym Degrad Stabil, 1984, 6: 243-252.

[3] Camino G, Delobel R. Intumescence//Grand A R, Wilkie C A. Fire Retardancy of Polymeric Materials. New York: Marcel Dekker, 2000: 217-243.

[4] Camino G, Martinasso G, Costa L. Thermal degradation of pentaerythritol diphosphate, model compound for fire retardant intumescent systems. Part Ⅰ. Overall thermal degradation. Polym Degrad Stabil, 1990, 27: 285-296.

[5] van Krevelen D W, Nijenhuis K. Thermal decomposition and product properties (Ⅱ), environmental behavior and failure//Properties of Polymers. 3rd ed. Amsterdam: Elsevier, 1990, 641: 525-553.

[6] Camino G, Costa L, Trossarelli L. Study of the mechanism of intumescence in fire retardant polymers: Part Ⅱ—Mechanism of action in polypropylene ammonium polyphosphate pentaerythritol mixtures. Polym Degrad Stabil, 1984, 7: 25-31.

[7] van Krevelen D W. Some basic aspects of flame resistance of polymeric materials. Polymer, 1975, 16: 615-620.

[8] Camino G, Costa L, Trossarelli L. Study of the mechanism of intumescence in fire retardant polymers: Part Ⅴ—Mechanism of formation of gaseous products in the thermal degradation of ammonium polyphosphate. Polym Degrad Stabil, 1985, 12: 203-211.

[9] Berlin K D, Morgan J G, Peterson M E, et al. Mechanism of decomposition of alkyl diphenylphosphinates. J Org Chem, 1969, 34: 1266-1271.

[10] Levchik S V, Balabanovich A I, Levchik G F, et al. Mechanistic study of combustion performance and thermal decomposition behaviour of nylon 6 with added halogen-free fire retardants. Polym Degrad Stabil, 1996, 54: 217-222.

[11] Bertelli G, Camino G, Marchetti E, et al. Parameters affecting fire retardant effectiveness in intumescent systems. Polym Degrad Stabil, 1989, 25:277-292.

[12] Watanabe M. Process for producing ammonium polyphosphate of crystalline form Ⅱ: EP, 0721918 A2, 1997-06-17.

[13] Fukumura C, Iwata M, Narita N, et al. Melamine-coated ammonium polyphosphate: US, 5599626, 1997-02-07.

[14] Makoto W. Preparation of ammonium polyphosphate form Ⅱ from the system of ammonium orthophosphate-urea. Bull Chem Soc Japan, 2000, 73: 115-119.

[15] Fukumura C, Iwata M, Narita N, et al. Process for producing a melamine-coated ammonium polyphosphate: US, 5534291, 1996-06-09.

[16] Cipolli R, Oriani R, Masarati E, et al. Ammonium polyphosphate microencapsulated with amino-plastic resins: US, 5576391, 1996-11-19.

[17] Iwata M, Seki M, Inoue K, et al. Water-insoluble ammonium polyphosphate particles: US, 5700575, 1997-12-23.

[18] Barfurth D, Mack H, Goetzmann K, et al. Surface-modified flame retardants containing an organic silicon composition, their use, and process for their preparation: US, 6444315, 2002-09-03.

[19] Kyongho L, Jinhwan K, Jinyoung B. Studies on the thermal stabilization enhancement of ABS; synergistic effect by triphenyl phosphate and epoxy resin mixtures. Polymer, 2002, 43: 2249-2253.

[20] Kunwoo L, Kangro Y, Jinhwan K, et al. Effect of novolac phenol and oligomeric aryl phosphate mixtures on flame retardance enhancement of ABS. Polym Degrad Stabil, 2003, 81: 173-179.

[21] Grand A R, Wilkie C A. Fire Retardancy of Polymeric Materials. New York: Marcel Dekker, 2000: 147-170.

[22] Almeras X, Dabrowski F, Le Bras M, et al. Using polyamide-6 as charring agent in intumescent polypropylene formulations. I. Effect of the compatibilising agent on the fire retardancy performance. Polym Degrad Stabil, 2002, 77: 305-313.

[23] Le Bras M, Bourbigot S, Felix E, et al. Characterization of a polyamide-6-based intumescent additive for thermoplastic formulations. Polymer, 2000, 41: 5283-5296.

[24] Le Bras M, Bourbigot S. Use of carbonizing polymers as additives in intumescent polymer blends// Nelson G L, Wilkie C A. Fire and Polymers. ACS Symposium Series 797, 2001: 136-147.

[25] Bugajny M, Le Bras M, Bourbitot S, et al. Thermal behaviour of ethylene-propylene rubber/polyurethane/ammonium polyphosphate intumescent formulations-a kinetic study. Polym Degrad Stabil, 1999, 64: 157-163.

[26] Tang Y, Hu Y, Xiao J F, et al. PA-6 and EVA alloy/clay nanocomposites as char forming agents in poly(propylene) intumescent formulations. Polym Degrad Stabil, 2005, 16: 338-343.

[27] Le Bras M, Rose N, Bourbigot S, et al. The degradation front model—A tool for the chemical study of the degradation of epoxy resins in fire. J Fire Sci, 1996, 14(3): 199-234.

[28] Li B, Xu M J. Effect of a novel charring and foaming agent on flame retardancy and thermal degradation of intumescent flame retardant. Polym Degrad Stabil, 2006, 91: 1380-1386.

[29] Wu Q, Qu B J. Synergistic effects of silicotungstic acid on intumescent flame retardant polypropylene. Polym Degrad Stabil, 2001, 74: 255-261.

[30] Wanzke W, Goihl A, Nass B. Proceedings of the Flame Retardants 1998 Conference. London UK: Westminser, 1998: 195-206.

[31] Bourbigot S, Le Bras M, Delobel R, et al. 4A zeolite synergistic agent in new flame retardant intumescent formulations of polyethylenic polymers—Study of the effect of the constituent monomers. Polym Degrad Stabil, 1996, 54: 275-287.

[32] Bourbigot S, Le Bras M, Breant P, et al. Zeolites: New synergistic agents for intumescent fire retardant thermoplastic formulations-criteria for the choice of the zeolite. Fire Mater, 1996, 20: 145-154.

[33] Bourbigot S, Le Bras M. Synergy in intumescence: overview of the use of zeolites// Le Bras M, Camino G, Bourbigot S, et al. Fire Retardancy of Polymers: The Use of Intumescence. Cambridge: Royal Society of Chemistry, 1998: 223-235.

[34] 郝建薇. 膨胀阻燃技术在聚烯烃中的应用研究. 北京:北京理工大学材料学院博士学位论文,1998.

[35] Petersen H A. Chemical processing of fibers and fabrics-functional finishes. // Lewin M, Sello S B. Handbook of Fiber Chemistry. Boca Raton: CRC Press, 1884 : 48-318.

[36] Antonov A V, Yablokova M Y, Levchik G F, et al. // Lewin M. Flame Retardancy of Polymer Materials. BCC. 1999, 10: 241-248.

[37] Day M, Cooney J D, Mackinnon M. Degradation of contaminated plastics: A kinetic study. Polym Degrad Stabil, 1995, 48:341-349.

[38] Levchik G F, Levchik S V, Sachok P D, et al. Thermal behaviour of ammonium polyphosphate-inorganic compound mixtures. Part2. Manganese dioxide. Thermo Acta, 1995, 257: 117-125.

[39] Le Bras M, Bourbigot S. Synergy in FR intumescent polymer formulation. Recent Advances in Flame Retardancy of Polymeric Materials. Norwalk, CT: Business Communications Co, 1997, 8: 407-422.

[40] Antonov A V, Gitina R M, Novikov S V, et al. Study of the action of high-molecular-weight bromine-containing fire retardants in styrene plastics. Vysokomol Soedin Ser A, 1990, 32: 1895-1901.

[41] Chen X C, Ding Y P. Synergistic effect of nickel formate on the thermal and flame-retardant properties of polypropylene. Polym Int, 2005, 54: 904-908.

[42] Li Y, Li B. Synergistic effects of lanthanum oxide on a novel intumescent flame retardant polypropylene system. Polym Degrad Stabil, 2008, 93: 9-16.

[43] Lewin M. Flame Retardance of Polymers: The Use of Intumescence. London: The Royal Society of Chemistry, 1998: 1.

[44] Lewin M, Endo M. Catalysis of intumescent flame retardancy of PP by metallic compounds. Polym Adv Technol, 2003, 14: 3-11.

[45] Lewin M, Brozed J, Maruim M. Synergism and catalysis in flame retardancy of polymers. Polym Adv Technol, 2001, 12: 215-222.

[46] Tang Y, Hu Y. Intumescent flame retardant-montmorillonite synergism in polypropylene-layered silicate nanocomposites. Polym Int, 2003, 52: 1396-1400.

[47] Zhang P, Hu Y, Song L. Synergistic effect of iron and intumescent flame retardant on shape-stabilized phase change material. 2009, 44: 1308-1316.

[48] Miyata S, Tanignchi Y, Masuda K, et al. Antiinflammatory agent for external use: JP, 9611002, 1996-04-18.

[49] Antonov A V, Gitina R M, Novikov S V, et al. Study of the action of high-molecular-weight bromine-containing fire retardants in styrene plastics. Vyso-komol Soedin Ser A, 1990, 32: 1895-1901.

[50] 欧育湘,郑德,陈宇,等. 阻燃领域中一些重要的理论研究课题及其进展. 塑料,2006, 35: 1-4.

[51] Lewin M. Unsolved problems and unanswered questions in flame retardance of polymers. Polym Degrad Stabil, 2005, 88: 13-19.

[52] Nie S B, Hu Y. Study on a novel and efficient flame retardant synergist-nanoporous nickel phosphates VSB-1 with intumescent flame retardants in polypropylene. Polym Adv Technol, 2008, 19: 489-495.

[53] Almeras X, Dabrowski F, Le Bras M, et al. Using polyamide-6 as charring agent in intumescent polypropylene formulations: I. Effect of the compatibilising agent on the fire retardancy performance. Polym Degrad Stabil, 2002, 77: 305-313.

[54] 吴娜, 杨荣杰. 膨胀阻燃聚丙烯催化协效研究. 北京:北京理工大学博士学位论文. 2010.

[55] Wang Q, Chen Y H, Liu Y. Performance of an intumescent-flame-retardant master batch synthesized by twin-screw reactive extrusion: Effect of the polypropylene carrier resin. Polym Int, 2004, 53: 439-448.

[56] Ding P D. Handbook of Reagents (in Chinese). Shanghai: Shanghai Technology Publishing Company, 2002.

[57] 吴娜,刘国胜,苗贤,等. 氧化铋在膨胀阻燃聚丙烯体系中催化协效作用的研究. 高分子材料科学与工程, 2009, 6: 63-66.

[58] 吴娜,杨荣杰,郝建薇,等. 金属氧化物对聚丙烯膨胀阻燃性能的影响. 高分子学报, 2009, (12): 1205-1210.

[59] Wu N, Yang R J. Effects of metal oxides in intumescent flame-retardant polypropylene. Polym Adv

Technol，2009，22(5)：495-501.

[60] Lewin M. Catalysis of intumescent flame retardance of polypropylene by metal compounds. Polym Material Sci Eng，2000，83：38-39.

[61] Ding P D. Handbook of Reagents. Shanghai：Shanghai Technology Publishing Company，2002.

[62] Siriwardane R V，Cook J. Interaction of SO_2 with iron deposited on CaO(100). J Colloid Interf Sci，1987，1：116.

[63] Siriwardane R V. Interaction of SO_2 and O_2 mixtures with CaO and sodium deposited CaO. J Colloid Interf Sci，1989，5：132.

[64] 中华人民共和国公安部. GB 20286—2006，公共场所阻燃制品及组件燃烧性能要求和标识. 北京：中国标准出版，2006.

[65] 舒中俊，徐晓楠，杨守生. 基于锥形量热仪实验的聚合物材料火灾危险评价研究. 高分子通报，2006，5：37-42.

[66] Petrella R V. Flammability of polymers. J Fire Sci，1994，12：14-16.

[67] Alexandre M，Dubois P. Influence of mixed field radiation and gamma radiation on nano adhesive bonding of high performance polymer. J Polym Eng，2000，28：1-63.

[68] Jan K. Reinforcing mechanisms in amorphous polymer nano-composites. Compos Sci Technol，2008，68：3444-3447.

[69] Chaturvedi R，Gutch P K. Polymer-clay nano composites source. Defence Sci J，2006，56：649-664.

[70] 王丽华，段丽斌，盛京. 聚丙烯 P 凹凸棒土纳米复合材料结晶形态和形貌研究. 高分子学报，2004，3：424-428.

[71] Marcilla A，Gomez A，Menargues S，et al. Pyrolysis of polymers in the presence of a commercial clay. Polym Degrad Stabil，2005，88：456-460.

[72] 马晓燕，鹿海军，梁国正，等. 累托石 P 聚丙烯插层纳米复合材料的制备与性能. 高分子学报，2004，2：88-92.

[73] Bokobza L，Chauvin J P. Glass transition and molecular dynamics in poly(dimethylsiloxane)/silica nanocomposites. Polymer，2005，46：6001-6008.

[74] Catutlaf M. Adsoeption-desorption of water vapor by natural and heat-treated sepiolite in ambient air. Appli Clay Sci，1999，15：367-380.

[75] Tartaglione G，Tabuani D. PP and PBT composites filled with sepiolite：Morphology and thermal behaviour. Compos Sci Technol，2007，6：1-10.

[76] Bilotti H R E，Fischer T. Polymer nanocomposites based on needle-like sepiolite clays：Effect of functionalized polymers on the dispersion of nanofiller，crystallinity，and mechanical properties. J Appli Polym Sci，2007，2：1116-1123.